プロテイン
エンジニアリングの応用

Application of Protein Engineering

編集　渡辺公綱／熊谷泉

シーエムシー出版

普及版への序

『プロテインエンジニアリング II』が世に出たのは今から１２年も前のことである。それは丁度この新しい研究分野が揺籃期を出て成長期に入った頃であった。しかしそれからひと昔以上経ってこの分野を含むバイオの世界は革命的な大進歩を遂げた。最大の要因は1990年を契機として勃発したゲノム計画であり、その発展とともにその周辺領域も大きな変革の波にさらされた。

現在ヒトを初めとする多数の生物のゲノムDNAの塩基配列が決定され（ヒトなどでは完全にはつながっていないdraft sequenceではあるが）、世の趨勢はこれらのゲノム情報を人類の福祉と科学の発展に如何に活用するかという、ポストゲノム（正確にはpost sequence）時代に入っている。蛋白質の世界では、細胞内の全蛋白質の動態を探ろうとするプロテオミクスやゲノム配列から遺伝子の機能を同定するために有用なバイオインフォマティクス、さらには蛋白質の高次構造解析から蛋白質遺伝子の情報を得ようとするストラクチュラルゲノミクスなどの新しい研究分野が脚光を浴びている。

このような状況の基に本書が出版されることにどんな意味があるだろうか。それはうわべの情報の洪水にさらされている研究者や大学院生にもう一度原点にもどって、この分野がどのように誕生し発展したかを認識して頂くことが、今後の真に独創的な研究を展開する上に不可欠な要素だと思われることである。特にこれから研究者として立とうと思われている若い学生諸君には、現在の情報とともに、もはや古典となりつつある本書の内容を熟読玩味していただければきっと今後の研究に有益な示唆が得られるものと確信する。

本書の時代はまだ蛋白質の個々の残基に注目してそれを置換することによる機能改変がもてはやされていた。現在ではそれとともに、ファージディスプレイやリボソームディスプレイなどと呼ばれる分子進化的な方法により目的とする新機能をもつ蛋白質を選択取得する方法が開発された。X線解析やNMRによる蛋白質の立体構造解析法もハード、ソフト両面で格段の進歩を遂げた。新しい蛋白質の作成技術も大きく進歩した。特に無細胞合成では反応液1mL当たり1mgが目標であったのが、現在では数mgから10mgの蛋白質を得ることも困難ではなくなった。非天然アミノ酸導入法も次々と新しい方法が考案されている。このように見てくると、10年ひと昔といわれるとおり、その時代にはまだ夢だと思われていた種々の技術がどのような経緯によって現在の姿に発展したかを、再認識することができる。温故知新の精神は今の世でもなお有用である。本書を活用することによって、読者の今後の研究に有益なヒントが得られることを願っている。

2002年1月

東京大学大学院　新領域創成科学研究科　先端生命科学専攻
教授　渡 辺　公 綱

執筆者一覧（執筆順）

渡辺　公綱　東京工業大学大学院　総合理工学研究科
（東京大学大学院 新領域創成科学研究科 先端生命科学専攻 教授）

熊谷　　泉　東京大学　工学部　工業化学科
（東北大学大学院　工学研究科　教授）

太田　由己　㈱蛋白工学研究所

榎本　　淳　東京大学　農学部　農芸化学科

上野川修一　東京大学　農学部　農芸化学科
（東京大学大学院　農学生命科学研究科　応用生命化学専攻　教授）

足達　　聡　(財)化学及血清療法研究所　研究開発部
（同・菊池研究所　試作研究部　技術開発チーム）

野本　明男　(財)東京都臨床医学総合研究所　微生物研究部
（東京大学大学院　医学系研究科　微生物学講座　教授）

加地　正郎　久留米大学　医学部　第一内科　（同・名誉教授）

加地　正英　久留米大学　医学部　第一内科

色田　幹雄　放射線医学総合研究所　薬理化学研究部

小島　修一　東京大学　工学部　工業化学科
（学習院大学　理学部生命分子科学研究所　助教授）

河野　俊之　東京大学　理学部　生物化学科
（三菱化学 生命科学研究所 構造生物学研究室 ユニットリーダー）

横山　茂之　東京大学　理学部　生物化学科
（東京大学大学院　理学系研究科　教授）

宮澤　辰雄　横浜国立大学　工学部　物質工学科

次田　　皓　東京理科大学　生命科学研究所
（プロテオミクス研究所　所長）

北村　昌也　東京大学　工学部　工業化学科
（大阪市立大学大学院　工学研究科　生物応用化学専攻　講師）

（所属は 1990 年 3 月時点。（　）内は 2001 年 12 月現在）

目　　次

【第1編　タンパク質改変諸例】

第1章　酵素の機能改変

第2章　抗体とタンパク質工学　　**榎本　淳，上野川修一**

第3章　医薬と合成ワクチン

第4章　その他のタンパク質の機能改変
—— プロテアーゼ・インヒビター ——

小島修一，熊谷　泉

【第2編　新しいタンパク質作成技術とアロプロテイン】

第5章　アロプロテイン合成法　河野俊之，横山茂之，宮澤辰雄

第6章　生体外タンパク質合成の現状　渡辺公綱

【第3編　タンパク質データーベース】

第7章　タンパク質工学におけるデーターベース　　次田　晧

付表　タンパク質・核酸改変データ　　小島修一，北村昌也

＜核酸＞

第１編　タンパク質改変諸例

第１章　酵素の機能改変

１　酵素の反応速度，基質特異性の改変

熊谷　泉*

1.1　はじめに

酵素の活性部位のアミノ酸残基置換を通じて酵素反応機構を探り，さらには反応速度および基質特異性の変換を達成した研究例は最近多数報告されており，タンパク質工学による新機能を持つ酵素の創成に期待をいだかせるが，構造と機能を結びつける情報はまだ数少ない。一つの酵素についての研究は互いに関連しており，改変の方針や改変された機能等の各項目で整理するよりは，各酵素でまとめて議論した方が現時点では有益であると考え，興味深い結果の得られているいくつかの酵素について，どのような考察から改変計画が立てられ，どのような結果が得られているかをできるだけこの２～３年の報告を重点的に述べることにしたい。

1.2　乳酸脱水素酵素（ＬＤＨ）のリンゴ酸脱水素酵素（ＭＤＨ）への変換

乳酸脱水素酵素（ＬＤＨ）はＮＡＤ$^{+}$／ＮＡＤＨを補酵素としてピルビン酸（オキソ酸）と乳酸（ヒドロキシ酸）との間の酸化還元反応を触媒する。この酵素の定常状態および前定常状態の反応機構は速度論的解析から既に良く解明されており，それらの８種の中間体は分光学的に同定できる特徴がある。また，そのうちの３つの中間体，遊離の酵素，酵素－ＮＡＤＨ複合体，酵素－ＮＡＤＨ－基質複合体の結晶構造が解析されている。これらの点から，Holbrook等はこのＬＤＨは酵素の触媒機構の研究対象としては最適であると考えて遺伝子工学的手法を混じえて研究を行っている[1)~3)]。

Holbrook等は中等度好熱菌である *Bacillus stearothermophilus* のＬＤＨ遺伝子をクローン化して系統的なアミノ酸残基置換実験を行った。図1.1.1にＬＤＨの活性部位におけるＮＡＤＨ－ピルビン酸との複合体の構造を模式的に示してある。この触媒機構におけるアミノ酸残基の役割をさらに解明するために以下の実験を行った。His 195 はプロトン供与体であることが示されていたが，その近傍にあるArg 109を中性のGlnに置換すると反応性は大きく減少した。この結果はArg 109 の正電荷がピルビン酸のカルボニル基を分極させ，カルボニル酸素上の負の電荷を安

＊ Izumi Kumagai　東京大学　工学部　工業化学科

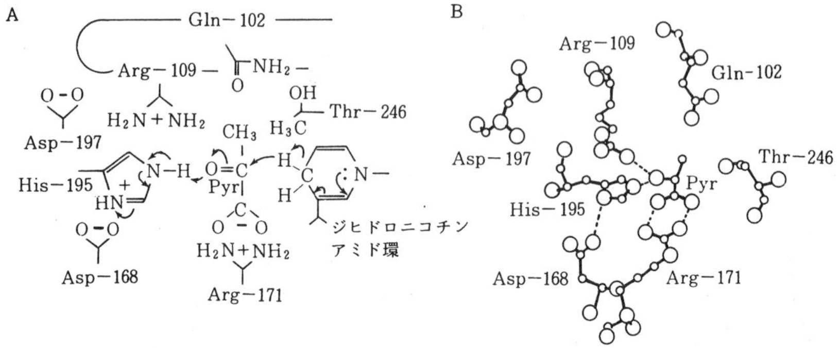

図1.1.1　乳酸脱水素酵素（ＬＤＨ）の活性部位へピルビン酸が結合した時の模式図（Ａ）と立体構造（Ｂ）（文献３）より）

定化しているためと解釈された。His 195 に隣接してAsp 168 が存在している。このイミダゾール基とカルボキシル基の配置はセリンプロテアーゼの活性部位にある“Catalytic triad”の一部と類似している。このアスパラギン酸のカルボキシル基が，His 195 のイミダゾール基の配向性を固定する役割を果たしているのか，あるいは負の電荷でイミダゾール基をより塩基性にするかを明確にする目的で，Asp 168 をAla またはAsn に置換した。両変異酵素とも乳酸に対するK_mには大きな変化はなかったが，ピルビン酸に対する親和性が低下した。酵素－ＮＡＤＨ複合体にピルビン酸が結合するにはHis 195 はプロトン化されている必要があり，Asp 168 の負電荷がタンパク質内部にあるイミダゾール基の正電荷を打ち消すことで安定化していると考えられている。

ＬＤＨ－ＮＡＤＨ－基質複合体において，ピルビン酸のカルボキシル基はArg 171 と相互作用している。Arg 171 のグアニジウム基はカルボキシル基と同一平面内で結合し，静電的相互作用以外に荷電した二本の水素結合が形成されている。そこで，静電的相互作用だけの効果を調べるために，Arg 171 をLys に置換した。この変異酵素のピルビン酸に対する親和性は野生型の約１／200 に低下し，静電的相互作用だけでなく，グアニジウム基とカルボキシル基間の強い結合が基質の結合には決定的な役割を演じていることが示された。この場合には，Arg 171 とカルボキシル基間の方向性のある強い結合により，ケト酸の側鎖を基質認識部位へ固定するためと解釈された。

ＬＤＨは基質であるピルビン酸と他のケト酸を明確に識別する。ピルビン酸のメチル基にカルボキシル基を付加した形のオキザロ酢酸に対する触媒効率は１／1,000 程度である。そこで，このオキザロ酢酸／リンゴ酸の酸化還元反応の達成を目標として改変が行われた。ピルビン酸のメチル基は酵素側のThr 246, Gln 102, Arg 109 に囲まれている。この領域にカルボキシル基を安定に保持させることを目標に置いて次の３点について検討している。(1)基質結合部位周辺の全体での電荷のバランスの影響。(2)基質結合部位の容積と基質の側鎖の大きさ。(3)基質側鎖と基質結合部位にあるアミノ酸残基との直接的な静電的相補性。第一の点では，活性部位全体の電荷のバランスを考えて，基質側鎖から10Å程度離れているAsp 197 をAsn, Glu 107をGln に置換した。その結果Asp 197 →Asn 変換体では約25倍基質特異性はオキザロ酢酸側に移行したのに対して，Glu 107 →Gln 変換体では２倍程度の変化であった。Asp 197 はタンパク質内部に位置するのに対してGlu 107 は溶媒中に露出しており，内部にある電荷の方がタンパク質の誘導率の低さから，より静電的相互作用が大きいことによると考えられている。しかしながら，これらの置換では大きな特異性の変化は達成されなかった。

第２の点については，Thr 246 を側鎖のないGly に変換して効果を調べている。この変換では基質特異性は 3,000倍以上オキザロ酢酸側へ移動したが，この変化は主にピルビン酸についての触媒効率の低下が原因となっていた。

第３の考察から，オキザロ酢酸のカルボキシル側鎖と直接相互作用し得るアミノ酸残基を酵素の基質結合部位に導入することが試みられた。側鎖結合部位にあるGln 102 をArg に変換すると，この変異酵素のオキザロ酢酸に対する触媒効率はピルビン酸の 8,400倍となり，基質特異性の比

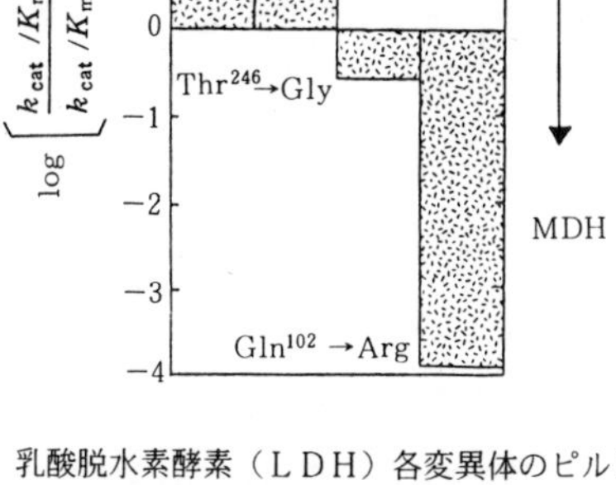

図1.1.2　乳酸脱水素酵素（ＬＤＨ）各変異体のピルビン酸とオキザロ酢酸に対する活性比　（文献３）より）

は10^7 変化したことになる（図1.1.2）。さらに，オキザロ酢酸に対するk_{cat} ／K_m は野生型ＬＤＨのピルビン酸に対する値とほぼ同じであり，真の意味での基質特異性が変換されたことになる。また，興味深い点はこの変異型ＬＤＨの触媒効率は*B. stearothermophilus* 由来の天然のＭＤＨより高いことである。このＬＤＨのＭＤＨへの変換の研究は長年のＬＤＨ研究で蓄積された知見を駆使して行われたもので，現時点でのタンパク質工学の大きな成果である。

1.3　アスパラギン酸アミノトランスフェラーゼ

アスパラギン酸アミノトランスフェラーゼ（AspAT)はグルタミン酸とオキザロ酢酸との間のアミノ基転移反応を触媒し，アスパラギン酸を生成する。補酵素としてはピリドキサルリン酸（ＰＬＰ)を必要としている。ＰＬＰは酵素側のLys のアミノ基とシッフ塩基を形成しているが，基質のアミノ酸が活性部位に結合するとＰＬＰと基質のアミノ基との間にシッフ塩基が形成され反応が進む。動物由来の AspATについて得られた立体構造や反応機構に関する豊富なデータを背景としてタンパク質工学が進んでいる。対象となっているのは遺伝子工学的に大量発現が可能な大腸菌のAspATである。このAspATは動物由来の酵素と比較して一次構造上では40％の相同性しか

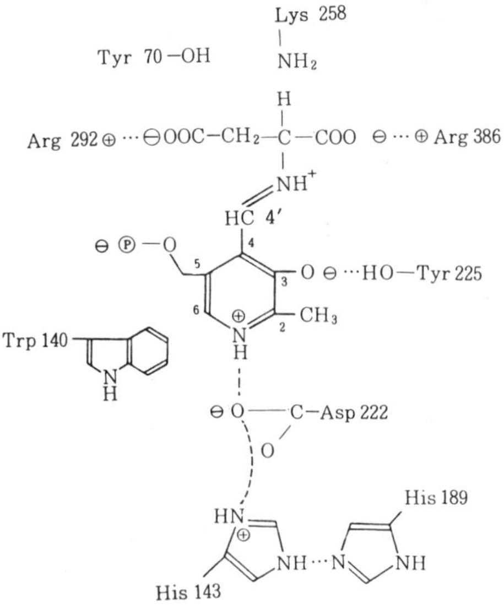

図1.1.3　アスパラギン酸トランスアミナーゼ（AspAT）の活性部位の模式図

ピリドキサルリン酸（ＰＬＰ）と基質アスパラギン酸が結合している。

見られないが，最近のX線結晶解析の結果から両者の立体構造は本質的には同じであると考えられている[4)]。図1.1.3に AspATの活性部位にPLPと基質が結合した時の模式的構造を示してある。PLPは基質結合前はLys 258 とシッフ塩基を形成しているが，基質と結合すると基質アミノ基とシッフ塩基を形成するようになる。次の反応段階は基質のα－プロトンの引き抜き反応であるが，この反応はLys 258 によって触媒されると考えられていた。そこで，Lys 258 →Ala の変換を行うと活性は完全に消失したが[5)]，Lys 258 →Arg の変換では約2％の残存活性が観察され，問題解決は今後に残されている。また，もう一つの可能性としてTyr 70の役割が考えられたが，Tyr 70→Phe の変換でも20％の活性が保持され触媒活性に必須とは考えられない[6)]。

また，基質であるAsp の結合に対してα－カルボキシル基はArg 386 と，β－カルボキシル基はArg 292 と静電的相互作用をしていると考えられている。両者を電荷が同じであるLys に置換したところK_m は10倍に上昇し，k_{cat} は1／100 に低下し，触媒効率は大幅に低下した。前述のLDHの項でも述べたように，カルボキシル基との相互作用においては単に静電的な相互作用だけでなく，グアニジノ基との2本の水素結合の存在が基質の固定に重要であることが明らかになって来ている。AspAT の場合にはLDHと異なってK_m だけでなく，k_{cat} にも大きな影響を与えている[7)]。大腸菌のAspAT は元来芳香族アミノ酸に対してある程度の活性があるが，Arg 292 を中性アミノ酸に置換するとさらに高い活性を示すようになり興味が持たれている（表1.1.1）[8)]。これは 292番目の側鎖と基質との疎水的相互作用を直接反映しているのか，またはArg 292 の電荷の消失による構造的変化によるのかは今後は変異酵素のX線結晶解析の結果を待つ必要がある。

表1.1.1　アスパラギン酸トランスアミナーゼのArg 292 変異体と野生型酵素の酵素反応速度論パラメーターの比較　（文献8）より）

基　　質	k_{cat} ／ K_m　（M^{-1} S^{-1}）		
	野生型	〔Arg 292 → Val〕	〔Arg 292 → Leu〕
アスパラギン酸	131000	0.720	0.825
グルタミン酸	18000	0.051	0.103
フェニルアラニン	198	2110	2090
チロシン	687	3840	4000
トリプトファン	877	10100	7840

1.4　C－型リゾチーム

リゾチームはバクテリアの細胞壁を構成しているN－アセチルグルコサミンとN－アセチルムラミン酸間のβ－1，4結合を加水分解するグリコシダーゼであり，結果として溶菌活性を示す。

分子量や糖鎖に対する特異性により数種類に分類されるが，代表的な酵素はニワトリリゾチームであり，それと相同性を示すリゾチームをＣ－型（chick 型）リゾチームと呼んでいる。タンパク質工学研究が行われているのはニワトリとヒト由来の酵素であり，国内外の数グループによって研究が進んでいる。別のタイプのリゾチームとしては，T_4－リゾチームがMatthews等を中心に精力的に研究が行われているが，次節でまとめてあるようにタンパク質の安定性の議論が多く，活性部位の改変例は少ない。

Ｃ－型リゾチームの組換え型酵素の発現には，主に酵母の分泌発現系が利用されており，正しくプロセスされた酵素が培地中に分泌される。大腸菌での大量発現系では開始コドンとして使用されたMet がアミノ末端に残ってしまう点，また生成した不溶性顆粒からの可溶性化，巻きもどしの条件が繁雑なことなどの問題点がある。ただし，酵母の系がすべての変異型酵素を分泌するわけでなく，また何種類ものコンホメーションの異なる分子種として発現する例も知られている。分泌生産量は1～10数mg／ℓであるが，最近メタノール資化性酵母 ***Pichia pastoris*** を用いたウシのリゾチームの大量分泌発現系（0.55ｇ／ℓ）[9]が報告されタンパク質工学を行う立場からは大変注目される。

ここでは，活性部位に存在している残基の置換研究を中心に述べることにする。リゾチームの

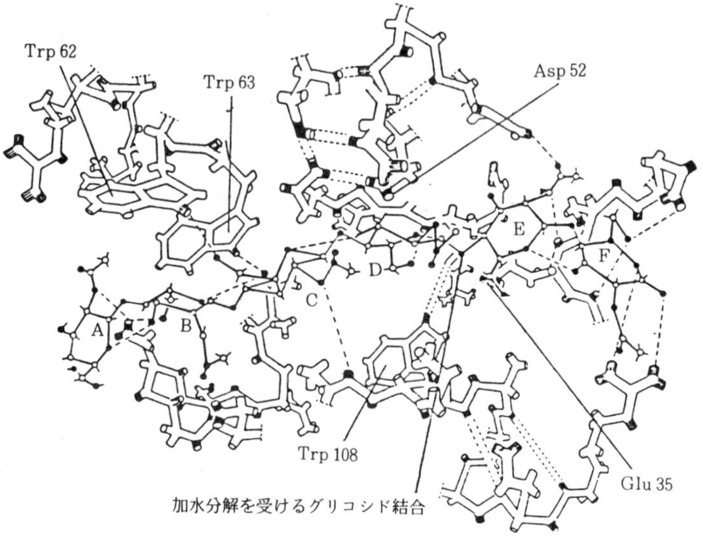

図1.1.4　ニワトリリゾチームの活性部位へのN－アセチルグルコサミン６量体の結合

触媒作用には，pK_aの値が大きく異なる2つのカルボキシル基が関与していることが知られている。ニワトリおよびヒトリゾチームではGlu 35とAsp 52が触媒残基である（番号付けはニワトリリゾチームのそれに従う)。ヒトリゾチームのGlu 35→Asp，およびAsp 52→Glu の変換が，それぞれ単独にあるいは同時に行われた。このAsp 35，Glu 52変異体およびAsp 35／Glu 52二重変異体の溶菌活性はいずれも著しく低下し，最も残存活性の大きいGlu 52変異体でも野生型酵素の約1％であった[10]。この二つの活性残基のメチレン基1個の変化または交換によっても活性はほとんど消失してしまうことから，2つのカルボキシル基は立体構造上，極めて正確な配置で存在することが重要であることが示唆される。

一方，カルフォルニア大学のJ.Kirsch等はニワトリリゾチームのAsp 52をAsnに，Glu 35をGlnに変換した。Asp 52→Asn変換体では約5％の溶菌活性が残存しているのに対して，Glu 35→Gln変換体では活性は 0.1％以下であった[11]。加水分解を受けるグリコシド結合へのプロトン供与体と考えられているGlu 35のカルボキシル基の存在が活性に必須であると解釈されるが，他の基質，特に合成基質に対してはまったく活性を示さなかった。

図1.1.4に示すように，ニワトリリゾチームの基質の糖残基の結合には3つのTrp が関与しており，そのぞれ重要な役割を果たしているとされている。X線結晶解析の結果およびモデルビルディングからはTrp 62は基質のB環，C環と，Trp 63はC環と，Trp 108 はD環と水素結合およびファンデルワールス力で相互作用していると考えられている。Trp 63，Trp 108 はC型リゾチームの一次構造上は完全に保存されているのに対して，Trp 62はいくつかの哺乳類のリゾチームではTyr に変換されている。62番目にTrp を持つニワトリの酵素に対して，Tyr を持つものの中ではヒトリゾチームは3～4倍[12]，ラットリゾチームでは約2倍の溶菌活性を示すことが知られていた[13]。また，ニワトリリゾチームのTrp 62については数種類の化学修飾実験からも基質の結合にあずかる重要な残基であることが確認されていた。そこで，ニワトリリゾチームのTrp 62を他の芳香族性残基であるTyr，Phe，His に置換すると[14]，溶菌活性が約 1.5～2.5 倍上昇することが観察された（表1.1.2）。一方，可溶性基質であるグリコールキチンを基質とすると活性は低下していた（表1.1.2）。また，*N*－アセチルグルコサミン3量体との結合定数を測

表1.1.2　野生型およびTrp 62の変異型ニワトリリゾチームの酵素活性の比較　（文献14）より，野生型の活性を 100としてある）

基　質	ニワトリ（野生型）	Tyr 62	Phe 62	His 62	ヒト
（Ⅰ）*Micrococcus lysodeikticus* 菌体	100	180±15	240±15	225±20	370±30
（Ⅱ）グリコールキチン	100	85	62	18	90
（Ⅲ）（Ⅰ)/（Ⅱ）	1	2.1	3.9	12.5	4.1

（Ⅰ）溶菌活性　（Ⅱ）グリコールキチン加水分解活性　（Ⅲ）（Ⅰ）と(Ⅱ)の比。

定するとTrp 62＞Tyr 62＞Phe 62＞His 62置換体の順に低下しており，グリコールキチンに対する活性とある程度の相関が見られた。興味深いことはこれらの変異体の性質はヒトの酵素と大変類似しており，Trp 62一残基の変換で基質に対する選択性を変換したことになり，改めて62番目の残基の基質の結合に対する役割が認識された。また，Ｘ線結晶解析から提唱されていた，図1.1.4に見られるTrp 62とＣ糖残基との間の水素結合は，酵素活性には必ずしも必要でないことが示された。

一方，ヒトリゾチームのTyr 62をTrp，Pheに変換すると溶菌活性およびグリコールキチン加水分解活性はいずれも大きくは変化せず，Leu 置換体は溶菌活性の低下は大きくなかったが，グリコールキチンに対する活性は著しく減少した[15]。またリゾチームの活性部位には完全に進化的に保存されている２つのTrp（Trp 63，Trp 108）残基が存在している。ニワトリリゾチームの化学修飾ではTrp 63の特異的修飾は達成されてない。ヒトリゾチームのTrp 63をPhe，Tyrに変換すると活性は低下する，特にTyr 63変異体はグリコールキチンに対する活性はほとんど消失してしまった。

Trp 108 は加水分解されるグリコシド結合の非還元末端側の糖残基（Ｄ環）と相互作用し加水分解反応を促進していると考えられているが，ヒトリゾチームのTrp 108をTyrおよびPheに変換すると溶菌活性は約１／４に低下し，Trp 残基の重要な役割が示唆されている。

1.5　スブチリシン

スブチリシンは枯草菌のある種が菌体外に分泌する弱アルカリ性に至適pHを持つセリンプロテアーゼの総称である。分子量約28,000でジスルフィド結合を含まず，立体構造も詳細に解明されている。活性部位にはセリンプロテアーゼに共通なアミノ酸残基であるSer，His，Asp を有し，いわゆる“Catalytic triad ”を構成している。また構造・機能相関が最も良く解明されている酵素の一つであり，遺伝子操作技術を利用した構造・機能改変の試みが多角的に展開されている。

B. amyloliquefaciens 由来のスブチリシンはスブチリシンＢＰＮ′と呼ばれている。GenentechのJ.A. Wells等はこの遺伝子をスブチリシンを欠損した *B. subtilis* に導入し，効率的な分泌発現系を構築した[16]。このような大量の活性のあるタンパク質発現系の存在が分子レベルでの研究遂行に多大な寄与をしている。

スブチリシンの触媒機構の解析例について述べる。セリンプロテアーゼがペプチド結合を加水分解する際，Ser，His，Asp から構成される“Catalytic triad ”（スブチリンの場合Ser 221，His 64，Asp 32）によって求核性を増したSer の水酸基が加水分解を受けるペプチド結合のカルボニル炭素を攻撃し，正四面体構造の遷移状態中間体を経てアシル酵素中間体を形成する。正四面体構造の中間体においては切断を受けるペプチド結合のカルボニル酸素はオキシアニオンとして存在するが，スブチリシンの場合にはこのオキシアニオンはAsn 155 のN $_{\epsilon}$ プロトンと水素結合を作ることによって安定化されている。Wells 等はAsn 155 をなるべく局所的な立体構造変化を起こさないように考慮してThr, Gln, Asp, His, Leu に置換した[17]。酵素活性の K_m の変化はあまり大きくないのに対して，k_{cat} の値は大きく低下した（表1.1.3)。この結果は，セリンプロテアーゼの触媒過程でこのオキシアニオンの安定化が反応中間体の遷移状態の安定化に大きく寄与していることを示している。

表1.1.3　野生型および 155位変換体スブチリシンBPN′ のスクシニル－L－Ala－L－Ala－L－Pro－L－Phe－ p－ニトロアニリドに対する速度論パラメーター　（文献17)より）

155 番目のアミノ酸残基	Asn（野生型）	Thr	Gln	Asp	His
構造	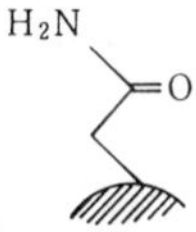	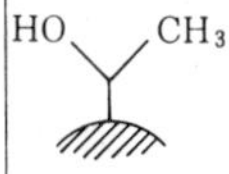	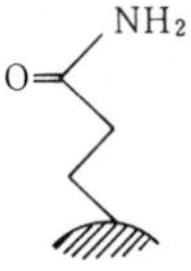	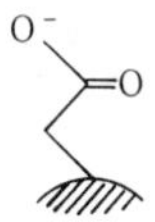	
k_{cat} (1/s)	50	0.02	0.06	0.02	0.2
10^{-4} K_m(M)	1.4	2	0.3	0.3	0.2
10^{-3} k_{cat} ／K_m(M/S)	360	0.1	2	0.8	9
$\Delta\Delta G^{\ddagger}$（変異体と野生型の差）(kJ/mol)	0	20	13	15	9.2

また，CarterとWells はスブチリシンの“Catalytic triad”を構成しているSer 221, His 64, Asp 32の役割を検討するために，個々の残基をAla に変換し，系統的に活性の変化を測定している[18]。各々の変換は K_m にはほとんど影響がなかったが，k_{cat} は4桁から6桁の低下が見られた。しかしながら，“Catalytic triad”をすべてAla に変換した変異体でも，非酵素的な加水分解と比較して10^3 倍程度の活性が保持されていることが観測された。この残存活性は活性部位周辺に反応の遷移状態を安定化させる残基（Asn 155 等）が存在するためであり，このような構造にSer, His, Aspからなる“Catalytic triad”が加わることによって約10^6倍の反応の加速が起こると考えられる。

スブチリシンの基質特異性の変換がやはり，Genentech のgroup によって試みられている。プロテアーゼの基質特異性は第一義的には加水分解を受けるペプチド結合のNH_2 －末端側のアミノ酸残基（Ｐ１残基と呼ぶ）に対応した酵素側のＳ１部位の相補的な構造によっている。スブチリシンはセリンプロテアーゼの中では基質特異性が広く，Ｓ１部位は種々のアミノ酸残基を受け入れ得る。このＳ１ポケットは容積として約160Å^{3}程度とされているが，その底にはGly 166 が存在している。Ｓ１ポケットの容積の変化および疎水性の程度を変換することにより，基質特異性の変換が試みられた[19]。例えばGly 166 をValに置換するとＳ１ポケットの容積が減少し疎水性が増加すると予想されるが，事実この変換体はＰ１がMetの基質に対しては活性が大幅に増加したが，逆にPhe やTyr をＰ１に持つ基質に対しては活性が低下している（図1.1.5）。さらに，Ileに変換するとＰ１がAlaやValの基質に対しては活性が上昇するのに対して，やはりPheやTyrの基質に対しては２～３桁の低下が観測された。スブチリシンは酸性アミノ酸残基に対する親和性は低い。それは，Ｓ１ポケット内にあるGlu 156 との静電的反応によっていると予想されていた。そこで，Gly 166 をLys にGlu 156 をGln に置換しＳ１ポケットへの正電荷の導入と負電荷の消去を行うと，Glu をＰ１残基として持つ基質に対して野生型酵素と比較して約３桁の活性増大が観測された。一方，この変異酵素はＰ１がLys の基質に対して活性が低下し基質特異性におよぼす電荷の影響が明確に観測されている[20]。このように，タンパク質工学的にスブチ

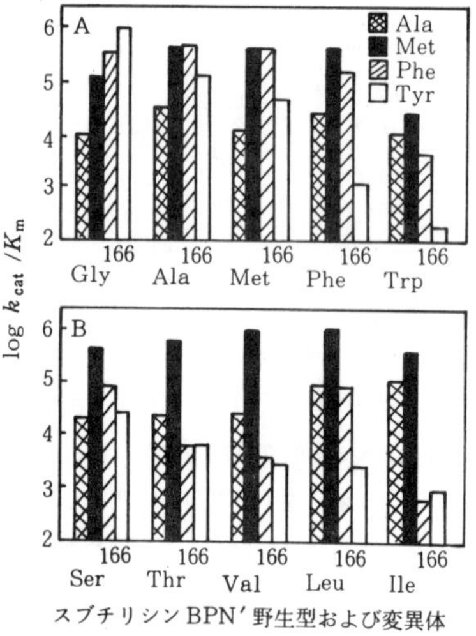

図1.1.5　Gly 166 を置換したスブチリシンＢＰＮ′変異体の基質のＰ１残基に対する特異性　（文献19)より）

スクシニル－Ｌ－Ala－Ｌ－Ala－Ｌ－Pro－Ｌ－〔Ｘ〕－*p*－ニトロアニリドを基質とした。〔Ｘ〕はAla, Met, Phe, Tyrである。

リシンの基質特異性はかなり大幅に変換できることが示されているが，これは，もともとスブチリシンのＳ１ポケットがある程度の大きさ（深さ）を持ち種々のアミノ酸残基を受け入れる余地があったためと言えるかもしれない。

スブチリシンの酵素活性の改変では，タンパク質の分子進化的観点からの研究例も大変興味深い。*B. amyloliquefaciens* のスブチリシン（ＢＰＮ′）と *B. licheniformis* 由来の酵素（Carlsberg)ではアミノ酸配列で69％の相同性が存在する。31％の違いがあるにもかかわらず立体構造は非常に類似しており，主鎖の α－炭素の位置の違いは平均して 0.5Å以内である。一方，酵素活性はスブチリシンCarlsberg の酵素の方が基質によっては60倍近く高い値を示す。J. A. Wells[21]等はこの触媒活性の違いに注目した。基質結合部位から４Å以内にある両酵素のアミノ酸残基の置換として，156 番目と 217番目の残基の置換がある。また，７Å以内の置換としてスブチリシンＢＰＮ′のGly 169 はCarlsberg ではAla に置換されている。そこで，スブチリシンＢＰＮ′のこの３残基を，各々Carlsberg のものと置換した酵素を作製した。３残基を同時に置換したGlu 156 →Ser ／Tyr 217 →Leu ／Gly 169 →Ala の変換体酵素は，表1.1.4 に示すように，野生型のスブチリシンＢＰＮ′と比較して顕著に高い加水分解活性を示し，スブチリシンCarlsberg と非常に似かよった酵素的性質を示すようになった。

一方，高木等は[22] *B. subtilis* が分泌するスブチリシンＥの大腸菌での分泌発現系を確立し変異酵素を作製している。“Catalytic triad”の近傍に位置するIle 31を８種類のアミノ酸に置換し酵素活性を比較検討した。この中で，Leu 変換体は種々の基質に対して K_m はほとんど変化しなかったのに対して k_{cat} は約２～６倍上昇していた。このIle からLeu への変換（γ－分岐側

表1.1.4　*B. amyloliquefaciens* の野生型および変異型スブチリシンと *B. licheniformis* の野生型スブチリシンの酵素反応速度定数　（文献21)表２改変）

基質：スクシニル-Ala-Ala-Pro-Xaa-*p*-ニトロアニリド，Xaa はP1残基として示してある。

	Ｐ１残基，$k_{cat}/K_m \times 10^{-3}$（$k_{cat}$；$K_m \times 10^3$）						
	Glu	Gln	Ala	Lys	Met	Phe	Tyr
B. amyloliquefaciens Wild-type	0.035 (0.18; 5.2)	8.7 (3.3; 0.38)	14 (1.9; 0.15)	40 (30; 0.75)	140 (13; 0.090)	360 (50; 0.14)	1400 (25; 0.018)
Ser-156/Ala-169/ Leu-217	1.1 (1.3; 1.3)	59 (18; 0.31)	40 (6.1; 0.15)	9.2 (15; 1.6)	1500 (76; 0.050)	2600 (250; 0.094)	3800 (140; 0.036)
B. licheniformis Wild-type	2.2 (3.7; 1.7)	160 (46; 0.29)	86 (14; 0.16)	16 (68; 4.3)	2000 (87; 0.044)	2500 (510; 0.20)	2900 (230; 0.079)

鎖からβ－分岐側鎖への変換)が近傍の"Catalytic triad"の機能にどのような影響をおよぼすかは明らかではないが，興味深い点は相同なスブチリシンの構造と機能を比較して見ると酵素活性の低いスブチリシンＢＰＮ′とＥはIle 31を持っているのに対して，高い活性を有するCarlsbergは31番目はLeu に置換されている。既に述べたように，ＢＰＮ′とCarlsbergの活性の違いは，主に156，217番目の残基の違いである程度説明できることをJ.A. Wells等が示しているが，31番目の残基の違いも重要な因子であることが示唆されたことになる。

1.6　α－リティックプロテアーゼ

α－リティックプロテアーゼは *Myxobacterium* が産生する分子量13,500のセリンプロテアーゼの一種である。His 残基が "Catalytic triad" 中にある１残基だけである点から "Catalytic triad" のHis の機能についての研究例が有名である。

基質特異性は他の脂肪属側鎖と比較して基質のＰ１残基としてAla に，１桁以上の高い特異性を示す。酵素と基質類似体阻害剤との複合体のＸ線結晶解析から，酵素側のＳ１ポケットにはMet 192，Met 213が存在し，特にMet 192 がＰ１残基であるAla と丁度相互作用していることが明らかになった。Met 192 をAla に置換すると，Ｐ１残基としてMet を受け入れるに充分な空間

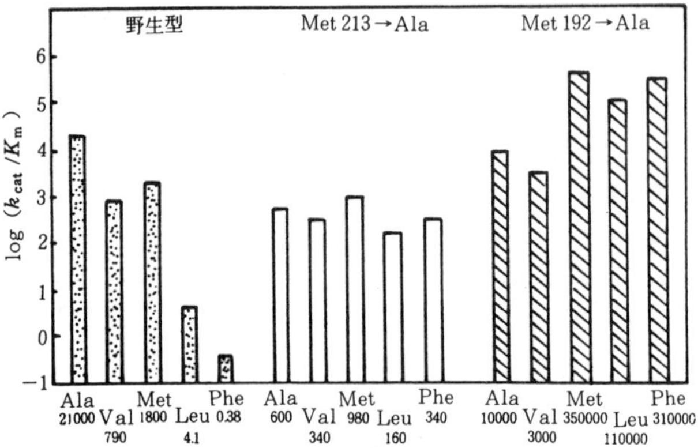

図1.1.6　α－リティックプロテアーゼの特異性の変換
野生型およびMet 213，Met 192変異体の反応速度論的パラメーター　（文献23)より）

の生成が予想された。また，Met 213 をAla に置換するとMet 192 →Ala の置換と同じだけのＳ１部位の容積を増加させるが，空間的配置は異なったものとなってしまう。以上のような考察から，Met 192 およびMet 213 を実際にAla に置換し変異酵素の性質を調べた[23]。図1.1.6 に示すように，Met 192 →Phe 変異酵素は明らかにＰ１残基としてMet に特異性（野生型の 200倍）を示すようになり，この触媒効率は野生型酵素が最適基質（Ｐ１がAla)に示すものより17倍も高いものであった。興味深いことは，ほとんどすべての基質に対して活性が上昇しており，Ｐ１がPhe の基質に対しては野生型と比較して約６桁，Leu の基質に対しては４桁以上の増加が観測された。この触媒効率の上昇は主にK_m からの寄与であり，k_{cat} の変化はあまり大きくなかった。驚くべきことは，基質結合部位のポケットを大きくしたにもかかわらず，Ｐ１がAla の基質に対しては１/2程度の活性低下しか起こらず結果として非常に広い基質特異性を示す高活性なプロテアーゼを作製したことになった。一方，Met 213 →Ala の変異体は各基質に対して活性が低下し基質の選択性も失われてしまった。

変異酵素（Met 192 →Ala ）のＸ線結晶解析を行い基質結合部位の構造を野生型と比較すると遊離の酵素Met からAla に対応する大きさのポケットが存在し，ポケットのまわりの残基の配置には大きな変化は観察されなかった。一方，阻害剤と酵素との複合体，特にMet 192 →Ala 変異体とＰ１残基にPhe を持つ基質類似阻害剤との複合体のＸ線結晶解析から，このような複合体ではVal 217 の空間配置が大きく変化した結果，基質結合部位のポケットを大きくし，Phe 残基を充分受け入れることができるように“Induced-fit”していることが判明した。このような，構造の“柔軟性”がこの変異体が広い基質特異性を獲得した要因であると結論されている。

1.7　キモシン

キモシン（Chymosin）は仔牛胃由来の凝乳酵素である。乳中のκ－カゼインを限定分解することにより凝乳を起こさせると考えられており，チーズの生産にとって必須の酵素である。触媒活性には２つのAsp のカルボキシル基が関与しており，アスパルティックプロテアーゼに分類されている。別府等はキモシンの前駆体であるプロキモシンを大腸菌で“不溶性顆粒”の形で大量発現させ，可溶化後巻き戻しを行い“自己触媒”的に活性型キモシンに変換する実験系を確立し数多くの変異型酵素を作成し性格づけた[24]。

ペプシンを代表例とするアスパルティックプロテアーゼは構造上の相同性が高いが，Ｘ線結晶解析が詳細になされた酵素は青カビ*Penicillium janthinellum*由来のペニシロペプシンである。そこでこのペニシロペプシンの立体構造に基づいて改変計画をたてた。ペニシロペプシンの活性部位を構成しているアミノ酸残基のうち，Tyr 75, Phe 110, Leu 120は疎水性ポケットを形成し，基質結合のためのＳ１部位を構成していると考えられている。これらの残基に対応するものは，キモシンではTyr 75, Val 110, Leu 120であり，特にTyr 75はすべてのアスパルティックプロテアーゼに保存されている。そこで，このTyr 75を系統的に変換し酵素活性の変化を検討した。キモシンのTyr 75をThr, Ile, Val に変換すると活性はまったく消失する。Trp 変換体は１％以下であるが，弱い活性を示した。Phe 変換体では活性は低下したが，充分観測できた。低分子合成ペプチド基質に対する酵素反応パラメーターの解析からはTyr 75のフェノール環は基質の結合および触媒効率の両面から寄与していると考えられている。Val 110 の変換体の解析からはこの残基もやはり K_m ， k_{cat} の両者に影響を与えていると結論された。

一方，興味深い結果がLys 220 について得られている。ペプシンを代表とするアスパルティックプロテアーゼの多くは最適pHをpH2.0 付近に持っている。しかしながらキモシンの最適pHは弱酸性のpH4.0 付近にある。この最適pHのシフトの理由として，基質が結合した時に基質側のＰ２残基と近接して存在し得るLys 220 の効果が予想された。Lys 220 を解離基を持たないLeu に変換すると，酸変性ヘモグロビンを基質とした時，最適pHは 3.5まで低下し同時に加水分解活性も２倍以上増加した。一方，Ｐ２残基にGlu を持つ低分子ペプチドに対しては最適pHの変化は観測されなかったが，pH３～６の広いpH範囲にわたって K_m はあまり変化せず， k_{cat} が増加し，結果として約３倍の活性上昇が起こっていた。興味深い実験結果であるが，当初予想したLys 220 と基質Ｐ２残基Glu との静電的相互作用の効果は必ずしも観察されず，Lys 220 の役割は今後に残された問題となっている。

文　　献

1) A.D.B.Waldman, K.W.Hart, A.R.Clarke, D.B.Wigley, D.A.Barstow, T.Atkinson, W.N.Chia, J.J.Holbrook, *Biochem. Biophys. Res. Commun.*, **150**, 752－759 (1988)

2) D.Bur, T.Clarke, J.D. Friesen, M.Gold, K.W. Hart, J.J. Holbrook, J.B.Jones, M.A. Luyten, H.M. Wilks, *Biochem. Biophys. Res. Commun.*, **161**, 59－63 (1989)

3) H.M. Wilks, K.W. Hart, R.Feeney, C.R.Dunn, H.Muirhead, W.N. Chia, D.A.Barstow, T.Atkinson, A.R.Clarke, J.J.Holbrook, *Science*, **242**, 1541－1544 (1988)

4) S.Kamitori, K.Hirotsu, T.Higuchi, K.Kondo, K.Inoue, S.Kuramitsu, H.Kagamiyama, Y.Higuchi, N.Yasuoka, M.Kusunoki, Y.Matsuura, *J.Biochem.*, **104**, 317－318 (1988)

5) B.Malcolm, J.Kirsch, *Biochem. Biophys. Res. Commun.*, **132**, 915－921 (1985)

6) M.D.Toney, J.F.Kirsch, *J.Biol. Chem.*, **262**, 12403－12405 (1987)
7) Y.Inoue, S.Kuramitsu, K.Inoue, H.Kagamiyama, K.Hiromi, S.Tanase, Y.Morino, *J.Biol. Chem.*, **264**, 9673－9639 (1989)
8) H.Hayashi, S.Kuramitsu, Y.Inoue, Y.Morio, H.Kagamiyama, *Biochem. Biophys. Res. Commun.*, **159**, 337－342 (1989)
9) M.E.Digan *et al.*, *Biotechnology*, **7**, 160－164 (1989)
10) M.Muraki, S.Jigami, M.Morikawa, H.Tanaka, *Biochim. Biophys. Acta*, **911**, 376－380 (1987)
11) B.A.Malcolm, S.Rosenberg, M.J.Corey, J.S.Allen, A.Baetselier, J.F.Kirsch, *Proc.Natl. Acad.Sci. USA*, **86**, 133－137 (1989)
12) E.F.Osserman, D.P.Lawlor, *J.Exp. Med.*, **124**, 921－952 (1966)
13) R.S.Mulvey, R.J.Gualtieri, S.Beychok, *Biochemistry*, **13**, 782－787 (1974)
14) I.Kumagai, K.Miura, *J.Biochemistry*, **105**, 946－948 (1989)
15) M.Muraki, M.Morikawa, Y.Jigami, H.Tanaka, *Biochim. Biophys. Acta*, **916**, 66－75 (1987)
16) J.A.Wells, E.Ferrari, J.D.Henner, D.A.Estell, E.Y.Chen, *Nucleic Acid Res.*, **11**, 7911－7925 (1983)
17) J.A.Wells, B.C.Cunningham, T.P.Graycar, D.A.Estell, *Phil. Trans. R. Soc. Lond*, **A317**, 415－423 (1986)
18) P.Carter, J.A.Wells, *Nature*, **332**, 564－568 (1988)
19) D.A.Estell, T.P.Graycar, J.V.Miller, D.B.Powers, J.P.Burnier, P.G.Ng, J.A. Wells, *Science*, **233**, 659－663 (1986)
20) J.A.Wells, Powers, D.B., R.R.Bott, T.P.Graycar, D.A.Estell, *Proc.Natl.Acad. Sci. USA*, **84**, 1219－1223 (1987)
21) J.A.Wells *et al.*, *Proc. Natl. Acad. Sci. USA*, **84**, 5167－5171 (1987)
22) H.Takagi, Y.Morinaga, H.Ikemura, M.Inoue, *J.Biol. Chem.*, **263**, 19592－19596 (1988)
23) R.Bone, J.L.Silen, D.A.Agard, *Nature*, **339**, 191－195 (1989)
24) J.Suzuki, K.Sasaki, Y.Sasao, A.Hamu, H.Kawasaki, M.Nishiyama, S.Horinouchi, T.Beppu, *Protein Engineering*, **2**, 563－569 (1989)

2　酵素の熱安定性の上昇

太田由己*

2.1　はじめに

タンパク質は，それに特有の立体構造であるfoldした状態と変性してランダムコイルとなったunfoldな状態の２つの状態をとる。この２つの状態は可逆的である。foldした状態は通常のタンパク質においては常温のある範囲内において実現されるに過ぎず，温度を上げると熱変性がおこる。また低温側でも低温変性がおこることが知られている。以前においてはunfold状態にはfoldした状態に可逆的なものと不可逆なものの２つの状態の存在が考えられたが，今はその考えは打ち捨てられている。タンパク質の熱安定性を上げる問題は，このfold状態とunfoldした状態の問題が基礎となっている。つまりタンパク質を熱に対して安定化するにはfoldした状態の安定性を増すか，unfoldした状態を不安定化して行かなければならない。

タンパク質の立体構造の保持には，非共有結合相互作用が重要な働きをなし，その安定化の自由エネルギーとしてはエンタルピー項が主である。一方その変性状態においてはポリペプチド鎖のランダムな状態に起因するエントロピー項が大きな安定化要素となる。さらにこれに加えて最近ではランダムコイルと水との相互作用が重要な要因となっていることがわかっている。fold状態とunfold状態の差はどのタンパク質でも５～15kcal/molぐらいである。これはせいぜい水素結合になおしても何個かにあたるに過ぎない。２つの状態のタンパク質全体のエンタルピーの差が約 100～500 kcal/molにもなることを考えると，微妙なバランスの上でタンパク質がfold状態を実現していることを思い浮べることができる。現実の安定化要素のエントロピー効果としては分子内のジスルフィド結合などがあり，エンタルピー効果を主とする非共有結合相互作用（表1.2.1）としては，いわゆる疎水結合，水素結合，イオン的な静電相互作用，さらに金属イオンの配位などがあげられる。したがって，本稿の議論もこうした要素が軸となって展開されている。ここで例にあげているのはＴ４リゾチームやズブチリシの仕事が主である。それは，これらがタンパク質工学の手法を用いてアミノ酸を置換するとともにＸ線を用いての構造解析までがなされているからである。こうした例について知ることは，今後において立体構造のイメージを頭に浮べて研究者が熱安定性の上昇を試みる上でよい指針となるであろう。

2.2　エントロピー力

タンパク質の主鎖の取り得る自由度に制限を加えたり，タンパク質分子内に架橋をかけてしまうことはunfoldな状態のタンパク質のエントロピーを減少させると考えられる。つまりunfoldな

---

* Yoshimi Ota　㈱蛋白工学研究所

表1.2.1　タンパク質の構造保持に重要な非共有結合力

（表は文献１より抜粋し作製した）

種　類	例		結合エネルギー (kcal/mol)	自由エネルギー変化 水→エタノール (kcal/mol)
静電相互作用	塩　結　合	$-\mathrm{CO\overset{-}{O}\cdots\cdots H_3\overset{+}{N}}-$	−5	−1
	２個の双極子	$\rangle\overset{\delta+}{C}=\overset{\delta-}{O}\cdots\cdots\overset{\delta-}{O}=\overset{\delta+}{C}\langle$	+0.3	
水素結合	氷	$\rangle O-H\cdots\cdots O\langle$	−4	
疎水結合力	タンパク質の主鎖	$\rangle N-H\cdots\cdots O=$	−3	
	フェニルアラニンの側鎖			−2.4

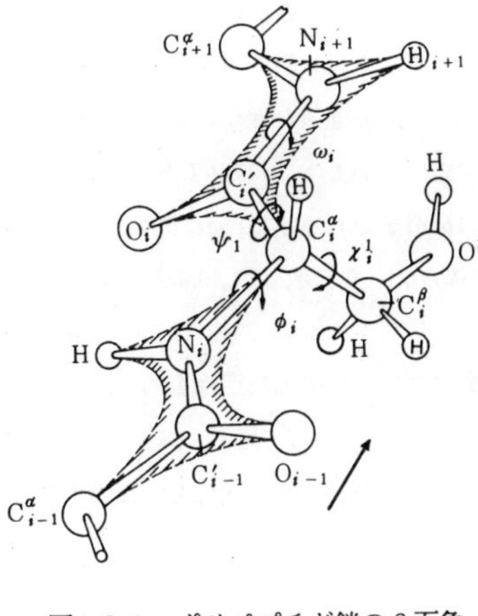

図1.2.1　ポリペプチド鎖の２面角

（図は文献 1）より抜粋した。内容は本文を参照。）

状態のタンパク質を不安定化することによりタンパク質は安定化するはずである。

2.2.1　タンパク質の主鎖の自由度の制限

ポリペプチド結合はアミノ酸のＮ末端とカルボキシ末端の重合によるポリペプチド結合よりなっている。このペプチド結合のＣ－Ｎ結合はσ電子とπ電子の両方が存在し，その軸を中心とする回転は固定されてしまっている。このことから，ペプチド結合を形成するＣＯ・ＮＨのそれぞれの４原子，それにその両側に来るアミノ酸の２つのＣα原子は固定されて１つの平面を形成している（図1.2.1）。したがってポリペプチド鎖の主鎖はこの２つの平面，つまり２面角で表わすことができる。このポリペプチド鎖の２面角も自由に回転できるわけではなく，アミノ酸の側鎖が立体障害をおこして自由回転を妨げている。その取り得る範囲もどのアミノ酸でも大体きまっている。 しかしながら側鎖のないGlyそれにピロリディンリングを持ちその側鎖がペプチドの主鎖の窒素に固定されているProは例外である。つまりGlyの場合は２面角の取り得る範囲はずっと大きく，Proの場合にはずっと小さい。つまりタンパク質の残基をもしもGlyから他の残基へ置換したり，ある残基をProに置換することができれば，タンパク質の主鎖の自由度は置換前よりも制限せられ，そのエントロピーの減少でタンパク質は安定化するはずである。

Matthewsら[2]はこの点に注目してＴ４リゾチームの安定化を試みた。彼らは，この酵素ではAlaをProに置換した場合には，約1.4kcal，T_mにして約3.5℃の安定化があると試算した。またGlyをAlaに置換した時は約１kcal程度は安定化すると考えた。Ｔ4リゾチームは157残基からなり，そこには11個のGly残基が存在する。そのうちの３残基（Gly77, Gly 110, Gly 113)はAlaに置換しても，そこの２面角は保つことができる。さらにGly 77とGly 113についてはAlaに置換しても周囲の構造をこわさないようである。そこでGly 77をAlaに置換する置換体G 77Aを作成した。またこの酵素について側鎖がProでもその2面角が保たれるところを探したところ17残基がそれに該当した。その内の２残基は野生型においてすでにProであった。これをさらに検討したところ，Lys 60, Ala 82, Ala 93は周囲の構造をこわさずにProに置換しうる残基であることがわかった。 そこで，Ala 82のProへの置換体A82Pを作成した。X線解析の結果として，A82P（図1.2.2）は野生型とほとんど同じ構造であり，G77Aについても，ほんのわずかのずれしか野生型との違いは見出されなかった。これらの置換型について熱安定性を調べたところ両方の置換型ともに，明らかに野生型のＴ４リゾチームより安定であった（図1.2.3），この安定性は理論的に計算した値の50～60％に対応したエネルギー変化であり，その変化も予想通りエントロピーの要素の大きいことが示された。

2.2.2　ジスルフィド結合

タンパク質分子内に化学的修飾によって架橋をかけることにより安定性を上昇させる試みは昔からなされていた。しかしながら，必ずしも明確な結果は得られていなかった。ところが最近においては，より天然に近い状態を保持した架橋として遺伝子工学の手法を用いてタンパク質内部にジスルフィド結合をかける方法が試みられるようになった。

ジスルフィド結合による安定化は，まず1984年の PerryとWetzel[3]のＴ４リゾチームの例があげられる。Ｔ４リゾチームの場合は２つ不対のＣｙｓ残基が存在する。そのうちの１つCys 97は

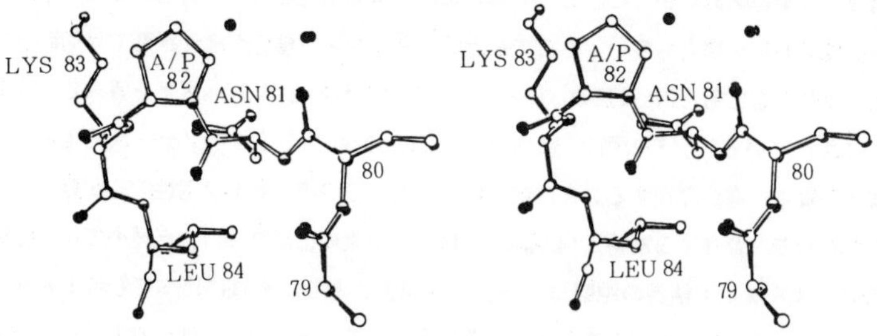

図1.2.2　野生型Ｔ４リゾチームとAla 82のProへの置換体の置換部分近傍の構造の比較[2)]

（―）は野生型リゾチーム，（＝）はＡ82Ｐ置換体

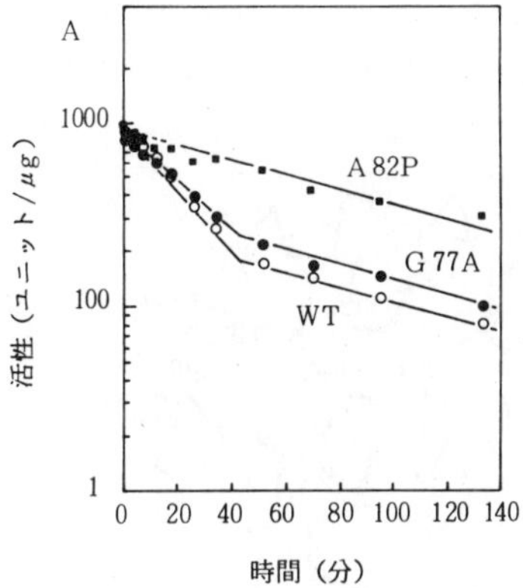

図1.2.3　Ｔ４リゾチームおよびその置換体の熱安定性[2)]

65℃における残存活性を示した。

Ile 3の近傍にあり，もしもIle 3をCysに置換した時にはそれとジスルフィド結合をつくりうる位置にある。そこで彼らはIle 3のCys置換体Ｉ３Ｃを作成した。その結果としてＩ３Ｃは，熱安定性が野生型より著しく上昇していた。この安定化はメルカプトエタノール存在下の酸化状態では消失することから，この新たなジスルフィド結合が安定化に関与していると考えられる。

初期のPerry とWetzel[3]の成功に比べて，その後のジスルフィド結合の導入による安定化は必ずしも順調な成果を納めなかった。これの導入により酵素活性を失う場合もあるし，酵素の中に適当なCys 残基がない場合も多い。そこで最近はジスルフィド結合が還元状態では切断される性質を利用したり，もともとCys残基のないところにそれぞれ対となるCys残基を導入して安定化する試みもなされている[4]。その例は MatsumuraとMatthews[5]のＴ４リゾチームで見られる。この酵素はその真中に溝が存在することが知られている。その溝の底では活性中心が存在する。この溝をはさむ形で，存在する21番と142番のThrはα－炭素の位置で 8.1Åと極めて近い位置にある。通常のジスルフィド結合の距離は 4.6Å～ 7.4Åであり，それに比べても若干大きいだけであり，充分にジスルフィド結合を形成しうる位置にある。そこでこのThr 21とThr 142のCysへの置換体21Ｃ－ 142Ｃ－ＷＴを作成してジスルフィド結合を形成させた。その結果としてこの置換体は酸化状態では活性を保持していなかったが，還元状態でジスルフィド結合をこわした状態では野生型の約70％の活性を保持していた。安定性においては，ジスルフィド結合がかかっている状態では野生型よりも安定であることがわかった。このジスルフィド結合はジチオスレイトールによって容易に切断されて活性は数分以内に回復する。つまり，このＴ４リゾチームは長期間の保存などに適していると考えられる。 Matsumuraら[6]は，この21番と142番のCysへの置換に加えて３番と97番，９番と164番の位置もCysに置換しジスルフィド結合の導入を試みた（図1.2.

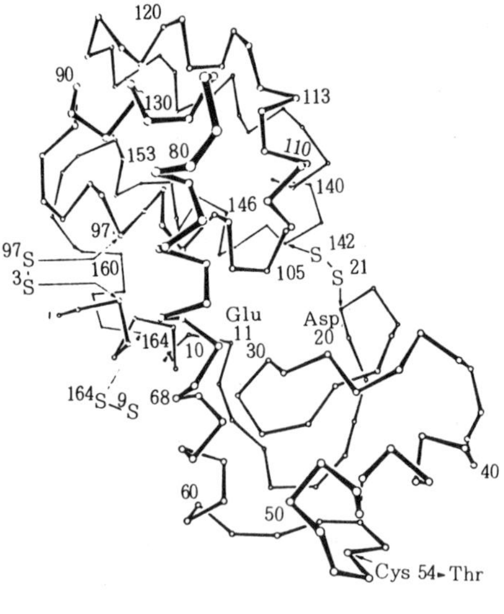

図1.2.4　ジスルフィド結合の架橋によるＴ４リゾチームの安定化[6]

4)。その結果として興味深いことに1個のジスルフィド結合に対して5～10℃ずつT_mは上昇し，3個導入した時には23℃も上昇していた。こうした結果は，各々のジスルフィド結合が独立に安定性に寄与しうることを示している。ジスルフィド結合を導入する方法は，今後は熱安定性を高めるのに極めて有効な方法と言えよう。

2.3　疎水結合

非極性基を有する物質を水に入れた場合，その残基は水を嫌い寄り集まろうとする。それがいわゆる疎水結合である。その厳密な定義は水の影響もあり簡単ではない。球状タンパク質の内部は結晶構造に近い状態で Packingしており周囲の溶媒とは遮断された形となっている。この状態の安定化には，疎水結合が大きな役割を果たしていると考えられる。

疎水性残基のタンパク質への安定性の寄与について議論したものとしては，まずYutaniら[7]による大腸菌のトリプトファン合成酵素があげられる。彼らは同酵素のGlu 49を20種類のアミノ酸に置換し，グアニジン塩酸の変性に対する安定性を調べたところ，一部の例外を除いては置換したアミノ酸の側鎖の疎水性が高い程に安定であることが示した。その結果として最も疎水性の高い Ileへの置換では安定性は著しく増大している。 Matsumuraら[8]はこの問題をより構造解析も含めてT4リゾチームで展開した。彼らは同酵素のIle 3が疎水性残基にかこまれていることに注目し，その残基を他の19種のアミノ酸へ置換したところ，その熱に対する安定性はやはりアミノ酸の側鎖の疎水性に比例していた（図1.2.5）。IleはLeu同様に最も疎水性の強い残基である。したがって，この場合に野生型よりも安定性の高かったのはLeuのみであった。こうした傾向は前述のYutaniらの例と同様に例外があり，Phe，Tyr，Trp は疎水性が高いにもかかわらず安定性は低かった。Tyrへの置換体はX線解析により構造解析がなされており，Tyr残基は疎水性領域からはみ出し，部分的には溶液中に存在することが示されている。このことより疎水度への寄与としては少ないと考えられる。 PheとTrpについても同様なことが考えられる。またCysは疎水度が低い，しかしそれへの置換体の安定性が高いのは，前述のようにこのCysがCys 97とジスルフィド結合をつくるからである。

2.4　水素結合

水素結合の熱安定性への寄与の研究はfoldしたタンパク質中の特異的な水素結合に着目する形でなされている。タンパク質全体を考えた時には，foldした状態とunfoldした状態の水素結合の数がもしも同じならば水素結合はタンパク質の安定性にはきいてこないこととなる。しかしながら今はこのことにはふれない。foldした状態においての特異的な水素結合がタンパク質の構造の保持に重要な役割を果たしていることは間違いない。それにはその特異的水素結合を付与したり，

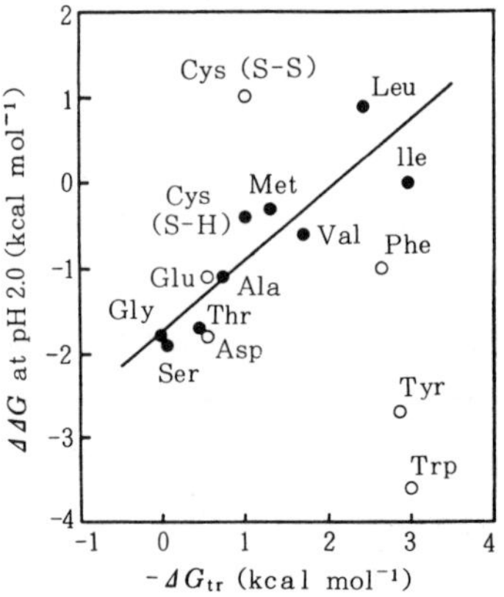

図1.2.5　置換残基の疎水性とタンパク質の熱安定性の関係[8)]

$\Delta\Delta G$は置換体Ｔ４リゾチームの安定化の自由エネルギー。
$-\Delta G_{tr}$は個々のアミノ酸をエタノールから水へ移した時の自由エネルギー変化

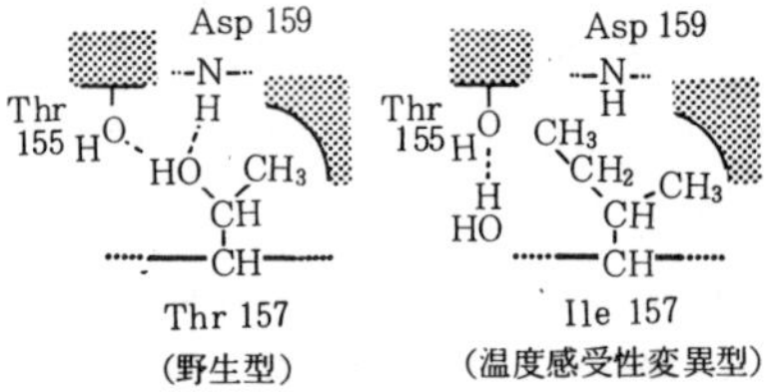

図1.2.6　Thr157（野生型）とIle157（温度感受性変異型）
Ｔ４リゾチームの変異部位近傍の構造の比較[9)]
破線（……）は水素結合を示す。

除いたりする形で研究するのが最も容易である。

Alberら[9)]はＴ４リゾチームのThr 157の水素結合について解析している。この研究はこの酵素の温度感受性変異株[10)]の研究から始まったものである。Grütterらのとった温度感受性変異株はｐH2.0でT_mが11℃も減少し31℃となる。これを自由エネルギーに換算すると 3.1kcal/molの違いとなる。この変異型はThr 157のIleへの変異であった。X線解析の結果より野生型のThr 157の水酸基はThr 155の水酸基の酸素分子，それにAsp 159の主鎖とのアミドと水素結合ネットワーク(図1.2.6)をつくっていることがわかった。この変異体のＸ線解析の結果はThr 155に対する水素結合に水分子が入り込むことで安定化されているが, Asp 159の主鎖とのアミドは水素結合が切れたままになっていることを示している。他に大きな構造変化の見られないところから，この温度感受性の原因は，この水素結合の欠除によると考えられる。そこで，Alber らはこの水素結合の役割を明らかにするために 157番目のアミノ酸の13種類の置換体を作成し解析した。その結果として野生型より安定性の高いものはなかったが，Asn，Ser，Asp，Glyにおいて，最もよい安定性の保持がみられた。これはAsn，Ser，Asp のような極性残基を側鎖に有するアミノ酸への置換では前述の水素結合が保持されるためと考えられる。 Glyへの置換体の安定性が高いのは意外な結果であったが，これはGlyとThr 155の主鎖のアミドとの間に水が入り込み，水素結合をつくるためと考えられる。 Bryanら[11] はズブチリシンの温度安定変異型をプレート上のランダムスクリーニングで取り出した。その変異酵素はAsn 218のSerへの置換があり，T_m が78.3℃から80.7℃に上昇していた。これをX線解析の結果から彼らはこの安定性の上昇は置換部位の近傍の水素結合がエネルギー的に安定になったためと結論している。

2.5　静電相互作用

タンパク質の安定化と静電相互作用の関係で最近，話題になっているのは，α－ヘリックスの双極子モーメントと安定化の関係である。短いペプチドの中には，そのアミノ酸配列の傾向から非常にα－ヘリックスがとりにくいことを予測されるにもかかわらず，実際にはα－ヘリックスをとっているものがある。この場合，そのα－ヘリックスの形成はｐＨ依存的なことからなんらかのＮ末端やＣ末端の荷電がヘリックス形成に関係していると考えられた。現実に RNaseＡから取り出されたＣ－ペプチドやそれの類似体のペプチドではＮ末端に負の荷電を付加したり，逆にＣ末端に正の荷電を付加すると，そのヘリックス形成能は上がる[12]。もともとタンパク質のα－ヘリックスはＣ末端側が負に，Ｎ末端側が正に荷電した双極子モーメントを有していると考えられる[13]（図1.2.7）。この双極子モーメントはなんらかの形でタンパク質に影響を及ぼしていると考えられていた。例えば，α－ヘリックスのＮ末端付近にリン酸基などの負の荷電をもった基質が結合しやすいのは，その一例かもしれない。前述のヘリックスの末端の荷電によるヘリックス形成能の上昇もなんらかの形でヘリックスの双極子モーナメントが関係していると考えられうる。現にいろいろなタンパク質を調べるとこの双極子モーメントを打ち消すような形でα－ヘリックスのＮ末端にはかなりの負の荷電を有するアミノ酸が存在することが知られている[14]。またα－ヘリックスの中には逆平行に並んだものが多いことも知られている。

Nicholsonら[15] は，α－ヘリックスの双極子モーメントに着目して，Ｔ４リゾチームの中のα－ヘリックスのＮ末端に負の荷電の導入によるタンパク質の安定化を試みた。Ｔ４リゾチームには11個のα－ヘリックスが存在するが，その内の７個にはすでにＮ末端付近に負荷電が存在し

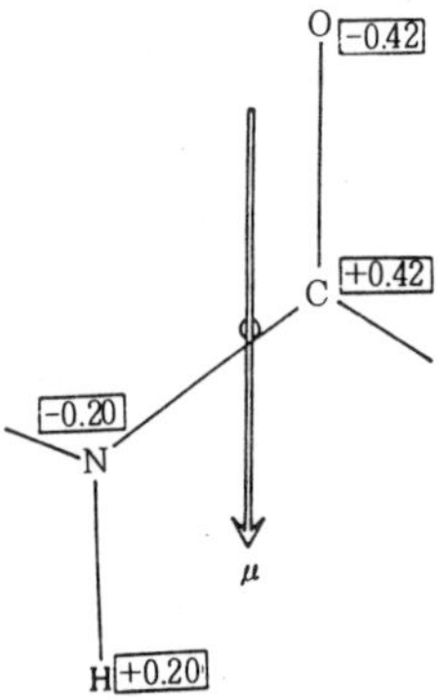

図1.2.7　ペプチドの生ずる双極子モーメント[13]
数字は原子の大体の部分電荷を示す。

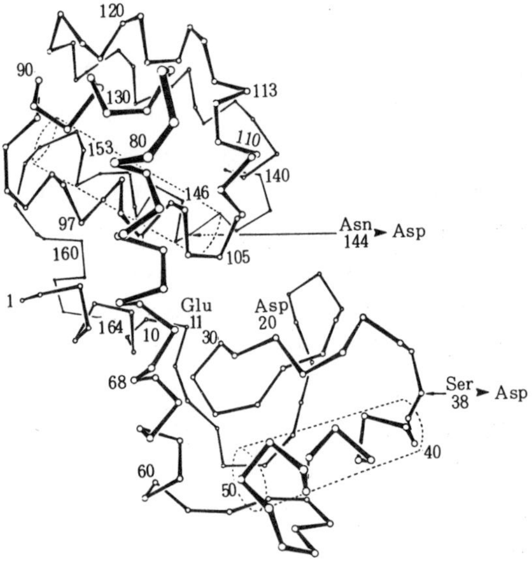

図1.2.8　α－ヘリックスのN末端アミノ酸側鎖への負電荷の導入による安定化の試み[15]

た。残りの 4 個のうちでも，2 個については結晶化その他の問題で解析が困難なことから，2 個のヘリックス，つまりBヘリックスとJヘリックスのN末端Ser 38とAsn 144に負荷電を入れることとした（図1.2.8）。結果としてSer 38をAspに置換した置換体（S38D）と，Asn 144のAspへの置換体（N 144D）を作成した。その結果として，各置換ごとに2℃ずつ，さらに両方ともに置換した置換体（S38D／N144D）では4℃の T_m の上昇があった。これは自由エネルギー差になおすと1.6kcal／molに対応する。この場合にT4リゾチームの活性そのものも上昇しておりS38D／N 144Dでは野生型の4倍の活性があった。X線解析の結果は野生型と置換体の間には，大きな構造の差異はみられなかった。こうした結果は双極子モーメントを打ち消す形でのヘリックスのN末端への負荷電の付加が，この酵素の安定性を増しているとの考えを支持するものであった。

2.6　金属イオンの結合

金属イオンの結合がタンパク質の安定性に重要な役割を果たしているとの考えは古くからある。サーモライシンの場合は，アポ酵素に比べて，ΔG になおして8～9kcal／mol 上昇するという報告もある[16]。α－ラクトアルブミン[17]や，スーパーオキシドディスムターゼ[18]などでも金属イオンの付加による安定性の上昇がある。この観点より金属イオンの結合能を高めたり，新たに金属イオン結合部位を付与した場合にはタンパク質の安定性が高まると予想される。

ズブチリシン（BPN′）には2つのカルシウム結合部位が存在する。その1つは非常にカルシウムへの結合定数の低い部位である。そこでPantolianoら[19]はこのカルシウム結合部位の近傍のPro 172, Gly 131をそれぞれAspに置換した。カルシウムは通常はAspに配位するためこの置換によってカルシウムの結合能の上昇をねらったものである。この変異させた結合部位に対するカルシウム結合能は野生型のそれに対して2～3倍も高まっており，65℃での熱失活実験でも安定性が増していることが示された。

ヒトリゾチームにはラクトアルブミンのカルシウム結合部位に似た部位が存在する。そこでKurokiら[20]はこの2つの酵素のアミノ酸配列を比較して（図1.2.9），このヒトリゾチームのカルシウム結合部位に相同性のある部位をカルシウム結合部位につくりかえた。α－ラクトアルブミンのカルシウムの結合部位はX線による解析がなされており，その配位する部分はLys 79, Asp 84の主鎖のカルボニル基とAsp 82, Asp 87, Asp 88のカルボキシル基であり，EF－ハンド型であることが知られている。ヒトリゾチームの場合，それに対応するアミノ酸残基は86番，91番，92番であり91番はすでにAspであるが，86番と92番はそれぞれGlnとAlaであった。興味深いことにウマとハトのリゾチームではその部分もAspであり，最近はそこにカルシウムが結合することが知られている。そこでKurokiらはヒトリゾチームの86番と92番のアミノ酸の側鎖もAsp に置き換えた（D86／92）。その結果として野生型のヒトリゾチームの場合は，活性は最高温度で65～75℃までしか示さないのに対して，このD86／92リゾチームでは80℃まで活性があった（図1.2.10）。これはカルシウムの結合部位を付与したことによって安定性が上昇したためと考えられる。その活性についても野生型より高いことが示された。

A)　C－Type Lysozymesとα－Lactalbumins

	82		93
D86/92　－Lysozyme	Ser Ala Leu Leu Asp	Asp Asn Ile	Ala Asp Asp Val
ヒト　Lysozyme	Ser Ala Leu Leu Gln	Asp Asn Ile	Ala Asp Ala Val
ニワトリ　Lysozyme	Ser Ala Leu Leu Ser	Ser Asp Ile	Thr Ala Ser Val
ウマ　Lysozyme	Ser Lys Leu Leu Asp	Glu Asn Ile	Asp Asp Asp Ile
ハト　Lysozyme	Ser Lys Leu Arg Asp	Asp Asn Ile	Ala Asp Asp Ile
ヒト　α－Lactalbumin	Asp Lys Phe Leu Asp	Asp Asp Ile	Thr Asp Asp Ile
ウシ　α－Lactalbumin	Asp Lys Phe Leu Asp	Asp Asp Leu	Thr Asp Asp Ile
	* **	*	** **

B)　その他の LysozymesとEF-hand

	51		62
T 4　Lysozyme	Gly Arg Asn Cys	Asn Gly Val Ile	Thr Lys Asp Glu
	106		117
ガチョウ Lysozyme	Thr Trp Asn Gly	Glu Val His Ile	Thr Gln Gly Thr
	51		62
コイ Parvalbumin (EF-hand)	Asp Gln Asp Lys	Ser Gly Phe Ile	Glu Glu Asp Glu
	** **	** *	** **

図1.2.9　α－ラクトアルブミンのカルシウム結合部位付近および
リゾチームのアミノ酸配列の比較[20)]

カルシウムの配位するアミノ酸残基に印（＊は主鎖のカルボニル基が，
**は側鎖のカルボキシル基が配位している。）をつけた。

2.7　Packing

タンパク質の内部は，分子性結晶と同じ位に密に Packingされていると言う。 Packingの問題は，これまで議論して来た非共有結合が実際には程度効率よく利用されているかにかかわり，タンパク質の安定性を考える上でも大事と考えられる。タンパク質の内部にある極性基の多くは水素結合をしていると言われている。これは，極性基を伴う水素結合が無駄なく利用されている例としてあげられよう。しかし現実の問題として Packingの効果の解析は，そう容易ではない。まず問題になるのは疎水結合による安定化との区別である。例えば先に議論した[7)] T 4 リゾチームにおいてもIle をこれまでよりも大きさの小さな残基に置換した時には，そこに隙間が生じていると考えられる。したがってその置換体の安定性の減少が疎水性に起因するのか Packingに起因するのか簡単に結論できてこない時も生じて来る。

Sandbergら[21)] は疎水性と Packing効果の関係を区別するためにｆ１ファージgeneＶタンパク質を使って実験を行っている。彼らはVal 35とIle 47を選び，そこをそれぞれをIle への置換体（V35Ｉ)，Val への置換体(Ｉ47V)，それに両方の置換体(V35Ｉ－Ｉ47V)を作成した（図1.2.11)。その２つの残基は非常に接近しており完全に溶媒から遮断されている。

ValとIleの違いはメチレン基１つの違いであることから野生型を含めての，これら４種類のタンパク質の違いはメチレン基１つの除去，付加，それに接近した２つの残基間の移動しただけの

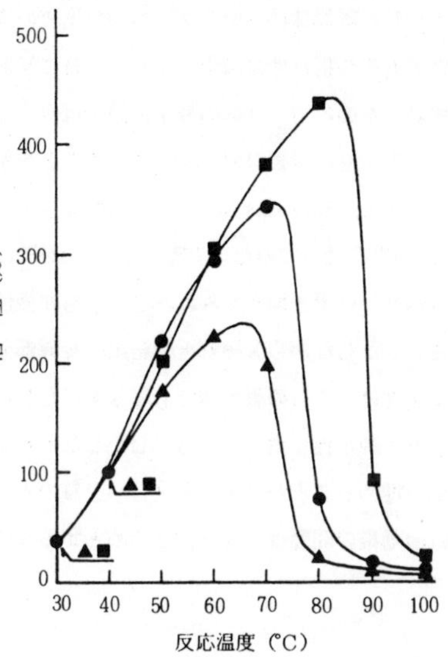

図1.2.10 天然ヒトリゾチームと置換体リゾチームの活性の温度依存性[20)]

(●) は天然リゾチーム, (▲) はアポ－D86／92－リゾチーム,
(■) はホロ－D86／92－リゾチーム

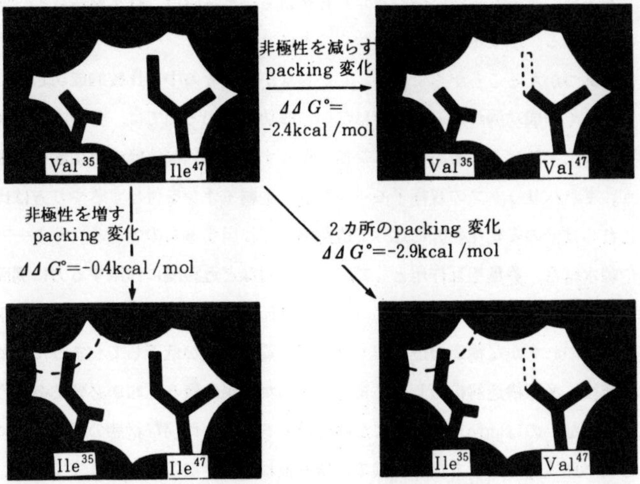

図1.2.11 Packingに変化をおこさせるアミノ酸の置換による安定性の変化[21)]

みということとなる。こうした置換体についてグアニジン塩酸の変性に対する抵抗性を調べたところ，どの置換体についてもその抵抗性は減少していた。特にＶ35Ｉ－Ｉ47Ｖ置換体についてはメチレン基が分子内で移動したのみで，全体の疎水性効果は変らない。こうした結果は疎水性効果ばかりでなく Packingも安定性に重要な働きをしていることを示すものである。Ｔ４リゾチームの分子内には隙間が存在する。Karpusasら[22] はその中でも大きな隙間の２つをアミノ酸残基の置換で埋めてPackingの効果を調べてみた。実際にLeu 133をPheに（置換体Ｌ133Ｆ），またAla 129をVal に（置換体Ａ129Ｖ）に置き換えてみた。どちらも非極性残基をより大きな非極性残基におきかえたわけである。しかしながらＸ線解析の結果，変異部分を除いては大きな構造変化がないにもかかわらず，安定性はどちらの置換体でも増さずにむしろ減少していた。この場合には内部の隙間を埋めるとともに疎水性は増している。しかしながら安定性は増していない。こうしたことからただ単に隙間を埋めることが必ずしもタンパク質の安定性を増すとはかぎらないことを示唆している。 Packing効果の問題は，疎水性を始めとする非共有性の結合と関わり，まだこれからの議論が待たれる。

2.8　おわりに

以上，タンパク質の立体構造の保持に関係する非共有結合を連記しながら，その熱安定性について述べて来た。最近のPantolianoら[23] の例では，いくつかのアミノ酸置換を同時にズブチリシンでおこし，T_mを14℃も上昇させている。このそれぞれの置換は各々にわずかずつ熱安定性を増すものであった。その安定性に係わる非共有結合も，水素結合，疎水結合など，異なった性質によると考えられる。熱安定性を上げて行くことは，現在のタンパク工学の手法を用いて，最も理論的にとりあつかえることがらである。しかしながら，その中で比較的成功している面もあるが，必ずしも多くの成功例があるわけではない。成功している面では，分子内にジスルフィド結合を導入したり，あるアミノ酸を Proに交換したりするunfoldな状態の自由度を制限して行く方法であろう。またヘリックスの双極子モーメントや金属イオンを付与するやり方は比較的成功している。これらは他の安定化要因に比べて遠距離まで作用するものである。その一方でその他の水素結合や疎水結合，静電相互作用としてのイオン対など近距離に作用する力に関係するものはなかなかうまく行っていない。これはタンパク質はfoldの際に正確な Packingを要求されるために，点突然変異のわずかな構造の違いでもタンパク質の機能が低下してしまうためであろう。そのためには今後，Ｘ線構造解析のレベルまでを含めた結果の積み重ねが必要であろう。また，もう一つ見落とせないのはunfoldとはなにかの問題である。unfoldな状態の不安定化について考えてみて，これが理論面ばかりでなく実験での積み重ねが必要なことは言うまでもないであろう。

ここで実例にあげたのはＴ４リゾチームのように分子量も小さくすでに比較的に安定であつか

いも容易なタンパク質についてである。しかしながら現実に熱安定化の必要なのは，多くの場合，構造もわからない生物学的にあるいは医学的に重要なタンパク質である。今後はこうしたタンパク質の熱安定性をあげられるようになって始めて，熱安定性の問題も取り扱いうるようになって来たと言えよう。

文　　献

1) G.E.Schulz, R.H.Schirmer, "Principles of Protein Structure" Springer-Verlag Gmb. H and Co. KG (1979)
2) B.W.Matthews *et al.*, *Proc. Natl. Acad. Sci. USA*, **84**, 6663－6667 (1987)
3) L.J.Perry and R.Wetzel, *Biochemistry*, **226**, 555－557 (1984)
4) M.W.Pantolino *et al.*, *Biochemistry*, **26**, 2077－2082 (1987)
5) M.Matsumura and B.W.Matthews, *Science*, **24**, 792－794 (1989)
6) M.Matsumura *et al.*, *Nature*, **342**, 291－293 (1989)
7) K.Yutani *et al.*, *Proc. Natl. Acad. Sci. USA*, **84**, 4441－4444 (1488)
8) M.Matsumura *et al.*, *Nature*, **334**, 406－410 (1988)
9) T.Alber *et al.*, *Nature*, **330**, 41－46 (1987)
10) M.G.Grütter *et al.*, *J.Molec. Biol.*, **197**, 315－329 (1987)
11) P.N.Bryan *et al.*, *Proteins: Struct., Funct., Genet.*, **1**, 326－334 (1986)
12) K.R.Shoemaker *et al.*, *Nature*, **326**, 563－567 (1987)
13) W.G.J.Hol *et al.*, *Nature*, **273**, 443－446 (1978)
14) J.S.Richardson and D.C.Richardson, *Science*, **240**, 1648－1652 (1988)
15) H.Nicholson *et al.*, *Nature*, **336**, 651－656 (1988)
16) G.Voordouw *et al.*, *Biochemistry*, **15**, 3016－3724 (1976)
17) M.Mitani *et al.*, *J.Biol. Chem.*, **261**, 8824－8829 (1986)
18) J.A.Roe *et al.*, *Biochemistry*, **27**, 950－958 (1988)
19) M.W.Pantoliano *et al.*, *Biochemstry*, **27**, 8311－8317 (1988)
20) R.Kuroki *et al.*, *Proc. Natl. Acad. Sci. USA*, **86**, 6903－6907 (1989)
21) W.S.Sandberg and T.C.Terwilliger, *Science*, **245**, 54－57 (1989)
22) M.Karpusas *et al.*, *Proc.Natl.Acad.Sci. USA*, **86**, 8237－8241 (1989)
23) M.W.Pantoliano *et al.*, *Biochemistry*, **28**, 7205－7213 (1989)

3　至適ｐＨの変換

太田由己*

酵素の触媒には，解離基を有するアミノ酸残基が関係する。その解離基が触媒基として働き，酵素反応のｐＨ依存性は解離基のｐ*K*に依存する。したがって酵素反応の至適ｐＨを変えようと思えば，解離基のｐ*K*を変えればよい。そうした残基のｐ*K*をタンパク質工学の手法を用いて変えることを試みる場合に考えうる方法としては，その解離基の周辺の静電ポテンシャルを変える方法である。もちろん，解離基が水素結合ネットワークの中にあれば，ｐ*K*は水素結合の影響を受ける。またよく知られている例としては，活性中心などの疎水環境下にあって異常なｐ*K*を示すHis残基の存在などである。しかしながら設計上の容易さの面などから，静電ポテンシャルによるｐ*K*の変換が一番研究が進んでいる。静電効果によって荷電を有するアミノ酸残基のｐ*K*を変える研究は古い。その理論的な展開は，Linderstrøm－Lang[1)]に1924年になされている。その後，1970年代の始めには，化学修飾の手法を用いて実験的に展開されている。つまり負電荷が解離基の近傍にあるとそのｐ*K*は上昇する。一方において正電荷があれば，そのｐ*K*は下がる。例えばトリプシンの表面のLys残基を化学修飾によってアシル化すると活性中心のHisのｐ*K*は，0.2 pH ユニット上がる[2)]。キモトリプシンでは表面の14個のLys残基をサクシニル化するとやはり活性中心のHisのｐ*K*は１pH ユニット上がる[3)]。こうした結果は化学修飾によって付加された負電荷の静電効果がｐ*K*を変化させたと考えられる。

ズブチリシンは活性中心のHis 64が一般塩基触媒として働いている。この場合に，低いｐＨではHis 64はプロトン化しており不活性である。もしも負の荷電をこのＨis残基の近くにふやせばHisのｐ*K*は低くなる。ズブチリシンのAsp 99とGlu 156は，この酵素の表面に存在する荷電を有する残基である。 Russellと Ferst[4)]はより理論的にこの静電効果について解析するために点突然変異法を用いて，このズブチリシンの負に荷電した残基である99番と156番をSer（置換体Ｓ99またはＳ156)およびLys（置換体Ｋ99またはＫ156)へ置換した。Serへの置換は負の荷電を取り除いた意味があり，Lysへの置換はさらに正の荷電を付加した効果がある。この結果としてSerへの置換体では活性中心のHis 64のｐ*K*は0.4ｐＨユニット低下していた。Lysへの置換では0.64ｐＨユニット低下しており，99番と156番の両残基ともLysに置換した時(置換体Ｋ99，Ｋ156)では1.0ｐＨユニット低下していた。それにともない至適ｐＨも酸性側に移動していた(図1.3.1)。これは予想通りに解離基の周辺に正電荷が存在するとその解離基のｐ*K*が低下することを示すものである。このｐ*K*の変化は，この酵素を溶解している緩衝液のイオン強度を上げて行くと減少して

＊　Yoshimi Ota　㈱蛋白工学研究所

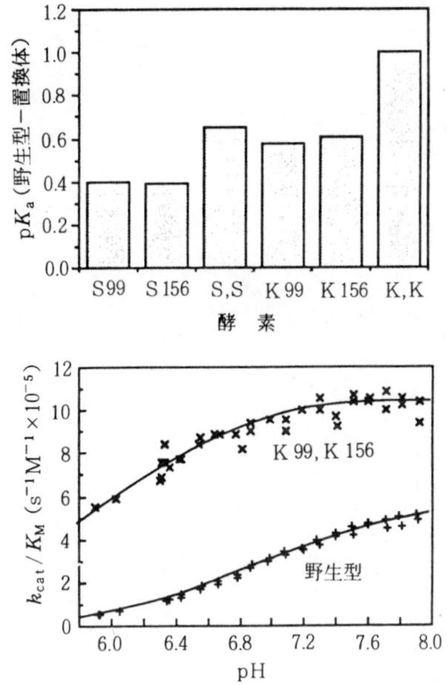

図1.3.1　ズブチリシンにおいてのアミノ酸置換によるｐ*K*（上）
ｐＨ依存性（下）の変化[4)]

行く。この場合に興味深いことは，Lys 156への置換体（K156）の場合にはイオン強度を上げて行くとむしろHis 64のｐ*K*が上昇してしまうことがある。この効果は硫酸イオンのように２価陰イオンの方が顕著である。これはLys 残基のまわりに溶液中の陰イオンが集まり，むしろ負の静電効果を生ずるためと考えられる(図1.3.2)。この効果はLys 99置換体（K99）の場合には見られない。これは前者の場合はLys 156 とHis 64の間は溶液であり，両残基間に陰イオンが集合しうるが，後者の場合にはLys 99とHis 64の間はタンパク質となるために陰イオンはHis 4 から遠くはなれたところにしか集合しえないためと考えられる。ｐ*K*の変化はせいぜい1.0 ｐＨユニットと小さくこれ以上の値は示さなかった。これは荷電を有する表面上の99番と 156番の残基とHis 64の間の誘電率が高いためと考えられる。触媒基のｐ*K*を変換することは，至適ｐＨの変換のみならず，活性の強さそのものを強くする研究へもつながり今後興味深い。

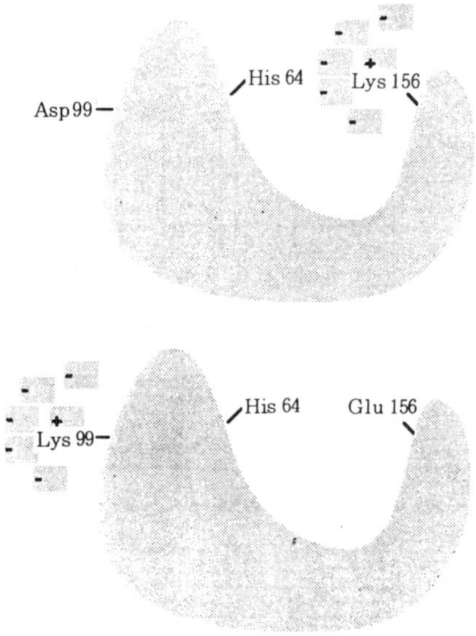

図1.3.2　Lys99とLys156によって生ずるイオン雰囲気の模式図[4)]

文　献

1) K.Linderstrφm-Lang, *C.r.Trav. Lab. Carlsberg,* **15**, 70－76 (1924)
2) W.E.Spomer and J.F.Wootton., *Biochim. Biophys. Acta,* **235**, 164－171 (1971)
3) P.Valenzuela and M.L *Bender, Biochim. Biophys. Acta,* **250**, 538－548 (1971)
4) A.J.Russell and A.R.Ferst, *Nature,* **328**, 496－500 (1987)

第2章　抗体とタンパク質工学

榎本　淳*，上野川修一**

1　はじめに

1975年KöhlerとMilstein[1]により細胞融合法が免疫学に応用され，従来の抗血清より優れた特性を持つ新しい抗体，モノクローナル抗体が誕生した。すなわち，抗原特異性や親和性などの性質が全て同一な抗体を無限に手に入れることが可能となったわけである。このモノクローナル抗体は構造の類似した物質の識別や微量成分の検出あるいはその精製などの面において強力な武器となり[2)~4)]，非常に不均一で多様性に富む免疫現象の細胞・分子レベルでの解明をはじめとしてさまざまな学問分野の進展に大きく貢献した。さらに臨床面においても抗体の診断薬や治療薬への応用を大幅に発展させるものとして期待された。

しかし，このモノクローナル抗体も万能な道具であるとはいえず，希望通りの抗原特異性や親和性あるいはエフェクター活性を持つ抗体を作製することはそれほど容易ではない。たとえば現在まで数え切れないほど作製されてきたマウスやラットのモノクローナル抗体は，たとえそれが希望通りの性質を有する抗体であっても，ヒトには異物として認識され，血清病やアナフィラキシーショックなどの副作用を誘起するおそれがあるため，あるいは抗イディオタイプ抗体により投与した抗体の活性が阻害される可能性があるため，通常そのまま治療薬として使用することは不可能である[5),6)]。またマウスやラットではヒト遺伝子の多型性(polymorphism)に由来する血液型抗原やヒト腫瘍に特異的な微小な抗原構造を識別する抗体は産生されにくいといわれている[2),7)]。これらの問題はヒトのモノクローナル抗体を用いれば解決できるものであるが，ヒトに直接病原菌や癌細胞を抗原として投与することは倫理上許されないことであり，また一般にB細胞源として利用されることの多い末梢リンパ球はその抗体産生能が低いため，マウスやラットほど効率よく目的とするハイブリドーマを得ることができない。すなわちヒトではさらに限られた抗体しか利用できないのが現状である。

補体系や食細胞やキラー細胞などを活性化するあるいは好塩基球や肥満細胞に付着して即時型アレルギーを引き起こすといった抗体のエフェクター活性は，抗原特異性とは無関係にそのクラ

---

*　Atsushi Enomoto　東京大学　農学部　農芸化学科
**　Shuichi Kaminogawa　東京大学　農学部　農芸化学科

ス，サブクラスにより決定されるものである。このため希望通りの抗原特異性や親和性を有するモノクローナル抗体であっても，必ずしも希望通りのエフェクター活性を発揮するとは限らない。特にこれまで作製されてきたヒトモノクローナル抗体はその大部分がＩｇＭ抗体であり，他のクラスの抗体の作製は困難な状況にある。

上述したこれらの問題を解決するために1970年代後半から試みられたのが，ハイブリドーマの *in vitro* での培養中に誕生する突然変異株の利用である。Rajewskyらのグループ[8)]はcell sorterを用いて，同じくMüllerとRajewsky[9)]は限界希釈法と高感度のRIA（radioimmunoassay)の組み合わせにより突然変異株を効率よくスクリーニングした。その結果，親株の抗原特異性を変化させることなく，前者の報告ではＩgG$_{2b}$抗体を産生する親株からＩgG$_{2a}$抗体を産生する変異株を，後者ではＩgG$_1$抗体を産生する親株からＩgG$_{2b}$，ＩgG$_{2a}$，ＩｇＥ抗体をそれぞれ産生する変異株を得ることに成功した。しかしこれらの方法ではクラススイッチの順序（ＩgM→ＩgG$_3$→ＩｇG$_1$→ＩｇG$_{2b}$→ＩｇG$_{2a}$→ＩｇＥ→ＩｇＡ）に逆らったクラスの変換は不可能であり，また現在のところ抗原特異性や親和性を意図した通りに改良することも困難であろう。

近年の遺伝子工学および細胞工学的手法の確立により，旧来のタンパク質を基にして新しいタンパク質を自由自在にデザインし合成することが可能となりつつある。抗体分子は全てのクラスに共通した基本構造として2本の同一なL鎖(light chain)とやはり2本の同一なH鎖(heavy chain)がそれぞれＳ－Ｓ結合により結合した左右対称の構造をとる（図2.1.1）。Ｈ鎖とＬ鎖のＮ末端

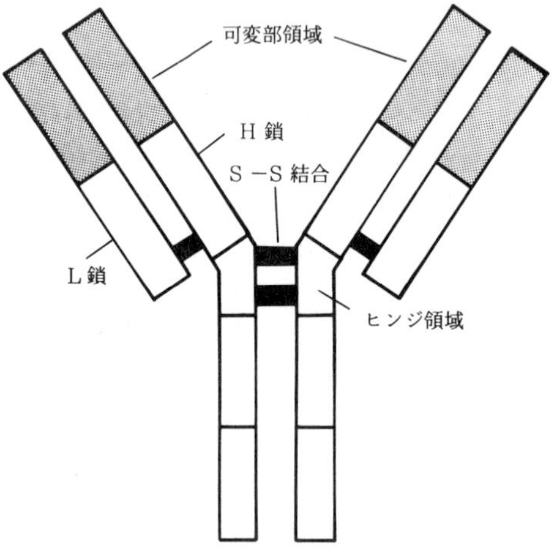

図2.1.1　ＩｇＧ抗体の構造

側の約110個のアミノ酸は各抗体間で相同性が低い部分であり，可変部領域(variable region)と呼ばれ，抗原結合部位となる。これに対してエフェクター活性を有するH鎖とL鎖の残りのC末端側の領域は相同性が高く定常部領域(constant region)と呼ばれるが，可変部領域の整数倍の長さとなっている（L鎖では1倍，H鎖では3～4倍）。すなわち抗体分子は構造上互いに類似した約110 個のアミノ酸からなるドメインの繰り返しにより構成されており，各ドメインは抗原結合性やエフェクター活性を発揮する機能上の単位ともなっている。またH鎖とL鎖はそれぞれ別々の遺伝子によりコードされており，さらにH鎖は可変部領域を担うV，D，Jの各断片と定常部領域となるC断片から，L鎖はV，JおよびC断片から構成されており，発現の際再配列を起こすことが知られている。このような構造上の特性からさらには応用価値が極めて高いため，抗体はタンパク質工学の格好の材料として研究されてきた。これらの研究によれば，最適の抗原特異性や親和性あるいはエフェクター活性を有する抗体，さらには本来自然界には存在しない新しい機能を付加させた抗体を自由自在に設計・作製することも不可能なことではない。本章ではこれらの研究の中からキメラ抗体，ハイブリッド抗体，さらには多特異性抗体について解説する。

2　キメラ抗体(chimeric antibody)

マウスとヒトのキメラ抗体の産生に関する研究はOiら[10]あるいはHozumiら[11]のグループにより1984年に発表されたものが最初であるとされているが，いずれの研究もマウス抗体由来の可変部領域とヒト抗体由来の定常部領域とを遺伝子工学的手法により jointさせたものである。すなわち，Oiらのグループはマウス抗phosphocholine IgA抗体のH鎖およびL鎖の可変部領域をコードする遺伝子をそれぞれヒトγ_1鎖あるいはγ_2鎖およびκ鎖の定常部領域の遺伝子と結合させた後，それらをマウスミエローマ細胞を用いて発現させ，同一のハプテンに対する結合性を保ちながら抗ヒトIgG抗体とも反応する2本のH鎖と2本のL鎖からなる完全なキメラ抗体分子の作製に成功した[10]。またHozumiらのグループは同様にして抗原(2,4,6-trinitrophenyl)に対する結合定数が元のマウス抗体とほぼ同一であり，かつヒトIgM抗体由来の定常部領域を持つ5量体のキメラ抗体分子を作製した[11]。

それではここでHozumiらのグループの研究を例にとり，キメラ抗体の作製法について簡単に触れてみる(図2.2.1)[11),12)]。2,4,6-trinitrophenylに特異的なマウスμ鎖遺伝子の可変部領域(VDJ)を含むDNA断片をヒトμ鎖遺伝子の定常部領域(C)を含むDNA断片と結合させた後，これを抗生物質ネオマイシンに対して抵抗性となる*neo*遺伝子を有する形質導入ベクターpSV2*neo*[3)]に挿入する。このベクターを大腸菌内で増幅させた後プロトプラスト融合法により直接マウスハイブリドーマの非産生型突然変異株（Sp2/0）に導入し，ネオマイシンの誘導体であるG418存在下

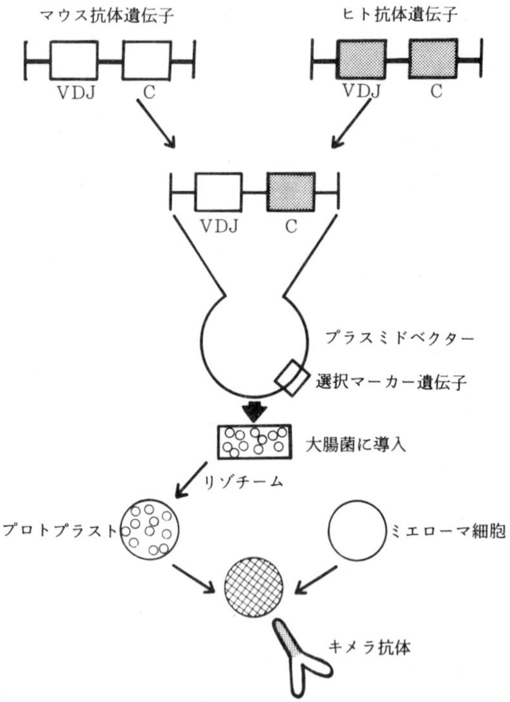

図2.2.1　キメラ抗体の作製法

で培養することによりキメラμ鎖を産生する株を得る。次に同様にしてマウス－ヒトキメラκ鎖遺伝子を含むpSV 2*gpt*[14]（キサンチングアニンフォスホリボシルトランスフェラーゼ（XGPRT）をコードする遺伝子を有する。）をこの株に遺伝子移入し，ミコフェノール酸含有選択培地で培養することにより目的とするキメラ抗体を産生する形質転換細胞株を得る。なお，ここでキメラ遺伝子を動物細胞で発現させたのは，大腸菌による発現では抗体分子の glycosilationが行われず，そのため一般に産生された抗体のエフェクター活性が顕著に低下するからである。

さてこの方法のキーポイントは，Schaffner[15]により開発されSandri-Goldinら[16]により改良されたプロトプラスト融合法を用いた点にあるといってよい。プロトプラスト融合法はベクターを含む大腸菌をリゾチームによりプロトプラスト化した後，形質腫瘍細胞とポリエチレングリコール処理により融合させるものである。このためベクターあるいはＤＮＡ断片を精製するステップを省くことができ，リン酸カルシウム沈殿法などの他の方法と比較して効率よく遺伝子移入が行えるため，キメラ抗体の作製が可能となった。前述のＯｉらのグループもこの方法によりキメラ抗体の作製に成功している[10]。さらにHozumiらは彼らの方法のように，二つの異なった遺伝子を二つの異なった薬剤耐性因子を持つベクターに別々に挿入し，２種類とも耐性の株を選択すれば，複数の遺伝子を比較的容易に移入することができると報告している[11),12]。

このように可変部領域をマウス由来，定常部領域をヒト由来とするキメラ抗体を作製可能であることが実際に証明されたため，それをヒトの疾病の治療に応用することが検討されるようになった。マウス抗体をそのままヒトに投与した場合さまざまな副作用が起こるといわれているが，その主たる原因は強い抗原性を有するマウス抗体の定常部領域に存在することが明らかとなっているためである[17]。すなわち，上記のようなキメラ抗体の作製技術はマウス抗体の抗原性を低下させ，ヒト腫瘍に特異性を持つものをはじめとして数多くの貴重なマウスモノクローナル抗体を応用可能なものにすると大いに期待されている。

たとえばヒトの消化器系の腫瘍の診断に実際に使用されているマウスモノクローナル抗体17-1A[18]はそのままではヒトに投与することが制限されているが，この抗体のＨ鎖およびＬ鎖の定常部領域をそれぞれヒトのγ_3鎖およびκ鎖のそれに置換したキメラ抗体がSunらにより作製され，消化器系の癌細胞であるＳW1116との結合性を測定したところ元の抗体と同一であることが確認された[19]。また肺や大腸の癌細胞表面抗原を認識するマウスモノクローナル抗体Ｂ6.2を材料としたキメラ抗体も作製されており，癌細胞に対する抗原特異性が損なわれていないことがＥＬＩＳＡ(enzyme-linked immunoabsorbent assay)や免疫蛍光法により確かめられた[20]。さらにＣＡＬＬＡ(common acute lymphocytic leukemia antigen)に特異性を示すマウスモノクローナル抗体に関してもNishimuraらにより同様な試みがなされている[21]。

このように可変部領域をマウス由来，定常部領域をヒト由来とするキメラ抗体を作製することにより，マウス抗体をhumanize化させる目的は一応達成された。しかしこれだけでは不十分である。マウス抗体の可変部領域にも弱いながら，やはり抗原性が残存しているからである。このためさらに可変部領域をhumanize化させる試みが行われている。

さて抗体分子の可変部領域の一次構造を詳細に解析すると，アミノ酸残基の変異の顕著な超可変部領域(hypervariable region)と比較的共通な枠組み配列(framework sequence)とに分けられ，前者はＨ鎖およびＬ鎖にそれぞれ３カ所存在する抗原との結合部位を形成している相補性決定領域(CDR, complementarity-determining region)に一致することが明らかとなった。Neubergerらのグループ[22]はこの点に着目し，マウス抗体の CDRをヒト抗体に移植したＨ鎖とマウス抗体のＬ鎖とからなるキメラ抗体を作製した。すなわち，彼らはマウスモノクローナル抗体B1-8のCDRとヒトミエローマタンパク質NEWMの frameworkとにより構成されるＨ鎖可変部領域 DNAを合成した後，ヒトε鎖定常部領域 DNAとjointさせ，さらにこれをマウスλ鎖を分泌するJ558L細胞に導入することによりキメラ抗体を得た。B1-8が結合性を示す２種類のハプテン，４-hydroxy-3-nitrophen acetyl caproic acidおよび3-iodo-4-hydroxy-5-nitrophenylacetyl caproic acid を用いてこのキメラ抗体の抗原特異性を解析したところ，親和性が若干低下するものの抗原特異性を保持していること，さらに一部のB1-8に特異性を示す抗イディオタイプ抗体との反応性が消失することが明らかとなった。すなわちマウス CDRのヒト抗体への移植により，マウス抗体可変部領域の抗原性を低減化しつつ抗原との結合性を移植可能なことが証明されたわけである。

1988年，Reichmannら[23]によりさらにhumanize化されたキメラ抗体が報告された。彼らはヒトのリンパ球や単球の細胞表面に表現されているCAMPATH-1 抗原に特異的なラットモノクローナル抗体YTH-34.5HLを出発材料として，stage 1-3の各段階を踏むことにより，最終的にH鎖，L鎖ともその CDR部分のみラット抗体由来としたキメラ抗体を作製した(図2.2.2)。stage 1はH鎖可変

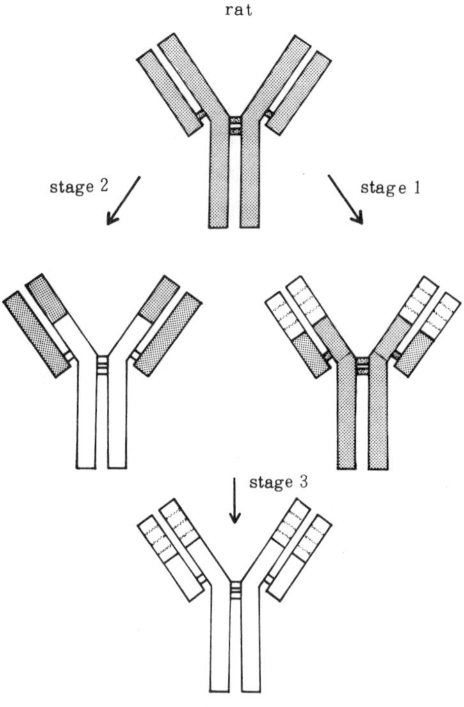

図2.2.2　ラット抗体のhumanize化

部領域のhumanize化の, stage 2 はキメラ抗体作製に有効なヒトH鎖定常部領域の選択の, stage 3 はL鎖のhumanize化およびH鎖とL鎖の組合わせの段階である。こうして得られたキメラ抗体はやはりその親和性が若干低下するものの, CAMPATH-1抗原に対する結合性を保持しており, さらにそのエフェクター活性がやや増大していることが確認され, 実際に臨床に応用可能であると期待されている。

このようにキメラ抗体作製の目的の一つはマウスやラット抗体のヒトに対する抗原性を低減化させることにあるが, もう一つの目的として抗体のエフェクター活性を最も都合のよいものに変換できることが挙げられる。Neubergerら[24]は前述の方法とほぼ同様にしてH鎖の定常部領域のみヒトε鎖由来としたマウス／ヒトキメラ抗体を作製したが, 得られた抗体がマウス由来のハプテンに対する抗原特異性を損失することなく, ＩｇＥ抗体に特有なエフェクター活性を有していることを確認した。Ｉ型アレルギーは肥満細胞や好塩基球細胞表面にそのF_cレセプターを介して特異的に結合したＩｇＥ抗体がアレルゲンと結合することにより架橋構造が形成され, それを引金として肥満細胞や好塩基球からヒスタミンをはじめとする化学伝達物質が放出されるために発症する疾病である（図2.2.3）。このためアレルゲンとは無関係なＩｇＥ抗体をＩ型アレルギー患者に投与すれば, 上記の発症機構が阻害されるため, アレルギーの発症を防止できると考えられている。しかしヒトＩgE抗体の入手は容易なものではない。Neubergerらが作製したキメラ抗体はこの問題を解消するための手段となりうるであろう。

また, Reichmannらは[23]は前述の報告のstage 2 においてラット抗体由来のH鎖可変部領域をそれぞれヒトγ_1, γ_2, γ_3, γ_4 鎖定常部領域とjoint させた4種類のキメラ抗体を作製し, 補体系やＡＤＣＣ(antibody-dependent cell-mediated cytotoxity) に対するそれらのエフェクター活性を比較した。その結果ＩｇG_1 キメラ抗体が最も活性が高く, 次にＩｇG_3抗体でありＩｇG_2

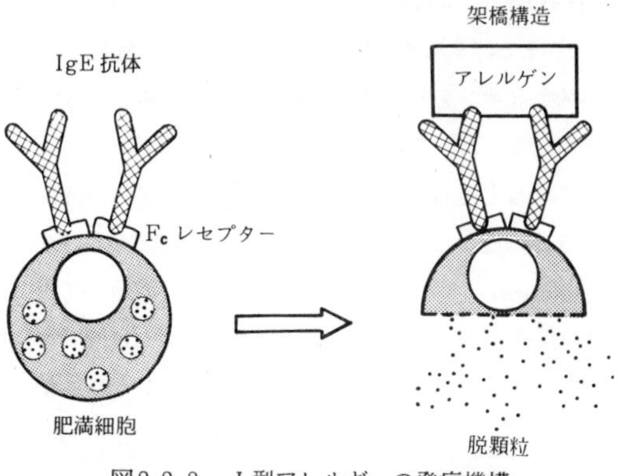

図2.2.3　Ｉ型アレルギーの発症機構

抗体およびＩｇＧ$_4$ 抗体には活性がほとんど認められなかった。マウス／ヒトキメラ抗体においてもこれとほぼ同様な結果が得られている[25)~27)]。たとえばNeubergerらのグループ[27)]は可変部領域を前述のハプテンに特異性を示すマウスモノクローナル抗体由来，定常部領域をそれぞれヒトIgM，IgE，IgG$_1$，IgG$_2$，IgG$_3$，IgG$_4$，IgA$_2$抗体由来とした一連のキメラ抗体を作製したが，ヒトＣ１ｑとの結合能やＡＤＣＣに対する活性においてやはりＩｇＧ$_1$ 抗体が最も効果的であることを見いだしている。これらの研究の結果，γ_1 鎖定常部領域を選択するのがよいと結論づけられた。このようにキメラ抗体の作製技術により，抗体のエフェクター活性を担う定常部領域を目的に応じて変換することが可能となった。

3　ハイブリッド抗体(hybrid antibody)

天然界には本来存在しない抗体本来の抗原結合能に加えて新しい機能を付加させたハイブリッド抗体の作製が，抗体分子の定常部領域を他の分子に置換することあるいは可変部領域と定常部領域間に他の分子を挿入することにより試みられている。1984年，Neubergerら[28)]は4-hydroxy-3-nitrophenacetylに特異性を示すマウスＩｇＭ抗体の定常部領域を*Staphylococcus aureus* 由来のnucleaseに置換したハイブリッド抗体の作製に成功した。ここでnucleaseが選択されたのは，それが monomerで活性を発揮し，また変性後容易に再生可能な安定な分泌型酵素であるためである[29)]。彼らはマウスμ鎖の可変部領域遺伝子をマウスγ_{2b}鎖のC_H1 ドメインとヒンジ領域遺伝子を介してnuclease遺伝子と結合させた後，これをマウスλ鎖を分泌するJ558L 細胞に導入することによりハイブリッド抗体を作製した。得られたハイブリッド抗体はその大きさが均一ではなく$F(ab')_2$-nucleaseおよびFab-nucleaseの両者を含むものであったが，元の抗体の抗原結合能を保持しておりhapten-Sepharoseカラムにより精製可能であった。さらにＤＮＡを基質としてアガロースゲル電気泳動によりその酵素活性を測定したところ，元の酵素と比較してその活性が約1/10に低下したものの，Mg^{2+}イオンを要求するがCa^{2+}イオンは必要としないなど元の酵素と類似の性質を示すことが明らかとなった。このような酵素をfusionさせたハイブリッド抗体は，一般にELISA の検出抗体や診断薬など極めて応用範囲の広いものであると期待されているが，彼らはこのハイブリッド抗体が実際にELISA に適用可能であることを確認している。さらにWilliamsとNeuberger[30)]は*Escherichia coli* DNA polymerase をfusionさせたハイブリッド抗体の作製にも同一の方法により成功しているが，この場合もその酵素活性が1/7 に低下することが見いだされている。このような酵素活性の低下あるいは抗原結合能の低下をいかに少なくするかが今後の課題となろう。

plasminogen activator はplasminogenを特異的に切断しそれを活性なplasminに変換するエン

ドプロテアーゼであるが, plasminが血管内に形成されたfibrinに働いてこれを分解溶離させる作用があるため，血栓症の治療薬として期待されている。これをfibrinに特異的な抗体とカップリングさせればfibrinに対する特異性を付加することができるため，さらに有効なものになると考えられるが，化学的なカップリング法では収率が悪く，しかも不均一で不安定なものしか得ることができない。Schneeら[31]はこの問題点を解消するために，前述の Neubergerら[28]と同様な方法により抗fibrinモノクローナル抗体とplasminogen activatorの活性中心であるβ鎖とを結合させたハイブリッド抗体を作製した。すなわち彼らは抗fibrinモノクローナル抗体59D 8のH鎖可変部領域遺伝子とplasminogen activator β鎖をコードする遺伝子にそのほとんどの部分が置換されたγ_{2b}鎖定常部領域遺伝子とを結合した後，これを59D8のH鎖を産生しなくなった突然変異株に導入することによりハイブリッド抗体を得た。このハイブリッド抗体の分子量を非還元状態で測定したところ170～180kDaであることが示され，二つの抗原結合部位と二つのplasminogen acivatorの活性部位を合わせ持つ完全なハイブリッド抗体が作製されたものと考えられた（H鎖可変部領域が30kDa, plasminogen activatorのβ鎖が33kDa, L鎖が25kDaであることが確認されている)。次にこのハイブリッド抗体のplasminogen activator活性および抗原結合性が測定された。前者に関しては非特異的な基質であるS-2288の分解を指標としたアッセイではnativeなものの約70%の活性が，産生されるplasmin の活性を指標とした場合はほぼ同等な活性が残存していることが明らかとなった。また後者に関してもnativeの約1/10に低下するものの，残存していることが示された。すなわち，抗原結合能と薬理効果の２種類の機能を合わせ持つ治療薬として有効なハイブリッド抗体が作製可能なことが証明されたわけであるが，この方法によりさらに酵素や毒素などを由来とする他の機能を兼ね備えた有用なハイブリッド抗体が作製されるものと期待される。

さてハイブリッド抗体のもう一つの利点は，大量に入手できないあるいは精製困難なタンパク質を抗体とfusionさせた形で必要量だけしかも均一に得ることができる点にある。ハイブリッド抗体はその抗原特異性あるいはその抗体自身の抗原性を利用すれば比較的容易に精製でき，またこれを免疫源とすることにより目的とするタンパク質に対する抗体をも作製することが可能なためである。Neuberger ら[28] はnucleaseの場合と同一の抗体のH鎖定常部領域をマウスoncogene c-*myc*産物に置換したハイブリッド抗体を作製し，それがハプテンとの結合性を保持するとともに，複数の抗c-*myc*モノクローナル抗体と反応することを確認している。ただしこの際得られたハイブリッド抗体は，おそらく発現後プロテアーゼにより分解されるため不均一なものとなっている。

T細胞レセプターはT細胞表面に存在しT細胞の抗原認識機構を担うものであるが，抗体と極めて類似した構造を有することが知られている。しかしその実態は明確であるとはいえない。

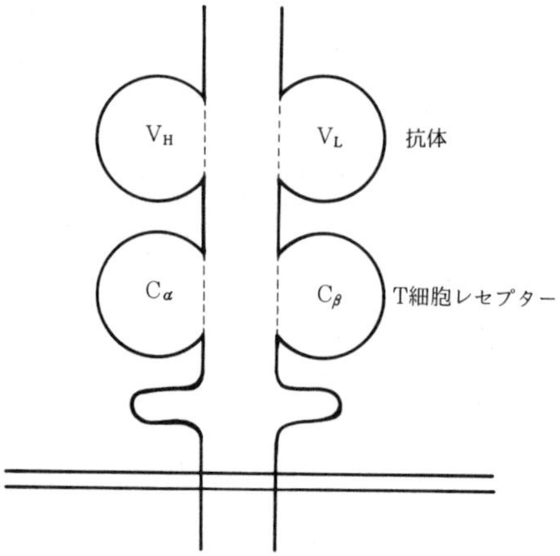

図2.3.1　抗体の可変部領域とT細胞レセプターの定常部領域を連結させたハイブリッド抗体

Trauneckerら[32]はマウスκ鎖の定常部領域と可変部領域間にそれぞれT細胞レセプターα，β，γ鎖の定常部領域を挿入したハイブリッドタンパク質を作製した。このハイブリッドタンパク質は予期した分子量を持ち，また抗マウスκ鎖抗体を用いたアフィニティークロマトグラフィーにより精製することが可能であった。さらにβ鎖の定常部領域を挿入したハイブリッドタンパク質をラビットに免疫して得られた抗血清はβ鎖を含むT細胞レセプターそのものと免疫沈降を起こすことが確認され，少なくともβ鎖の定常部領域はハイブリッドタンパク質中でnativeに近い構造をとることが示唆された。すなわちマウスκ鎖はT細胞レセプター定常部領域のキャリアーとなりうることが示された。また,Kuwanaら[33]は抗phosphocholine抗体の可変部領域をT細胞レセプターの定常部領域と結合させたハイブリッド抗体の作製に成功しており（図2.3.1），これを用いてT細胞レセプターの抗原認識機構を抗体のそれと比較検討した。このようにハイブリッド抗体は容易に取り扱うことのできないタンパク質の精製，同定あるいはその性質の解析に極めて有効であるといえる。

4　多特異性抗体

一つの抗体分子が2種類の（これを特に bi-specific antibody あるいは bi-functional anti-bodyと呼ぶ），あるいは複数の異なる抗原特異性を持つ多特異性抗体の概念は古くから存在

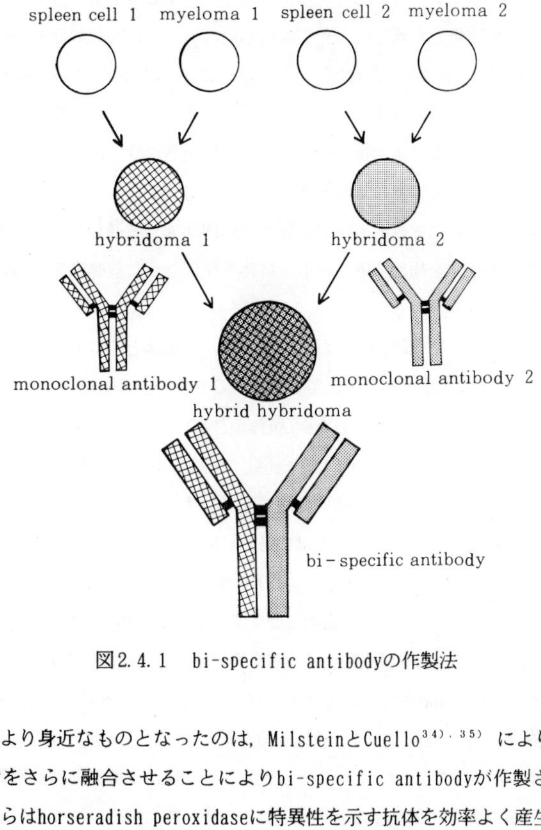

図2.4.1　bi-specific antibodyの作製法

したが，それがより身近なものとなったのは，MilsteinとCuello[34),35)]により２種類の異なるハイブリドーマをさらに融合させることによりbi-specific antibodyが作製されてからである(図2.4.1)。彼らはhorseradish peroxidaseに特異性を示す抗体を効率よく産生するラットハイブリドーマをhypoxanthine-aminopterin-thymidine(HAT)感受性にした後(これを彼らはＹＰ４株と名付けた)，これをあらかじめsomatostatin-thyroglobulin複合体で免疫しておいたラットの脾臓細胞と融合させることにより，peroxidaseおよびsomatostatin両者に特異性を示すbi-specific antibodyを得た[34)]。この方法によらずに，一度還元した２種類の抗体を再酸化する化学的方法を用いてもbi-specific antibodyを作製することが可能である[36),37)]。しかし後者の方法は簡単なものではなく，また抗体の変性を伴うものでありその活性が一部損失するといわれているため，それほど用いられていない。これに対してMilsteinとCuelloの方法[34)]は現在のところbi-specific antibodyを作製するための常法となりつつある。すなわち彼らの作製したＹＰ４株を親株として[38)]，あるいはマウス[39)]やヒト[40)]においても同様な方法により成功例が近年報告されている。さらにShinmotoら[41),42)]はＩgM抗体を産生するヒトリンパ芽球様細胞株と肺癌患者摘出組織リンパ節由来のリンパ球を融合することにより，単量体型ＩｇＡ抗体２分子と単量体型ＩｇＭ抗体３分子とが結合した新しいタイプのbi-specific antibodyの作製に成功している。

さて，MilsteinとCuelloは彼らが作製したbi-specific antibodyはimmunohistochemistryやimunoassayの分野において特に有用であると報告している[34),35)]。従来の抗体・酵素複合体を用いた方法では複合体の作製により抗体の活性が一部損失したり，非特異的な結合が増加するおそれがあるが，これを用いることにより非常に感度が高く，またバックグラウンドの低い結果が得られるからである。さらに従来の方法では複合体が内部まで透過しないため不可能とされてきた細胞内部に存在する抗原を検出することも，抗体を反応させた後酵素を添加することにより可能となった。

bi-specific antibodyの応用範囲はこれに留まらず，治療薬としても期待されている。たとえばWongとColvin[43)]はＴ細胞表面抗原であるＣＤ３とＣＤ４の両者を認識するＣＤ３，４抗体およびＣＤ３とＣＤ８の両者を認識するＣＤ３，８抗体の作製に成功したが，これらが補体存在下２種類の抗原をともに表現した細胞を１種類しか表現していない細胞と比較して 25-3125倍効率よく溶解することを見いだした。すなわち標的細胞表面に対するbi-specific antibodyの親和性の増大が補体存在下での溶解性を上昇させたわけである。StaerzとBevan[44)]はＴ細胞レセプター上のアロ抗原と，同じくＴ細胞表面抗原であるThy-1.1の両者を認識するbi-specific antibodyを作製したが，これが*in vitro*においてそのＴ細胞レセプター上に同一のアロ抗原を表現するcytotoxic Ｔ細胞によるThy1.1-positiveな腫瘍細胞の溶解を促進することを確認した。また Tiebout ら[40)]はouabainに感受性を示し HAT耐性であるヒト／ハイブリドーマとそれとは逆の性質を有するヒトマウスハイブリドーマの融合により，破傷風菌毒素と hepatitis-B抗原の両者に特異性を示すbispecific antibody を作製した。このような性質を示す抗体は標的細胞に毒素あるいは薬剤を運搬し，それを標的細胞中で解離すると考えられるため，特に癌の治療薬として大いに期待されている。

5　おわりに

以上述べてきたように，近年の遺伝子工学および細胞工学的手法の確立により抗体分子を基にしてキメラ抗体，ハイブリッド抗体，多特異性抗体などの天然界には存在しない新しいタンパク質を作り出すことが可能となった。現在のところ，1)その遺伝子構造や立体構造が明確にされていること，2)発現系が確立されていること，3)構造あるいは機能的に独立したドメイン構造から構成されていること，4)それ自体が応用価値の高い二つの機能，抗原結合能とエフェクター活性を有していることなどの利点からこの分野の研究は抗体を中心に進められている。しかしこれらの研究によりタンパク質の構造と機能との関係がより明瞭になれば，この手法は他のタンパク質にも適用され，目的に応じた最適のタンパク質を自由自在に設計・作製することも可能になると期待される。

文　献

1) G.Köhler and C.Milstein, *Nature*, **256**, 495 (1975)
2) C.Roland *et al.*, *Bio/technology*, **7**, 567 (1989)
3) J.A.Glasel *et al.*, *Mol. Immunol.*, **20**, 1419 (1983)
4) F.Kohen *et al.*, *Steroids*, **39**, 453 (1982)
5) J.E.Froedin *et al.*, *Hybridoma*, **7**, 309 (1988)
6) D.L.Shawler *et al.*, *J.Immunol.*, **135**, 1530 (1985)
7) K.M.Thompson *et al.*, *Immunology*, **58**, 157 (1986)
8) B.Liesegang *et al.*, *Proc. Natl. Acad. Sci. USA*, **75**, 3901 (1978)
9) C.Müller and K.Rajewsky, *J.Immumol.*, **131**, 877 (1983)
10) S.L.Morrison *et al.*, *Proc. Natl. Acad. Sci. USA*, **81**, 314 (1984)
11) G.L.Boulianne *et al.*, *Nature*, **312**, 643 (1984)
12) 穂積信道，細胞工学，**4**, No.12, 1036 (1985)
13) P.J.Southern and P. Berg, *J.Mol. Appl. Genet.*, **1**, 327 (1982)
14) R.C.Mulligam and P.Berg, *Science*, **209**, 1422 (1980)
15) W.Scaffner, *Proc. Natl. Acad. Sci. USA*, **77**, 2163 (1980)
16) R.M.Sandri−Goldin *et al.*, *Mol. Cell Biol.*, **1**, 743 (1981)
17) R.A.Miller *et al.*, *Blood*, **62**, 988 (1983)
18) M.Herlyn *et al.*, *Proc. Natl. Acad. Sci. USA*, **76**, 1438 (1979)
19) L.K.Sun *et al.*, *Proc. Natl. Acad. Sci. USA*, **84**, 214 (1987)
20) B.G.Sahagan *et al.*, *J.Immunol.*, **137**, 1066 (1986)
21) Y.Nishimura *et al.*, *Cancer Res.*, **47**, 999 (1987)
22) P.T.Jones *et al.*, *Nature*, **321**, 522 (1986)
23) L.Reichmann *et al.*, *Nature*, **332**, 323 (1988)
24) M.S.Neuberger *et al.*, *Nature*, **314**, 268 (1985)
25) A.Y.Liu *et al.*, *Proc. Natl. Acad. Sci. USA*, **84**, 3439 (1987)
26) D.R.Shaw *et al.*, *J.Immunol.*, **138**, 4534 (1987)
27) M.Bruggemann *et al.*, *J.Exp. Med.*, **166**, 1351 (1987)
28) M.S.Neuberger *et al.*, *Nature*, **312**, 604 (1984)
29) C.B.Anfinsen *et al.*, *Enzymes*, **4**, 177 (1971)
30) G.T.Williams and M.S.Neuberger, *Gene*, **43**, 319 (1986)
31) J.M.Schnee *et al.*, *Proc. Natl. Acad. Sci. USA*, **84**, 6904 (1987)

32) A.Traunecker *et al.*, *Eur. J.Immunol.*, **16**, 851 (1986)
33) Y.Kuwana *et al.*, *Biochem. Biophys. Res. Com.*, **149**, 960 (1987)
34) C.Milstein and A.C.Cuello, *Nature*, **305**, 537 (1983)
35) C.Milstein and A.C.Cuello, *Immunol. Today*, **5**, 299 (1984)
36) A.Nisonoff and W.J.Mandy, *Nature*, **194**, 355 (1962)
37) U.Hammerling *et al.*, *J.Exp. Med.*, **128**, 1461 (1968)
38) M.R.Suresh *et al.*, *Proc. Natl. Acad. Sci. USA*, **83**, 7989 (1986)
39) A.Klausner, *Bio/technology*, **5**, 195 (1987)
40) R.F.Tiebout *et al.*, *J.Immunol.*, **139**, 3402 (1987)
41) H.Shinmoto *et al.*, Agric. Biol. *Chem.*, **50**, 2217 (1986)
42) 新本洋士，堂迫俊一，日本農芸化学会誌，**62**, No.10, 1517 (1988)
43) J.T.Wong and R.B.Colvin, *J.Immunol.*, **139**, 1369 (1987)
44) U.D.Staerz and M.J.Bevan, *Proc. Natl. Acad. Sci. USA*, **83**, 1453 (1986)

第3章　医薬と合成ワクチン

1　ワクチン

1.1　B型肝炎ワクチン

足達　聡*

1.1.1　はじめに

B型肝炎ウイルス（HBV）はヒトおよびチンパンジーの生肝でしか増殖せず，いまだに現在の組織培養技術では培養できないウイルスである。このため，B型肝炎ワクチンの開発は，まずHBVの持続感染患者（キャリアー）の血液中に過剰に産生される表面抗原（HBs抗原）を原料として開始された。これがヒト血漿由来B型肝炎ワクチン（pHBワクチン）である。pHBワクチンは既に数十万の人に投与され，その安全性および有効性は実証されているが，ヒトの血液を原料とすることに由来する以下のようないくつかの問題点を有していた。

1）献血による血液を原料としているため原料の供給に制約がある。

2）ワクチンの安全性評価のためにチンパンジーを用いた安全性試験を実施する必要がある（現在は不活化方法の確実性が確認されたためこの試験は行われていない）。

3）ヒト血液に由来する未知の感染因子混入の不安がある。

これらの点を克服する手段として遺伝子組換え技術を応用したB型肝炎ワクチンの開発が強く望まれたのである。本項では遺伝子組換え技術を応用した最初のワクチンとして開発されたB型肝炎ワクチンの成果と，それに応用されている技術について解説する。

1.1.2　HBs抗原

HBVはヘパドナウイルス科として分類される直径42nmの球状粒子であり厚さ7nmの外皮と環状二本鎖DNA，DNAポリメラーゼなどを含む核（コア）を有したDNAウイルスである。外皮は宿主由来の脂質二重膜よりなり，これにHBs抗原が埋まり込む形で存在している。HBV関連抗原としてHBs，HBc，HBeが存在するが，このうち感染防御抗原となり得るものはHBs抗原だけである。

HBs抗原はウイルスの外皮として存在するだけでなく，キャリアーの血液中に22nmの小型球状粒子として存在している。このHBs抗原粒子にはDNAが含まれておらず感染性はない。

---

*　Satoshi　Adachi　㈶化学及血清療法研究所　研究開発部

ｐＨＢワクチンはこのＨＢｓ抗原粒子を分離精製し，ワクチンとしたものである。ＨＢｓ抗原がワクチンの原料として充分にその免疫原性を示すためにはＨＢｓ抗原ペプチドがジスルフィド結合で結合した上，それが脂質二重膜に埋まり込む形で形成される粒子構造をとっていることが必須である（図3.1.1）。遺伝子組換え技術を用いてＨＢｓ抗原を発現させる場合にこの点が最も重要であった。

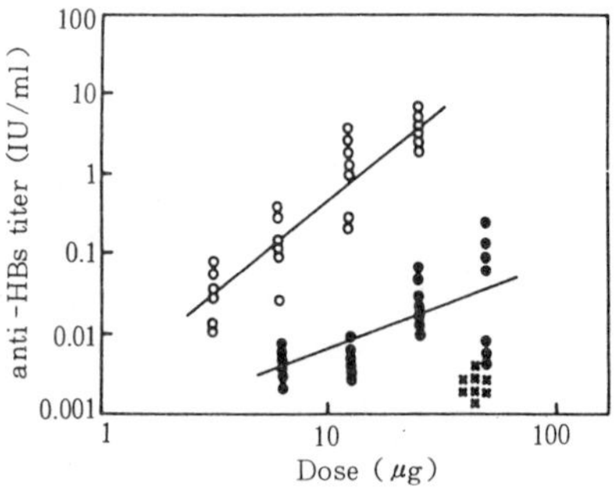

図3.1.1　ＨＢｓ抗原の立体構造と免疫原性

組換え酵母産生ＨＢｓ抗原（ｙＨＢｓ抗原）をＳＤＳあるいはＳＤＳ＋２ＭＥで処理し，マウスに免疫してＨＢｓ抗体価を測定した。ＳＤＳ処理を行うと未処理に比べて免疫原性が大きく低下する。さらに２ＭＥでの還元処理によって免疫原性はほとんど示さなくなる。
○：未処理ｙＨＢｓ抗原
●：ＳＤＳ処理
×：ＳＤＳ＋２ＭＥ処理

1.1.3　ＨＢｓ抗原の発現

(1)　大腸菌を宿主とする発現系

遺伝子組換え技術を応用したＨＢｓ抗原の産生で最初に試みられたのは大腸菌を宿主とする系である。この系ではＨＢｓ抗原の産生は認められたものの極めて低いレベルであり実用化には適さなかった。現在でも大腸菌の系を用いて高発現に成功した例は分泌性のペプチドが主であり，ＨＢｓ抗原のように疎水性の強い膜タンパクの発現に成功した例はない。膜タンパクでは，その疎水性領域が大腸菌に対し toxicに作用するらしく，事実この領域を除去することで発現量を大幅に上昇させることができたとする報告もある[1)]。しかしながら，大腸菌では抗原性・免疫原性を発揮する上で重要な高次構造を構築することができず，ワクチン生産のための宿主としては適さない系であった。

(2)　酵母（*Saccharomyces cerevisiae*）を宿主とする発現系

1982年Valenzuelaらは酵母を宿主とした系でＨＢｓ抗原の発現に成功している。我が国では，同じく大阪大学細胞工学センター松原謙一教授と我々の共同研究で，日本人キャリアの血液から独自にクローニングしたＨＢｓ抗原遺伝子を酵母の系で発現させることに成功した[2)]。

酵母におけるＨＢｓ抗原遺伝子発現のためには，遺伝子操作が簡単な大腸菌と最終的な発現の宿主である酵母の双方で複製可能なシャトルベクターを用いる。発現ベクターはこのシャトルベクターを基礎に，さらに酵母で機能するプロモーターをＨＢｓ抗原遺伝子の上流に挿入して構築した（図3.1.2）。

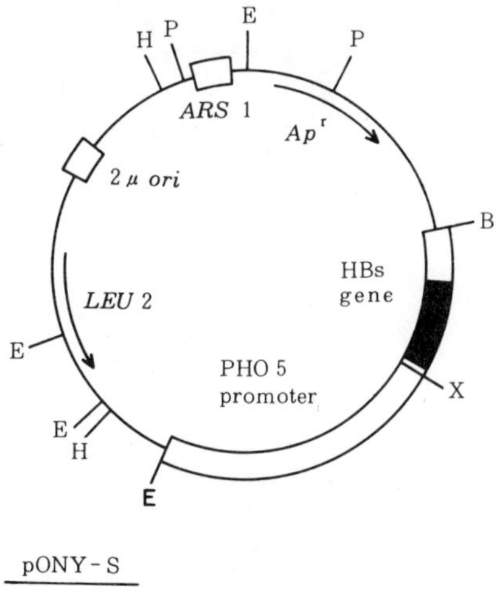

図3.1.2　ＨＢｓ抗原発現ベクター（pONY－S）

*Ap*ʳ　：アンピシリン耐性遺伝子
2μ *ori*：２μｍプラスミドの複製開始領域
ARS 1　：酵母染色体ＤＮＡの複製開始に関する領域
LEU 2　：ロイシンの生合成に関する酵素の１つ，β－イソプロピルマレート脱水酵素をコードする遺伝子

Ｅ：*Eco* RⅠ切断部位
Ｐ：*Pst* Ⅰ　〃
Ｂ：*Bam* HⅠ　〃
Ｘ：*Xho* Ⅰ　〃
Ｈ：*Hin* dⅢ　〃

次にこの発現ベクターを用いて酵母を形質転換したところＨＢｓ抗原の発現が確認され，さらにはＨＢｓ抗原特有の粒子構造も確認された。この組換え体について図3.1.3に示す方法でスクリーニングを繰り返して安定なクローンを選択した[3)]。形質転換後，選択寒天培地上に出現するコロニーは１個の組換え体由来であり，その形質は安定であるように思われる。しかしながら，現実にはこのスクリーニング操作を経ないで大量培養を行うと，多くの場合発現効率が極端に低下する。この現象はＨＢｃ抗原，単純ヘルペスウイルスｇＢタンパクなどを産生する組換え酵母についても共通であり，ＨＢｓ抗原産生酵母菌にのみ特徴的な現象ではないと考えられる。確立

されたクローンは20世代の培養を行ってもその形質は安定であり，酵母エキスを主成分とする栄養培地においても６世代以上安定であった。

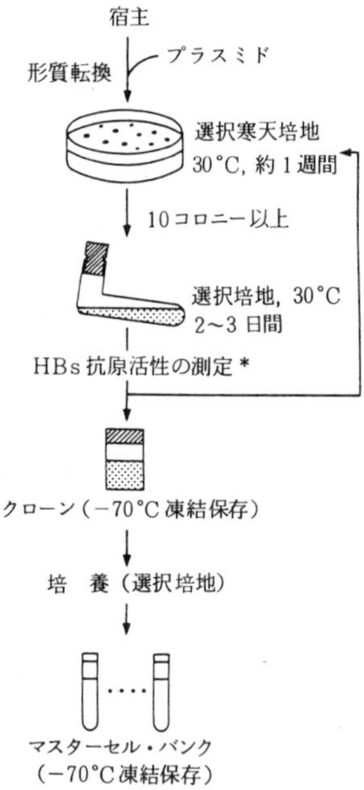

図3.1.3　ＨＢｓ抗原高産生形質転換酵母クローンのスクリーニング法およびマスターセル・バンクの作製

＊：各培養液の濁度およびＨＢｓ抗原活性に変動がなくなるまでスクリーニングを繰り返す。

1.1.4　酵母産生ＨＢｓ抗原の性状

組換え酵母菌が産生するＨＢｓ抗原（ｙＨＢｓ抗原）は，ヒト血漿由来ＨＢｓ抗原（ｐＨＢｓ抗原）のｐ23に相当するペプチドがジスルフィド結合により二重体を形成し，これが脂質をベースとする直径22nmの粒子状に構成されている[4)]。紫外吸収スペクトル，ＣＤスペクトル，密度，等電点などの解析ではｐＨＢｓ抗原との間に差は見出されていない。一方，ｙＨＢｓ抗原はその構成ペプチドに糖鎖が付加されていない，粒子形成のベースとなる脂質が宿主酵母に由来するものであることなどの点でｐＨＢｓ抗原と異なっている[5)]が，これらの相違は抗原性，免疫原性にはほとんど影響していないと思われる。事実，ゲル内沈降反応においてｐＨＢｓ抗原とｙＨＢｓ

抗原との沈降線は完全に融合し[6]，またマウスやモルモットを用いた免疫試験[4]，抗ｐＨＢｓ抗体を用いたウェスタンブロット試験[6]，あるいはモノクローナル抗体を用いたサブタイプアッセイ[7]で両者に違いは認められない。

大多数のヒトの血清中には酵母成分と反応する抗体が存在しており，組換え酵母由来の産物を人体に投与する際，最終精製物中に微量混在する酵母由来成分によって抗酵母抗体が増強されないかという点が懸念されたが，図3.1.4にみられるように抗酵母抗体の増強は認められず，また数千例のｙＨＢワクチン接種においても抗酵母抗体に起因すると思われる副反応の報告は一例もなく[8]問題はないと思われる（ｙＨＢワクチンは既に市販され数十万人に接種されているが，実際の臨床応用では数例酵母に対するアレルギーではないかと思われる例があり，接種に関しては充分なフォローが必要である）。

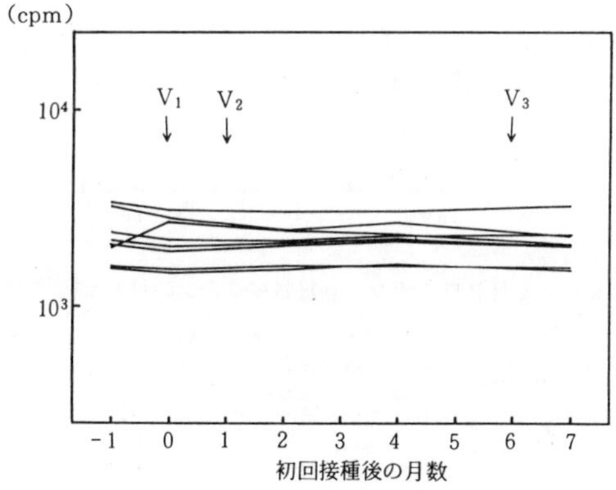

図3.1.4　組換え酵母由来ＨＢワクチン接種後の抗酵母抗体の変動

40μ g／ドーズで３回接種を行ったが抗酵母抗体に変動はみられない。
V_1，V_2，V_3 ：ワクチン接種時期

また，ｙＨＢワクチンは10μg 投与でｐＨＢワクチンの20μg 投与と同等以上の成績を示し，ｙＨＢワクチンの抗体陽転率はｐＨＢワクチンと比較して明らかに高かった（図3.1.5）。この原因はまだ明らかではないが，ｙＨＢワクチンでは non responderが少なくなることが期待できそうである。

このように酵母菌を宿主とした発現系においては疎水性の強い膜タンパクの発現が可能であり，さらには抗原性，免疫原性あるいは生理活性を発揮するための高次構造も構築でき，ワクチン開発には現在のところ最適の系であると思われる。

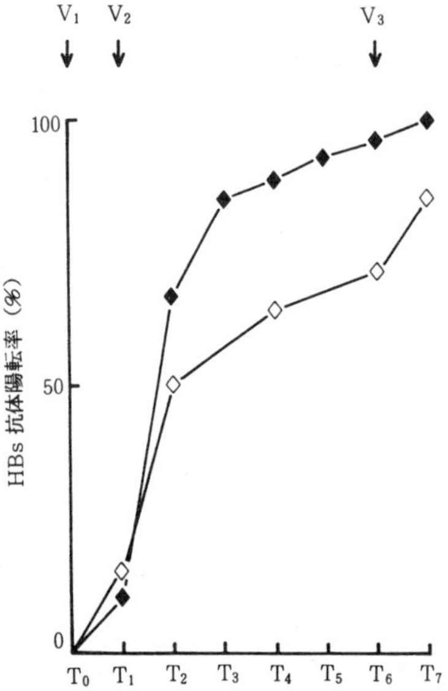

図3.1.5　ｙＨＢワクチンとｐＨＢワクチンのＨＢｓ抗体陽転率比較

Ｖ：ワクチン接種時期
Ｔ：初回接種からの月数
◆：ｙＨＢワクチン
◇：ｐＨＢワクチン

1.1.5　その他の組換えワクチン

(1)　培養細胞由来ＨＢワクチン

培養細胞を宿主とした系で発現されたＨＢｓ抗原は粒子状に構成された状態で培養液中に分泌される[6)]。また，ｐＨＢｓ抗原と同様に糖鎖のついたｇｐ27も認められる[6)]。培養細胞を宿主とする系ではチャイニーズハムスター卵巣細胞（ＣＨＯ細胞）を宿主として生産されたＨＢワクチンがすでに第Ⅱ相臨床試験を終了しており，ｙＨＢワクチンとほぼ同等の有効性と安全性が確認されており[9)]，近い将来実用化されると思われる。

(2)　Pre－Sワクチン

ＨＢｓ遺伝子の上流に同一フレームで Pre－S 遺伝子が存在している。この Pre－S 遺伝子は119 個のアミノ酸をコードしている Pre－S_1と55個のアミノ酸をコードしている Pre－S_2から構成されている（図3.1.6）。 Pre－S_1領域はＨＢＶの肝臓細胞への付着に関与している可能性がある[10]。また Pre−S_2部分に対する抗体でＨＢＶが中和され感染を消失することも証明されている[11]。さらに Pre−S_2の付加によりＨＢｓ抗原の免疫原性も高まるという報告もある[12]。この Pre−S 付きＨＢｓ抗原は酵母を宿主とする系で発現されており[13]，この抗原を材料としたワクチンが既に臨床試験中である。この Pre−Sワクチンを実用化する上で重要なことは，このワクチンがＨＢｓ抗原単独のワクチンと比較して免疫原性が高いか，あるいは Pre−S 抗体の上昇により有効性の面でより有効であるかを確認する必要があることである。Pre−S ワクチンについてはすでに数社が臨床試験を実施しており臨床試験を通じてこのことは明らかとなるであろう。

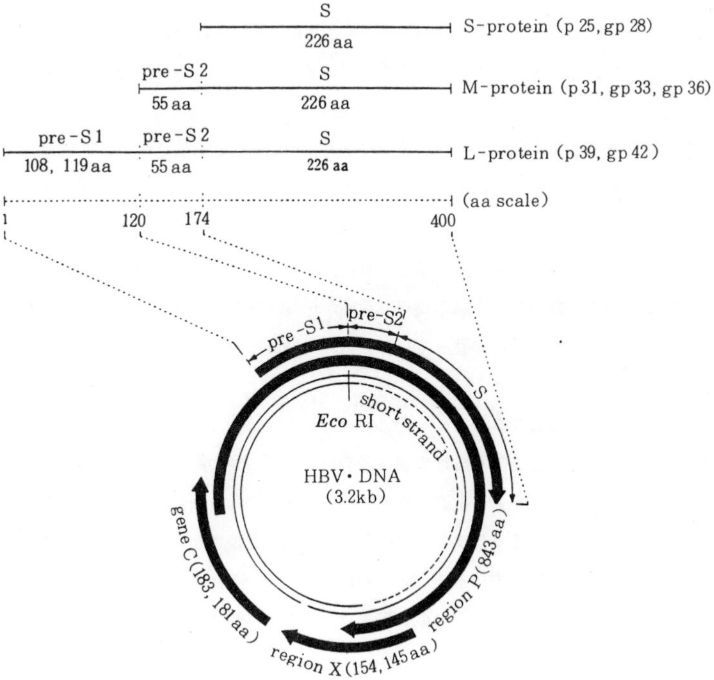

図3.1.6　ＨＢウイルスの各ＨＢｓ抗原とそれらのコード領域

（文献 13)より抜粋）

(3) 組換え生ワクチン

ＨＢワクチンは遺伝子工学を応用した最初のワクチンでもあり，一つのモデル系としてさまざまな方法論（生ワクチン，合成ペプチドワクチン，抗イディオタイプワクチン等）によるワクチンの開発が検討されている。その中でも実用化に最も近いと考えられるものがワクチニアウイルスあるいはアデノウイルスをベクターとしてこれにＨＢｓ抗原遺伝子を組込んだ生ワクチンである。

ワクチニアウイルスにはその増殖を阻害することなく最大約24kbp の外来遺伝子を挿入し得る[14]。したがって原理的にはいくつものウイルス遺伝子を同時に挿入し，多価生ワクチンとすることも可能である。生ワクチンは一般的に免疫原性が高いと考えられる。本ワクチンについてはチンパンジーを使った攻撃試験で感染防禦能が示されている[15]が，ヒトに応用する場合，既に多くの人がワクチニアウイルスに対する免疫を獲得している状態で組換えウイルスが増殖可能であるか疑問であること，あるいはワクチニアウイルス自体の安全性に疑問が残ることがこの系の問題である。

最近アデノウイルスをベクターとした生ワクチンが開発されている[16]。これはウイルスゲノム内にＨＢｓ遺伝子を挿入したあと，ヒト肺癌由来株細胞で増殖させ，ウイルスを分離・精製しカプセルに封入したものである。これを用いてチンパンジーを経口的に免疫し，ＨＢＶによる攻撃試験を実施したところ感染防禦が確認された。このワクチンのメリットは経口投与生ワクチンであるので注射の必要がなく少量の投与で免疫が付与される可能性があること，また，カプセルに封入しているため医療設備の整っていない低開発地域でもワクチン投与が可能であることなどが挙げられる。

(4) キメラ抗原によるワクチン

異なったウイルスの感染防禦抗原の遺伝子をつなげて一つの系で発現させることにより，異種のタンパク質の結合したキメラ抗原を作ることができる。Valenzvelaら[17]はＨＢｓ抗原と単純ヘルペスの表面抗原であるｇＤタンパクのキメラ抗原を発現させ，ＨＢｓ抗原粒子に両方の抗原性を持たせることに成功している。この技術により，一つの発現系でいくつかの抗原を同時に発現させることにより，生産コストの低い多価ワクチンを作製することができる可能性を持っている。

1.1.6　おわりに

タンパク質工学，あるいは遺伝子工学を応用してワクチンを開発する場合重要なことは，目的とするウイルスに対する感染防禦が人体においてどのような機構で成されているかということである。そして，その感染防御機構を働かせるために必要な抗原はどのようなものであるか充分に検討し，それを作製するためにいかなる技術を用いるべきかを選択しなければならない。遺伝子組換え技術を応用したＢ型肝炎ワクチンが単にＨＢｓ抗原ペプチドを発現させただけではワクチンとはなし得なかったように，タンパク工学あるいは遺伝子工学のどのような技術を用いるかは，そのワクチンの感染防御機構の特徴を考え選択することが必要である。

文　献

1）Nakahama, K. *et al.*, *Appl. Microbiol. Biotechnol.*, **25**, 262～266, 1986
2）Miyanohara, A. *et al.*, *Proc. Natl. Acad. Sci. USA*, **80**, 1～5, 1983
3）宮津嘉信，ほか，基礎と臨床，**21**，145，1987
4）菅原敬信，ほか，ウイルス，**37**（1），111～120，1987
5）Valenzuela, P. *et al.*, Cold Spring Harbor laboratory, New York (ed. by Chanock, R. M. and Lerner, R. A.) p. 209～213, 1984
6）濱田福三郎，ほか，細胞工学，**3**（2），82～100，1984
7）菅原敬信，ほか，基礎と臨床，**21**（2），153～156，1987
8）矢野右人，基礎と臨床，**21**（6），259～268，1987
9）飯野四郎ら，基礎と臨床，**22**（18），73～81，1988
10）Petit, M-A. *et al.*, *Molecular Immunology*, **26**, 6, 531～537, 1989
11）Neurath, A. R. *et al.*, *Vaccine*, **4**, 35～37, 1984
12）Milich, D. R. *et al.*, *Science*, **228**, 1195～1199, 1985
13）藤澤幸夫，肝胆疾患，上，日本臨床，622～628，1988
14）Smith, G. L. *et al.*, *Gene*, **25**, 21～28, 1983
15）Moss, B. *et al.*, *Nature*, **311**, 67～69, 1984
16）Lubeck, M. D., *Proc. Natl. Acad. Sci. USA*, **86**, 6763～6767, 1989
17）Valenzuela, P. *et al.*, *Bio/Technology*, **3**, 323～326, 1985

1.2　経口生ポリオワクチン

野本明男*

1.2.1　はじめに

ポリオワクチンは，ポリオウイルスによってひきおこされるポリオ(急性灰白髄炎；小児マヒ)を予防するために開発されたものである。

ポリオウイルスには３種類の血清型（１型，２型，３型）が存在するが，いずれもヒトに経口感染し，咽頭や腸管の上皮細胞で増殖し，次に扁桃やパイエル板で増殖し，血流中に侵入する。このようにしてウイルス血症と呼ばれる状態が成立するが，やがてポリオウイルスは中枢神経系に達し，そこで主に脊髄前角の運動神経細胞を破壊して四肢にマヒを生じさせる（図3.1.7）。このように，ポリオウイルスによるマヒ発症には，ウイルス血症を経ることが必須である。したがってポリオウイルスに対する中和抗体が血中に十分存在すれば，たとえウイルスが体内に侵入しても発症を阻止することができるはずである。

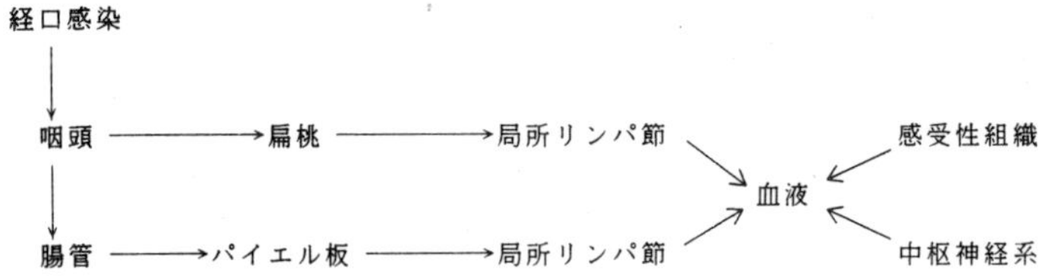

図3.1.7　ポリオウイルス感染

ポリオウイルスに対する中和抗体産生を目的に1950年代に２種類のポリオ予防ワクチンが開発された。一つは経口生ワクチン（Sabin ワクチン）であり，弱毒化（病原性が低下）したポリオウイルスそのものである。もう一つはホルマリンにより不活化したワクチン（Salkワクチン）である。

1.2.2　ポリオワクチンの現状

人類の脅威であったポリオの流行は，1950年代に開発された上記予防ワクチンの登場により，少くとも先進諸国ではほとんど完全に制御できるようになった。 Sabinワクチンと Salkワクチンは，いずれも完成度の非常に高い予防ワクチンであるが，接種法の簡便さや感染防止効果の高さなどから，現在のところ，前者を採用している国々が我が国をはじめとして圧倒的に多い。

---

*　Akio　Nomoto　㈶東京都臨床医学総合研究所

Sabinワクチン株は各型（1型，2型，3型）について開発されており，それぞれ Sabin 1株，Sabin 3株，Sabin 3株と呼ぶ。投与の際には，これら3種類の Sabin株を混合し，三価ワクチンして投与されている。Sabinワクチン株のうち Sabin 1株は非常に安全な生ワクチン株であるが，Sabin 2株および Sabin 3株は，時として接種することによるマヒ型ポリオの発症（ワクチン関連症例）が見られ，より安全な2型および3型ワクチンの開発が期待されている。

一本鎖RNAゲノムは複製の際の突然変異率が二本鎖DNAに比べ非常に高いことが知られている[1]。ポリオウイルスのゲノムは後述するように一本鎖RNAであるため，ワクチン製造のための生ワクチンウイルス増殖の間にも次々と遺伝的変異は生じているはずである。このため Sabin 原株からの継代数を増やせば増やすほど，強毒復帰したウイルスが混在する危険性が高まることになる。これを避けるために，ある程度に継代数を抑えた Sabin株ウイルスが生ワクチンとして使用されている。したがって，Sabin原株はいずれ消失する運命にある。実際に現存する Sabin原株，とくに Sabin 3株の量は既に非常に少なくなっている。

そこで，非常に安全なワクチン株である Sabin 1株の遺伝情報を二本鎖DNA上に写し取り，安定に保存すること，および安全性のより高い2型，3型の生ワクチン株を開発し，これも二本鎖DNA上に遺伝情報を写し取っておくことが，将来の世界のポリオ制御にとって必要不可欠である。

1.2.3　粒子およびRNAの構造と免疫原性

ポリオウイルス粒子は60コピーずつの4種類のカプシドタンパク質（VP1，VP2，VP3，VP4）が集合して形成されており，正二十面体構造を持っている。エンベロープ（外被膜）を持っていないため，ウイルスの抗原性および免疫原性を担っているのはカプシドタンパク質である。1985年，Hogleら[2]によるX線結晶解析により，ポリオウイルス立体構造は詳細に解明された。それによると，VP1，VP2，VP3は共に似通った立体構造を持っており，それらの一部はウイルス粒子表面に露出しているが，VP4は粒子の内部に存在している。

ポリオウイルスゲノムは，一本のプラス鎖RNAであり，粒子中心部の空洞に非常に密に詰め込まれている。既に3種類すべての血清型のゲノム一次構造が明らかにされており，詳細な遺伝子地図が作成されている[3]（図3.1.8）。ゲノムの5′末端にはタンパク質VPgがホスホジエステル結合で5′末端のウリジル酸に結合[4]しており，3′末端には平均約60塩基からなるポリAが存在している[5]。VPgpU(pU) はポリオウイルスRNA合成の開始複合体と考えられている[6]。

ウイルスmRNAはゲノムRNAとRNA部分は同一であるがVPgは存在しない[7]。また真核細胞系mRNAの5′末端に存在するCap 構造を持たぬ[8] ため特殊なタンパク合成開始機構が考えられてきたが，最近リボゾームのウイルスmRNAへのエントリー部位が5′末端ではなく長い5′noncoding領域内のいずれの部位かに存在することを強く示唆する結果が報告された[9]。

ウイルス特異的タンパク合成は，5′末端から743番目の塩基にはじまるＡＵＧから開始され，１本のポリタンパク質（247ｋＤ）が合成される。合成されながら，そのポリタンパク質はウイルス特異的タンパク分解酵素（２Ａ[10] および３Ｃ[11]）による切断を受け，機能あるウイルスタンパク質となって行く（図3.1.8）。ウイルスの成熟過程で起こるAsn－Ser間の切断についでは何による切断であるのか明らかとなっていない。

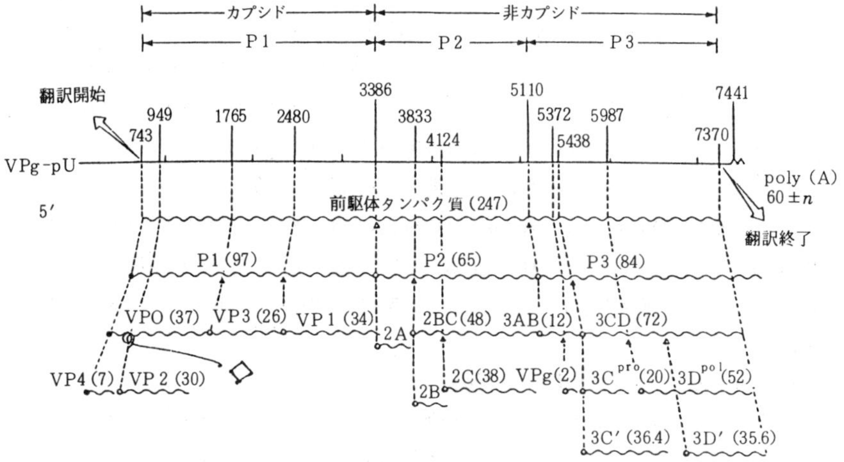

図3.1.8　ポリオウイルスゲノムの遺伝子地図[3]

実線，波線はそれぞれゲノム，タンパク質である。ゲノム上の数字は5′末端からの塩基数である。
（　　）内の数字はキロダルトンで表したタンパク質の分子量。
タンパク質の切断部位の▲印はプロテアーゼ３Ｃまたは３ＣＤにより切断されるGln－Gly，
△印はプロテアーゼ２Ａにより切断されるTyr－Gly，
◇印はウイルス成熟段階での切断点Asn－Serである。
●はミリスチン酸残基，○は修飾されていないＮ末端を示している。

ウイルス抗原性および免疫原性を持つのはＰ１領域のポリタンパク質から切断され生じてくるカプシドタンパク質である。感染防御抗原をコードするゲノム部位を知るために，ウイルス中和活性を持つ種々の単クローン抗体を使用し，これらに中和されなくなった多くの変異株のＰ１タンパク質領域をコードするゲノム部位の塩基配列決定が行われた[12]。その結果，連続したアミノ酸配列が感染防御抗原となっているものと不連続なアミノ酸配列が感染防御抗原となっているものとが存在していた（図3.1.9）。これらのアミノ酸部位は，Hogleら[2]により明らかにされたポリオウイルス粒子立体構造上にマップすると，３種類に分類された。この３種類の粒子表面の抗原部位をＮ－ＡｇⅠ，Ｎ－ＡｇⅡ，Ｎ－ＡｇⅢと呼んでいる[13]。

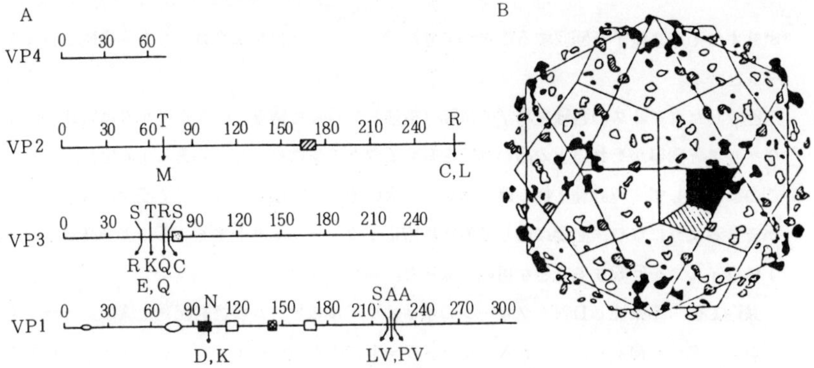

図3.1.9

A：4種類のカプシドタンパク質を示す。o，○，□，■，▨，⊡，▦で表した部位のペプチドは免疫応答系にプライミング作用がある[13),14)]。■，▨，□の領域はそれぞれ，N－AgⅠ，N－AgⅡ，N－AgⅢに属する。単クローン中和抗体に中和されなくなった変異株ウイルスのアミノ酸変異部位も示してある。このうちVP1のN→D，KはN－AgⅠに，VP1のS→L，A→V，P，A→VおよびVP2のR→C，LはN－AgⅡに，またVP3のS→R，T→K，E，Q，R→Q，S→CはN－AgⅢに属する。

B：ポリオウイルス粒子表面の抗原決定領域を示す[13)]。黒，斜線，点で示した小さな領域はそれぞれN－AgⅠ，N－AgⅡ，N－AgⅢを示し，大きな領域はそれぞれカプシドタンパク質VP1，VP2，VP3を示している。

これら抗原部位のアミノ酸配列を持つ合成ペプチド[14)]やP1コーディング領域のcDNAを大腸菌で発現させ生産したペプチド[15)]は，いずれも免疫原性は微弱で，宿主免疫応答系に対しプライミング作用はあるものの単独では感染防御抗原とはなり得ないことが示された。このように，ポリオウイルスの免疫原性発現はウイルス粒子が形成されたときのみはじめてできるカプシドタンパク質の三次構造または四次構造によるものであると結論された。またこれらのことは，現時点でのポリオワクチンの人工設計は生ワクチンに焦点を当てて行うべきであることを示している。

1.2.4　Sabin 1 株の保存・維持

前述のように，一本鎖RNAゲノムの複製の際の変異率は，二本鎖DNAの場合と比べると非常に高く，100万倍以上の差があると考えられている[1)]。これは，一本鎖RNAゲノムの複製には二本鎖DNA複製時のような proof readingや editingのメカニズムが存在しないからである。

最も安全で，ほとんど完璧に近いポリオウイルス生ワクチンである Sabin 1 株が持つ遺伝情報を二本鎖DNA上に写し取るために，Sabin 1 株のゲノムRNAからcDNAを合成し，さらにそれを二本鎖DNAとした後，大腸菌プラスミドを利用してクローン化した。最終的に作製したプラスミドはポリオウイルスゲノムRNAに相当する全長のcDNAを挿入配列として持っており，これをHeLa細胞やアフリカミドリザル腎（AGMK）細胞へトランスフェクトすると感染性ポリオウイルス粒子を回収することができた[16]。このｃＤＮＡクローンを感染性ｃＤＮＡクローンと呼ぶ。

回収したウイルスの各種生物学的試験（後述）を行った結果，回収ウイルスは親株 Sabin１株ウイルスと同等かそれ以上の高い品質を有するワクチン株ウイルスである可能性が示された[17]。このようにして，Sabin１株の遺伝情報は，大腸菌で二本鎖ＤＮＡとして安定に増殖させることができるようになり，必要に応じて動物細胞にトランスフェクトすることにより高品質の Sabin１株ウイルスを回収することが可能となった。

最近では，感染性ｃＤＮＡクローンのポリオウイルスゲノムの塩基配列上流にファージＴ７のプロモーターを挿入し，Ｔ７ＲＮＡポリメラーゼにより *in vitro* でウイルスゲノムＲＮＡ（ただしＶＰgはない)を合成することが可能となり，トランスフェクションの感染効率も10^5 ＰＦＵ／μgＲＮＡ以上に達している[18]。

1.2.5　１型ポリオウイルスの神経毒性発現

１型ポリオウイルスの弱毒生ワクチン Sabin１株は強毒野性株であるMahoney 株由来であり，両ウイルス株は遺伝的に近縁である。両ウイルス株ゲノム間には56の点突然変異が全ゲノム領域にわたって散在しており，その結果21のアミノ酸変異がウイルスタンパク質上に存在すると考えられた[19](図3.1.10)。

これらの変異のため，両ウイルス株間には多くの生物学的性質の差があり，そのうちのあるものはワクチン製造の際，Sabin株の性質として使用されている。すなわち，サル神経毒性（カニクイザルの中枢神経系にウイルスを直接接種したときの神経毒性）が弱く，温度感受性であり（*rct* マーカー），プラック形成速度が炭酸水素ナトリウム濃度に依存性であり（*d* マーカー），また炭酸水素ナトリウム濃度が高い条件（0.225 ％）でも小さなプラックを呈するなどである（図3.1.10）。後の三者は *in vitro* マーカー試験と呼ばれ，独立に分離された３種類の Sabin株に共通の性質であることから，ポリオウイルス弱毒化と関連した性質である可能性が考えられる。

各生物学的性質に影響を与えているゲノム領域を同定するために，両ウイルス株間の組換え体ウイルスを作製し，それらの生物学的性質を調べた[20)~23]。両ウイルス株の感染性cＤＮＡクローンの各ゲノム領域に相当する塩基配列を制限酵素を利用して相互に入れかえ，両ウイルス株間の組換え体感染性ｃＤＮＡクローンを作製した。次にこれらを動物細胞にトランスフェクトし，組換え体ウイルスを回収し，これらウイルスの生物学的性質を調べた。結果を図3.1.10に示すが，５′noncoding領域についてはさらに多くの組換え体ウイルスを作製し，それらの各種生物学的性質も調べた[23]。

サル神経毒性に関する変異部位は全ゲノム領域にわたって複数存在し，とくに５′noncoding領域に強い決定基が存在することが明らかとなった。この領域は，ウイルス特異的ＲＮＡ合成やタンパク合成の開始シグナル，さらにはエンカプシデーションに関するシグナルなど，ウイルス複製にとって必須のシグナルが存在していると考えられるので，サル神経毒性発現とウイルス複製効率との密接な関係が予想された。ウイルスのカプシドタンパク質領域の関与は大きなものではなく，したがってウイルス粒子の表面構造と神経毒性発現との関連は密接なものではないことが明らかとなった。

rctマーカーの決定基も，サル神経毒性決定基と同様にゲノム上に複数存在し，両者にはある程度の相関関係があることが考えられた。したがってサルの中枢神経系におけるウイルスの増殖の程度が神経毒性発現の１つの重要な因子である可能性が強く示唆された。

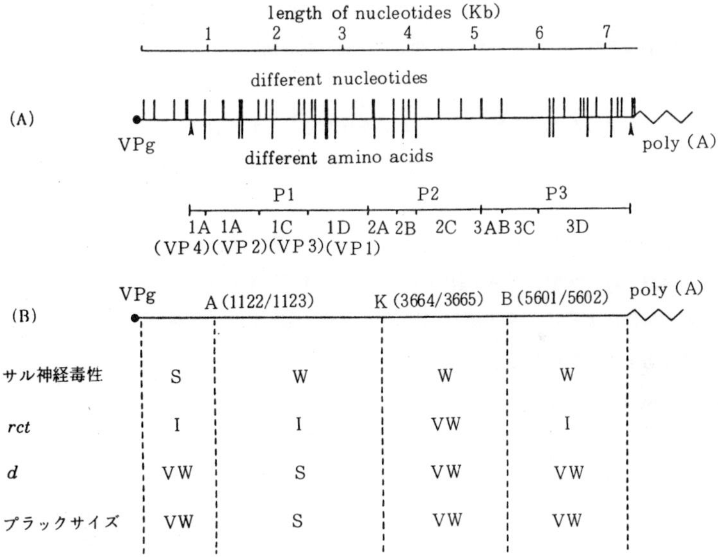

図3.1.10　Mahoney 株と Sabin 1 株のゲノム構造の違いおよび各ゲノム領域の生物学的性質への影響の程度[19),23)]

１型ポリオウイルスの強毒Mahoney 株と弱毒 Sabin 1 株のゲノム構造の違いおよびウイルスタンパク質中に予想されるアミノ酸置換（Ａ）と両株間の組換え体ウイルスの各種生物学的テストの結果（Ｂ）。

（Ａ）核酸およびアミノ酸置換が存在する位置をゲノム上に縦線で示してある。
　ＶＰｇ：ゲノム５′末端に結合しているタンパク質，
　Ｐ１：ウイルス構成タンパク質の前駆体，
　Ｐ２およびＰ３：ウイルス非構成タンパク質の前駆体

（Ｂ）Ａ，ＫおよびＢはｃＤＮＡ上に存在する。***Aat*** Ⅱ，***Kpn*** Ⅰおよび ***Bgl*** Ⅱ切断部位。カッコ内の数字は５′末端からの塩基数である。それぞれの生物学的性質に対し各ゲノム領域が影響を与える程度をＳ（強い），Ｉ（中間），Ｗ（弱い）およびＶＷ（非常に弱い）で示してある。

d マーカーとプラックサイズマーカーは，ウイルスのカプシドタンパク質コーディング領域に強く影響された。したがって *d* マーカーと小プラックを呈する Sabin 1 株の性質は，Sabin 1 株のカプシドタンパク質の性質によるところが大であることが判明した。現在のところ，これら 2 つのマーカーが，病原性発現に到る生物学的諸反応のどの段階と関連しているのかは明らかではない。

1.2.5　新しい 2 型・3 型ワクチンの開発

1 型ポリオウイルスの神経毒性発現に関する分子遺伝学的解析結果は，ウイルスの神経毒性に大きな影響を与えるゲノム領域は 5 ′noncoding領域であり，ウイルスのカプシドタンパク質コーディング領域は大きな影響を与えないことなどを示した。これらの結果は，Sabin 1 株の安全性を持つ新しい 2 型・3 型ワクチンを作製できる可能性を示唆した。すなわち Sabin 1 株のカプシドタンパク質コーディング領域のみを Sabin 2 株または Sabin 3 株の相当するゲノム領域で置き換え，他の複製に関係する領域（とくに 5 ′noncoding領域）は Sabin 1 株のゲノムをそのまま使用するというものである[24]。

実際にそのような型間組換え体ウイルスを作製し，それぞれＰＶ１／２（ＳＳ）ＢＢ[25] およびＰＶ１／３（ＳＳ）ＢＮ[22),25] と名付けた。ゲノム構造を図3. 1.11に示す。型間組換え体ウイルスＰＶ１／２（ＳＳ）ＢＢおよびＰＶ１／３（ＳＳ）ＢＮは，予想通り，それぞれ 2 型および 3 型ポリオウイルスに対する中和抗体に認識され中和された。またモルモットやサルを使用した免疫試験では，2 型および 3 型に対する中和抗体が効率良く産生された。

脊髄内接種によるサル神経毒性試験の結果も好成績を示し，親株の Sabin 2 株や Sabin 3 株に比べ勝るとも劣らない弱毒性を示した。さらに *in vitro* マーカー試験においても Sabin株の性質を十分に持っていることが判明した。このようにして，これら型間組換え体ウイルスは新しい

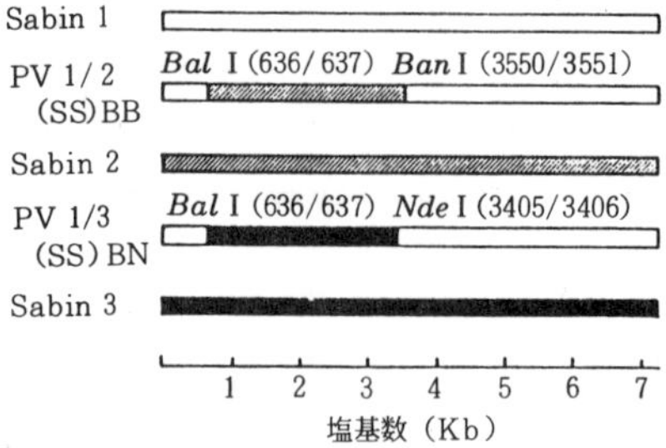

図3. 1.11　ポリオウイルスの型間組換え体ウイルスのゲノム構造[22),25]

2型・3型の生ワクチン候補株としての十分な性質を持つウイルスであることが示唆された。

1.2.7　おわりに

ここでは経口生ポリオワクチンの設計と作製という観点から議論を進めてきた。それは，ポリオウイルス粒子が持つ免疫原性発現が単純ではなく，単に抗原部位のペプチドのアミノ酸配列により決定されているものではなく，現在のところはウイルス粒子を形成させなければ感染防御抗原とはならないからである。しかしながら詳細なポリオウイルス粒子立体構造が明らかとなった今，いよいよポリオ予防医学の分野にもプロテインエンジニアリングが活躍できる場が開けたと考えている。プロテインエンジニアリングにより，ウイルス粒子表面のエピトープと同じ構造を持つ物質を作製することができれば，その物質はウイルス粒子と同じ免疫原性を持ち，効率の良いワクチンとなるはずである。今後コンピューターグラフィックスを駆使したプロテインエンジニアリングがワクチン開発にも必須のものになるであろうと考えている。

文　献

1) J.Holland *et al.*, *Science*, **215**, 1577 (1982)
2) J.M.Hogle *et al.*, *Science*, **229**, 1358 (1985)
3) N.Kitamura *et al.*, *Nature*, **291**, 547 (1981)
4) P.G.Rothberg *et al.*, *Proc. Natl. Acad. Sci. USA*, **75**, 4868 (1978)
5) Y.Yogo and E.Wimmer, *Proc. Natl. Acad. Sci. USA*, **69**, 1877 (1972)
6) T.Takegami *et al.*, *Proc. Natl. Acad. Sci. USA*, **80**, 7447 (1983)
7) A.Nomoto *et al.*, *Proc. Natl. Acad. Sci. USA*, **74**, 5345 (1977)
8) A.Nomoto *et al.*, *Proc. Natl. Acad. Sci. USA*, **73**, 375 (1976)
9) J.Pelletier and N.Sonenberg, *Nature*, **334**, 320 (1988)
10) H.Toyoda *et al.*, *Cell*, **45**, 761 (1986)
11) R.Hanecak *et al. Proc. Natl. Acad. Sci. USA*, **79**, 3973 (1982)
12) D.C.Diamond *et al.*, *Science*, **229**, 1090 (1985)
13) A.Nomoto and E.Wimmer, "Molecular Basis of Virus Diseases, SGM40", p.107, Cambridge University Press, Cambridge (1987)
14) E.A.Emini *et al.*, *Nature*, **304**, 699 (1983)
15) A.Nomoto *et al.*, "Applied Virology Research, Vol.1 : New Vaccines and Chemotherapy", p. 43, Plenum Publication Co., New York (1988)
16) T.Omato *et al.*, *Gene*, **32**, 1 (1984)
17) M.Kohara *et al.*, *Virology*, **151**, 21 (1986)
18) S.van der Werf *et al.*, *Proc. Natl. Acad. Sci. USA*, **83**, 2330 (1986)

19)　A.Nomoto *et al.*, *Proc. Natl. Acad. Sci. USA*, **79**, 5793 (1982)
20)　M.Kohara *et al.*, *J. Virol.*, **53**, 786 (1985)
21)　T.Omato *et al.*, *J. Virol.*, **58**, 348 (1986)
22)　M.Kohara *et al.*, *J. Virol.*, **62**, 2828 (1988)
23)　A.Nomoto *et al.*, "Positive Strand RNA Viruses, UCLA Symposia on *Mol. Cell. Biol.*, New Series, Vol. 54", p. 437, Alan R.Liss, Inc., New York (1987)
24)　N.Kawamura *et al.*, *J. Virol.*, **63**, 1302 (1989)
25)　A.Nomoto *et al.*, *Vaccine*, **6**, 134 (1988)

1.3　インフルエンザワクチン

加地正郎*，加地正英**

1.3.1　はじめに

インフルエンザは，現在でもほとんど毎年，その規模に大小の違いはあっても，流行を繰り返しており，その予防は切実な問題である。ことに，ハイリスクグループに属する65歳以上の高齢者を始め，慢性呼吸器疾患その他の患者では，いったんインフルエンザに罹患すると重症の経過をたどり，肺炎の合併その他によって死亡することも少なくないといったことからも，予防の重要性については論を俟たない。そして，現在最も的確な予防方策はワクチンによる予防接種である。

1.3.2　インフルエンザワクチンの意義

インフルエンザでは，インフルエンザ患者が，くしゃみ，咳によって飛散させる鼻汁，咽頭分泌物，痰などの小粒子に含まれた病原ウイルスが，空気中を浮遊していて，他の人の呼吸器に侵入，感染するという経路をとって人から人へと伝播していく。飛沫感染あるいは飛沫核感染という経路である。

このような感染経路をもつインフルエンザの予防については，感染源対策や感染経路対策には多くを期待できない。つまり，ウイルスを排泄する患者の隔離やくしゃみや咳で飛び散って，空気中に浮遊するウイルスを紫外線照射あるいは薬品の噴霧で不活化するといった方策には多くを期待できない。結局はウイルスの侵襲をうけるヒトの側での感受性対策，すなわちワクチン接種を考慮することになる。うがい，マスクの励行にしても，呼吸器へのウイルス侵入を完全にくいとめることはできないからである。現在のところ，インフルエンザの予防において，的確な効果を期待しうるのはワクチンによる予防接種である。

1.3.3　現行ワクチンと問題点

1972年以降，わが国で用いられているインフルエンザワクチンは，不活化ＨＡワクチンである。

孵化鶏卵培養によって増殖させたウイルスを含む感染尿膜腔液を採取，精製し，エーテル処理によって，ウイルス粒子の構成成分のリピドを除いたもので，フォルマリンによって不活化したワクチンである。

エーテル処理によって，ウイルスのエンベロープは破壊され，ウイルス粒子表面のスパイク— 赤血球凝集素(Hemagglutinin，HA)とニューラミニデース(neuraminidase，NA)およびウイルス核タンパクなどが，いわばバラバラになってくるが，このうち，ワクチンに最も必要なのはＨＡ成分で，これに対してヒトで産生される赤血球凝集抑制(hemagglutination inhibition，HI)抗体が感染防御効果をもつとされる（写真3.1.1，写真3.1.2）。

＊　Masaro Kaji　久留米大学　医学部　第一内科
＊＊　Masahide Kaji　久留米大学　医学部　第一内科

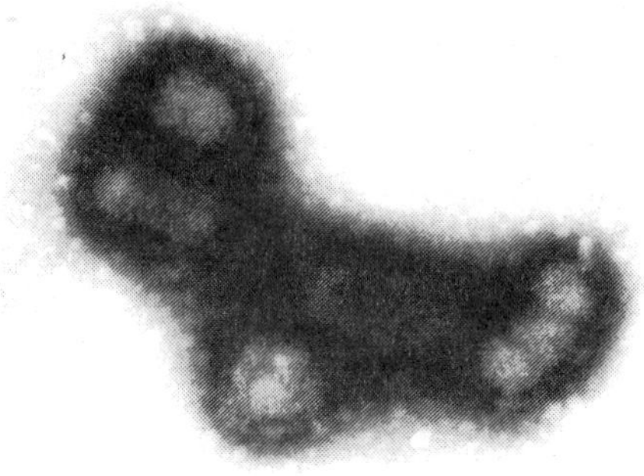

写真3.1.1　インフルエンザウイルス（A/Phillipine/2/82(H_3N_2)）の電子顕微鏡写真
（ウイルス粒子表面にスパイクが観察される）

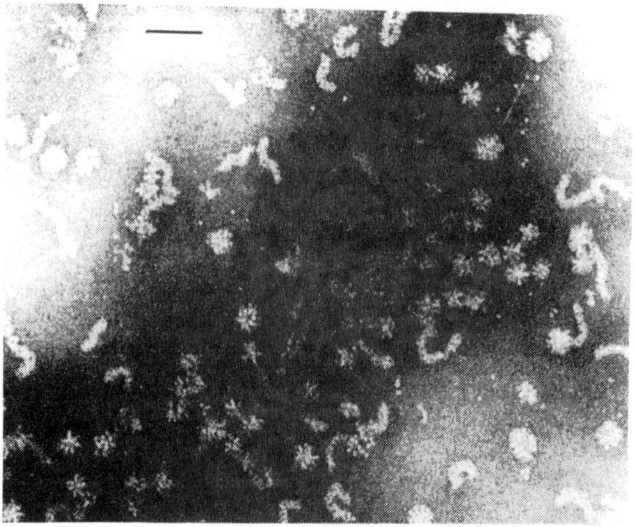

写真3.1.2　インフルエンザＨＡワクチンの電子顕微鏡写真

エーテル処理によるリピド除去は，それによるワクチンの副作用の軽減を目的としており，実際に，ウイルス粒子そのままを用いる全粒子ワクチンに比べて，ＨＡワクチンでの副作用は少ない。

この現行ワクチンの最大の問題点は，本来の目的とする予防効果に関するものである。

インフルエンザワクチンの予防効果は，他のウイルスワクチンのそれに比べてやや劣り，70～80％程度といわれている。

その理由としては，もともとインフルエンザウイルスの抗原性が悪いため，充分な抗体が産生され難く，また高い抗体価が長期にわたって維持され難い傾向がみられるが，さらに重要なのはインフルエンザウイルスは抗原構造の変異を起こしやすいため，ワクチン製造に用いたウイルス株とその年の流行株との抗原構造が一致する場合には効果を期待できるが，両者の抗原構造の間にずれが存在したり，大幅に違ってくれば，予防効果はそれだけ低くなることである。しかも，流行株を予想して前もってワクチン製造のためのウイルス株の選択することにも，それなりの困難さがつきまとう。

このようなところから，より高い予防効果を示し，副作用もさらに少ないワクチンを求めての研究が進められている。

1.3.4　人工膜（リポソーム）ワクチン

インフルエンザワクチンの改良の一方向として，人工膜を用いたワクチンを作製して，免疫効果を高めようとする研究が進められている。

インフルエンザのワクチンについては，ウイルス粒子成分のうちワクチンに必要なＨＡおよびＮＡを分離精製したうえで，リポソームを用いて人工膜ワクチンをつくるわけである。

リポソームは脂質二分子膜からなる閉鎖小胞で生体膜と似た構造をもち，細胞との融合，細胞への吸着などの作用を示し，タンパクを含め種々の物質を二分子内に組み込ませることができる性質をもつものである。

この人工膜の作製には，どのような脂質の組み合わせを用いたらよいかの検討は，多くの研究者によって行われており，人工膜の表面に結合させうるＨＡ，ＮＡの数，表面の荷電などを考慮した報告がみられる。

このような検討の中で，とりあげられてきているのはＭＤＰ（ムラミルジペプチド）である。元来このＭＤＰは結核菌細胞壁に含まれているアジュバント物質である。アジュバントワクチンとして用いる試みもなされたが，さらに進んでＭＤＰで人工膜をつくり，ＨＡ，ＮＡをその表面に結合させる人工膜ワクチンの作製の段階に到達している。

そのために取り上げられているのは，ＭＤＰの誘導体の一つであるＢ30－ＭＤＰである（図3.1.12）。このＢ30－ＭＤＰのアジュバント活性はＭＤＰよりすぐれ，ヒトでの安全性も高いとされている。このＢ30－ＭＤＰで人工膜粒子を形成させうることが明らかになった。

これに，ウイルス粒子を界面活性剤で処理し，ショ糖密度勾配遠心によって精製したＨＡ，ＮＡを結合させる。さらに，コレステロールを加えることによって，効果の増強，人工膜ワクチ

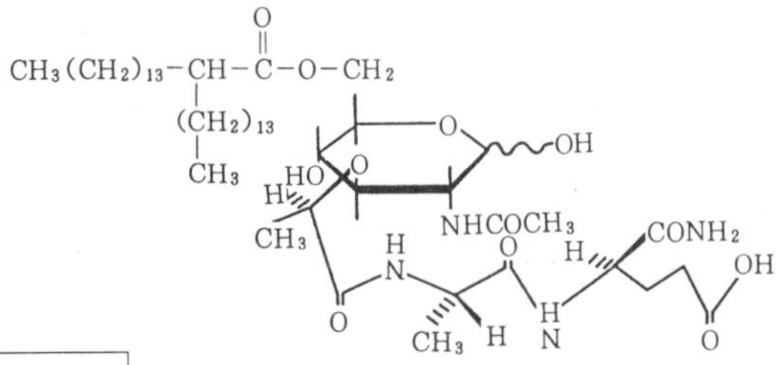

B30－MDP

6－O－（2－tetradecylhexadecanoyl）－*N*－acetylmuramoyl－L－alanyl－D－isoglutamine

図3.1.12　人工膜ワクチン調製に用いたB30－MDPの科学構造式

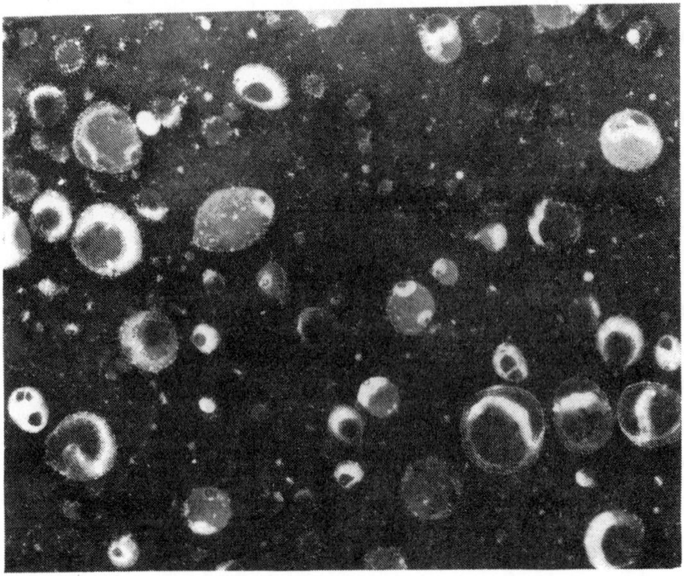

写真3.1.3　B30－MDPによる人工膜ワクチンの電子顕微鏡写真

ンの安定性をはかる。

このようにしてでき上がった粒子は，直径100nm前後であり（インフルエンザ粒子の直径は100nm），電子顕微鏡での観察によると，リポソーム表面にＨＡ，ＮＡが結合しているのが認められる（写真3.1.3）。

動物実験では，従来のワクチンに比べてこのＭＤＰワクチンでは，血中ＨＩ抗体価の上昇がすぐれていることが確認されている。

篤志家における試験でも，血中ＨＩ価の上昇は良く，従来のワクチンに比べて著明な上昇が期待できるようである。また，抗原刺激が長期間持続し，上昇した抗体価の維持の点でもすぐれていると考えられる。

このような成績からは，従来のＨＡワクチンが２回接種を行うのに比べて，ＭＤＰワクチンでは１回接種でも十分な効果が得られる可能性も考えられ，また，高齢者などのインフルエンザにおけるハイリスクグループへの接種にも応用しうると期待される。

現在，抗体産生の面のみならず，副作用についての検討が進められている。

1.3.5　組み換えＤＮＡワクチン

最近，組み換えＤＮＡ技術を利用して，カイコの系でインフルエンザワクチン用タンパクの生産についての根路銘らの報告が注目を集めている。

それによると，カイコ核多角病ウイルスにインフルエンザウイルスのＨＡタンパク合成を指令するＤＮＡを挿入して，発現用組み換え体ウイルスを作製し，カイコ幼虫に感染させることによって，ＨＡタンパクを発現させうることを証明，さらに，その発現量は，これまでワクチン製造のために用いられているウイルスの孵化鶏卵培養に比べて優るとも劣らないものであったとしている。さらに，得られたＨＡタンパクは，抗原分析によると天然のインフルエンザウイルスと同様である点も証明されている。

このカイコでつくられたＨＡタンパクの精製については，組み換え体ウイルス感染カイコの破砕液にニワトリ赤血球を加えてＨＡタンパクを吸着させ，これを４～５回洗浄する吸着遊出法で部分精製し，得られたＨＡ画分をSucrose Monocaprate を用いて可溶化し，Sephadex G200, DEAE－Cellulofine でさらに精製されている。

こうして得られたＨＡタンパクの免疫原性についての検討はマウスに対する腹腔内接種によって行われているが，満足すべき成績が得られている。

以上のようなところから，組み換えＤＮＡ技術を用いてつくられたＨＡタンパクが，インフルエンザワクチンとして用いられる可能性が示されたわけで，今後の研究の進展が期待される。

また，この方法は他の領域での応用の可能性をもつことが示唆される。

1.3.6　経鼻接種用ワクチン

インフルエンザウイルスはヒトの呼吸器粘膜に感染してインフルエンザを起こす。その予防を考える場合，感染局所における抗体が最も効果的であると考えられる。

現行の不活化インフルエンザＨＡワクチンは，皮下に接種され，血中にはＨＩ抗体の産生が証明されるが，局所での抗体（ＩｇＡ）産生は期待し得ない。

血中の抗体がある程度以上存在すれば，感染予防効果が期待され，従来の不活化ワクチンの皮下接種による予防効果が示されているところであるが，さらに強力な効果を期待して，呼吸器における局所抗体産生を目的とする予防接種が研究されてきている。

ウイルスワクチン開発の辿る途として，インフルエンザでも生ウイルスワクチンの開発はかなり以前から行われてきている。

弱毒インフルエンザウイルスを上気道に噴霧吸入させる方法がこころみられており，生ワクチン用の弱毒ウイルス株の作製も進んで，ヒトにおける試験もかなりの規模で進んでいる。

この領域ではワクシニアウイルス組み換えによるインフルエンザ生ワクチンも研究されているが，現在最も広くとりあげられているのは，低温適応変異組み換えワクチンである。その予防効果も良好であると報告されている。

しかし，生ワクチンが実用化するまでにはまだいくつかの問題が解決されねばならない。

一方，現行の不活化ワクチンを，皮下にではなく，経鼻的に接種する方法もこころみられており，この方法でも局所にＩｇＡ抗体が産生される。安全性も確認されてきており，今後の広汎な試験の結果が待たれる。

さらに，この不活化ワクチンの経鼻接種法として，ＨＡワクチンとともに，ＣＴＢ（Cholera Toxin subunit B）をアジュバントとして用いる試みも報告されている。

コレラトキシンはジブリオ・コレラ菌の産生する毒素で，分子量84,000程度のタンパク質であるが，その中の無毒成分がサブユニットＢで，分子量11,600である。このＣＴＢは腸管においても分泌型ＩｇＡ産生を強く促進し，ともに投与された抗原に対してアジュバント効果をもつことが知られているが，田村らはこのＣＴＢをインフルエンザＨＡワクチンとともにマウスの気道に接種して，局所のＩｇＡ抗体，血中のＨＩ抗体の産生を認め，感染実験でも感染予防効果を報告している。

1.3.7　インフルエンザワクチンの今後

インフルエンザワクチンは，現在その予防効果について議論の多いワクチンであるが，すでに述べたように，最大の問題は，抗原変異を起こしやすいインフルエンザウイルスに対応するウイルス株の選択という点にあり，現在では，インフルエンザの疫学的研究，感染症サーベイランス態勢の充実などによって，流行予測の実績もかなり蓄積されてきている。しかし現実には，流行ウイルス株を予想してワクチン株を選択しても，必ずしも両者の抗原構造を一致させうるとは限らない。

この点については，ワクチン株に対する抗体産生をより高めることによって，ある程度抗原構造がずれた流行株に対しても，予防効果が期待できる程度の抗体価を維持させることも一つの方法であろう。アジュバントワクチンがとりあげられる理由の一つである。

また，ワクチン製造の技術が進んで，製造期間を短縮できれば，来るべきインフルエンザシーズンを見据えながら，許されるぎりぎりの時点までウイルス株の選択を待つこともできよう。わが国で，来るべきシーズンの流行ウイルスを予想する資料としては，前のシーズンの流行が終息しかけた春ごろから夏，そして秋口あたりまでに分離されるウイルス株のデータが重要な手がかりを与え，また，世界各国からの流行情報も参考となる。こうした意味からは，なるべく遅くまで待ってワクチン株を決定することが望ましい。ただ，力価試験，安全試験などを含む国家検定までの期間を考慮に入れねばならないことはいうまでもない。

こうした考慮の後に，ワクチン製造について検討すべき問題点がとりあげられるわけで，予防効果を高め，より強力なワクチンとするためには，抗体産生能のすぐれたワクチン，また，局所抗体を産生させうるワクチンの開発に取り組む必要があり，この点に関連して，ここに述べたような，いろいろの方法が研究され，その一部はすでにヒトでの試験の段階に到達している。

また，副作用の点でも，安全性が確認されねばならないことはいうまでもない。現行の不活化ＨＡワクチンは，現在実用価している多くのウイルスワクチンの中では最も副作用の少ないものの一つであるが，新しいワクチンとなれば，改めて安全性を慎重に検討すべきである。

依然として大流行が繰り返されるインフルエンザに対して，より強力なワクチンの早急な開発を待つや切なるものがある。

（本論文は化学及血清療法研究所酒匂光郎博士，大隈邦夫氏の御教示によるところが大きい。また文中の電子顕微鏡写真も両氏の御好意による。記して感謝の意を表したい。）

文　　献

1）　大隈邦夫，人工膜ワクチン，BIO medica，**4**，716（1989）
2）　根路銘国昭ら，第37回日本ウイルス学会総会（1989）
3）　木村三生夫ら，インフルエンザ不活化ＨＡワクチンの経鼻接種，臨床とウイルス，**15**，407（1987）
4）　S. Tamura ***et al.***, Protection against influenza virus infection by vaccine inoculated intranasally with cholera toxin B subunit, *Vaccine*, **6**，409（1988）
5）　田村慎一ら，第37回日本ウイルス学会総会（1989）

2　改造タンパクホルモン

色田幹雄*

2.1　はじめに

まず，ホルモンの定義を確認しておく必要がある。従来の定義では，ホルモンとは特定の器官で産生され，導管を通って血中に放出され，身体内の他の器官または組織に存在する特定の種類の細胞の増殖や分化や機能を促進または抑制する物質ということである。

ステロイドやアミノ酸誘導体など，化学的にはいろいろ異なる種類のホルモンがあるが，タンパク工学の対象となるホルモンは，言うまでもなくタンパク（ペプチド）ホルモンに限定される。しかし，タンパクホルモンと構造や作用機序が類似している細胞成長因子やサイトカイン類が次々と発見されるに及んで，今や従来のホルモンの定義に拘泥してはいられない状態となった。本稿におけるタンパクホルモンも，広く考えることをお許しいただきたい。

図3.2.1に，主なタンパク（ペプチド）ホルモンの名称と鎖長を示した。以下，本文中に登場するホルモンの略称については，図3.2.1を参照して頂きたい。鎖長が 200を越えるタンパクホルモンは稀であり，40以下のものが多い。分子量の大きなものは，鎖長 100～150 のペプチドの多量体(oligomer)や糖鎖が付加されたものであるのが通例である。鎖長40以下のペプチドホルモンが数多く存在するという事実は，本質的にはこの程度のサイズで十分にホルモン作用を営みうるものであることを物語っている。いくつか代表的なタンパク（ペプチド）ホルモンについて，受容体との結合定数（K_a）を表3.2.1に示した。ホルモンのサイズとK_aとは特に相関していない。受容体に結合するために，あるサイズ以上の大きさを必要とするということはないといえるだろう。小型のペプチドホルモンは化学的に合成することができるので，今までにも多数の誘導体がつくられ，すでに医薬品となっているものも多い[1)]。

本来の作用の他に，別の作用も持っているホルモンがいろいろ知られている。ホルモンを医薬品として使うとき，目的の作用以外の作用は邪魔になる。特定の作用のみを示すようにホルモンを改造することについては，ステロイドホルモンや低分子のペプチドホルモンの研究が先導的役割をはたしたが，タンパクホルモンについても作用の単純化が望まれるものが多い。

そのホルモンが，もし不安定な分子であれば安定化する必要がある。化学的のみならず代謝的にも安定化して，持続的に作用する誘導体を創製できれば，反復投与の手間を省くことができる。経口投与が可能になれば，さらに便利である。このような目的でも，種々の低分子ホルモンの誘導体が数多くつくられて，注目すべき成果を挙げた例も多い。

＊　Mikio Shikita　放射線医学総合研究所　薬理化学研究部

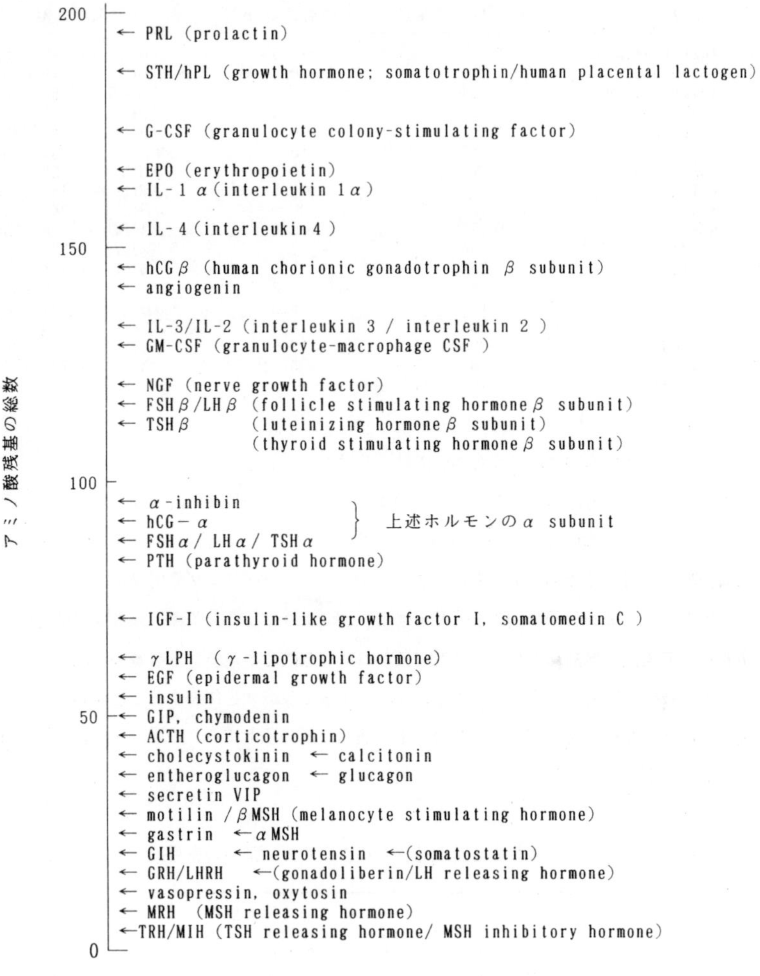
アミノ酸残基の総数
200
← PRL (prolactin)
← STH/hPL (growth hormone; somatotrophin/human placental lactogen)
← G-CSF (granulocyte colony-stimulating factor)
← EPO (erythropoietin)
← IL-1α(interleukin 1α)
← IL-4(interleukin 4)
150
← hCGβ (human chorionic gonadotrophin β subunit)
← angiogenin
← IL-3/IL-2 (interleukin 3 / interleukin 2)
← GM-CSF (granulocyte-macrophage CSF)
← NGF (nerve growth factor)
← FSHβ/LHβ (follicle stimulating hormone β subunit)
← TSHβ (luteinizing hormone β subunit)
(thyroid stimulating hormone β subunit)
100
← α-inhibin
← hCG−α
← FSHα/LHα/TSHα
上述ホルモンのα subunit
← PTH (parathyroid hormone)
← IGF-I (insulin-like growth factor I, somatomedin C)
← γLPH (γ-lipotrophic hormone)
← EGF (epidermal growth factor)
← insulin
50
← GIP, chymodenin
← ACTH (corticotrophin)
← cholecystokinin ← calcitonin
← entheroglucagon ← glucagon
← secretin VIP
← motilin /βMSH (melanocyte stimulating hormone)
← gastrin ←αMSH
← GIH ← neurotensin ←(somatostatin)
← GRH/LHRH ←(gonadoliberin/LH releasing hormone)
← vasopressin, oxytosin
← MRH (MSH releasing hormone)
←TRH/MIH (TSH releasing hormone/ MSH inhibitory hormone)
0

図3.2.1　主なタンパクホルモンの名称（略称と通称）と鎖長

表3.2.1　代表的なヒトタンパクホルモンの鎖長と受容体への結合定数

ホルモン	鎖　長（残基数）	結合定数(nM^{-1})	文　献
Angiotensin Ⅱ	8	～0.5	*JBC*, **249**, 825, '74
Vasopressin	9	0.5	*JBC*, **249**, 6390, '74
Somatostatin	14	1.3	*PNAS*, **85**, 890, '88
Glucagon	29	～1.5	*JBC*, **249**, 1861, '71
Insulin	51	～0.1	*JBC*, **259**, 2337, '84
E G F	53	15	*PNAS*, **80**, 1337, '83
Somatomedin C	70	40	*JBC*, **255**, 1023, '80
P T H	84	1.5	*JBC*, **263**, 18369, '88
N G F	118	20	*JBC*, **249**, 5513, '74
GM-CSF	127	～0.5	*EMBO J*., **8**, 366 '89
IL-2	134	7	*Nature*, **320**, 75, '86
IL-1α	159	1.6	*Nature*, **324**, 266, '86
S T H（GH）	191	1.3	*JBC*, **249**, 1661, '74
Prolactin	198	3.5	*JBC*, **261**, 1309, '86
T S H	201	1.9	*JBC*, **250**, 6534, '75
LH-hCG	204(236)	7.5	*JBC*, **260**, 10689, '85
PDGF	291	0.14	*PNAS*, **79**, 5867, '82

ホルモン誘導体の中には，受容体への結合能はもっているが，ホルモン作用を起こすことはできないというものもある。このような誘導体は，ホルモン拮抗体(antagonist)としての利用価値があるだろう。抗体作製のためにホルモン分子の化学的修飾を行った例も多い。放射性標識または蛍光標識を付けるための加工もある。アフィニティ・ラベリングやアフィニティ・クロマトグラフでも，ホルモン分子の加工を必要とする。このように，低分子のホルモンに関しては，改造ホルモンの実例は無数にあり，臨床的に使われている改造ホルモンも数多い。高分子のタンパクホルモンについても，今や遺伝子工学的手法によって改造体を作製することが容易となった。改造タンパクホルモンを作製する目的は，上に述べた低分子ホルモンの場合とおおよそ共通している（表3.2.2）。

表3.2.2　改造タンパクホルモン創製の主目的

(1)　タンパクホルモンの作用機作の解析
  1.　ホルモン分子内の機能領域の分析
  2.　細胞内の信号伝達機構の解明
(2)　タンパクホルモンの機能改変
  1.　機能の単純化（副作用の除去）
  2.　安定化（経口投与可能な製剤）
  3.　作用の強化と持続化（放出制御）
  4.　拮抗体の作製
(3)　タンパクホルモン製造効率の向上
  1.　小型化
  2.　ホルモン遺伝子発現効率の向上

酵素タンパクに関するタンパク工学では，耐熱性や耐酸性のタンパク質を作製することが目標となることが多いが，タンパクホルモンの場合は酵素タンパクよりもともと安定であるものが多い。医学利用が目的であるから耐熱性や耐酸性が特に求められることもない。酵素のタンパク工学とホルモンのタンパク工学は若干異なる点があるのは当然であろう。

以下に表3.2.2の項目に従って改造タンパクホルモンの概要を述べるが，日進月歩の分野であり，筆者の力不足もあって疎漏は免れない。

2.2　タンパクホルモンの作用機作の解析

2.2.1　分子内機能領域の同定

酵素タンパクの活性中心（基質や補酵素の結合部位）の解明には，アミノ酸残基の側鎖の化学的修飾や親和性標識法が主な手法として使われてきた。同じ手法はタンパクホルモンにも用いることができるが，酵素タンパクの場合ほど大きな成果が得られていない。

タンパクホルモンの生物活性は，分子内の個々のアミノ酸残基よりも分子全体の形への依存度が高い。タンパクホルモンは酵素タンパクに比べると，生物作用に必要とされる分子内領域が著しく広域に及ぶ例が多い。したがって，少数のアミノ酸残基を化学修飾するという手法では，タンパクホルモンの分子内機能領域を同定することは難しいのかもしれない。

タンパクホルモンの一次構造に動物種差があることは古くから知られてきた。古典的手法では，ウシ，ヒツジ，ブタ，ヒトなどの，しかも限られた種類のタンパクホルモンについてのみ解析されていたに過ぎなかったが，今やｃＤＮＡのクローニングを行い塩基配列を決めることで，マウスやモルモットなど小動物のタンパクホルモンでも一次構造を明らかにできるようになった。

ヒトとげっ歯類のタンパクホルモンの代表例について，一次構造上で種差の存在する位置を図3.2.2に示した。一見してわかるように，種差の存在個所はほぼ分子全体に広がっている。とくに広範囲にわたって一次構造が保存されているという領域はないように見える。しかし，分子全体としての鎖長（総残基数）は異種間でほぼ一致しているし，アミノ酸配列についても子細にみれば，高次構造の維持に関与している残基は異種間で共通している。

一次構造上の種差があるにもかかわらず，生物作用上は互換的である場合が多い。例えば，ヒトとウシの副甲状腺ホルモン（ＰＴＨ）は，いずれも84残基のアミノ酸残基から成るが，84残基中12残基の差がある（ＰＴＨの一次構造は，図3.2.9をみよ）。しかし，モルモットの腎に対して，ヒトＰＴＨとウシＰＴＨは全く同等に働き，作用面での差は認められない[2]。

一方，ヒトGM－ＣＳＦとマウスGM－ＣＳＦは高次構造は酷似していると思われるにもかかわらず，一次構造上は50％程度の相同性(homology)があるにとどまり，作用上もヒトGM－ＣＳＦはマウス細胞に無効でありマウスGM－ＣＳＦはヒト細胞に効かない。

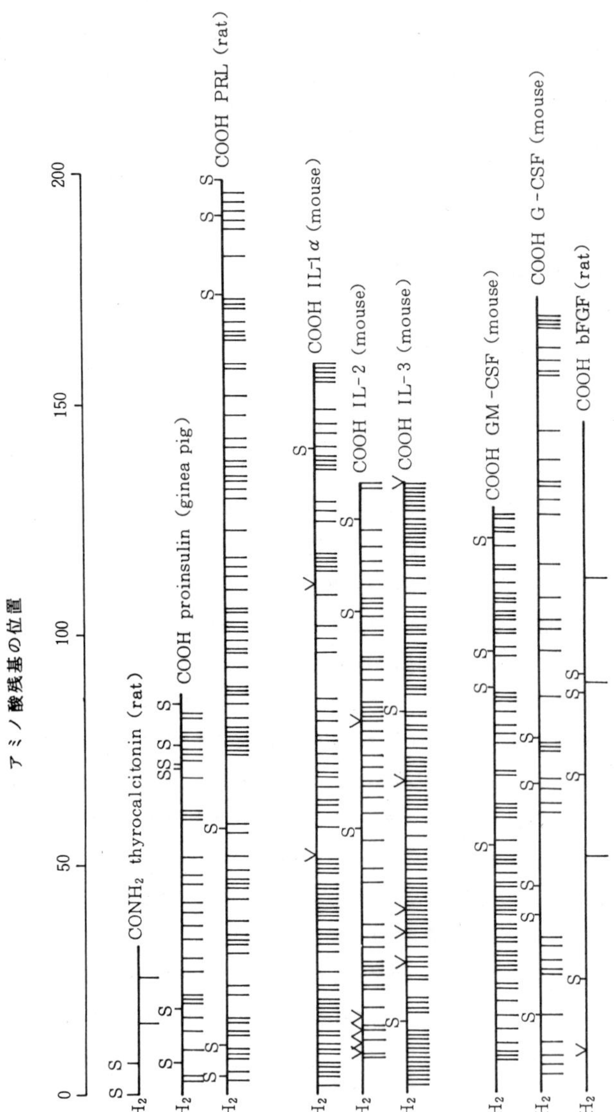

図3.2.2　タンパクホルモンの一次構造にみられる動物種差の例　（色田原図）

（カッコ内に示したげっ歯類とヒトを比較した。ホルモンの名前はそれぞれのC末端の右に書いた。

相違している残基の存在位置を下向きの縦線で表してある。

S印はCys残基の存在個所，V印はヒト分子で残基欠損または残基過剰の個所を示す。）

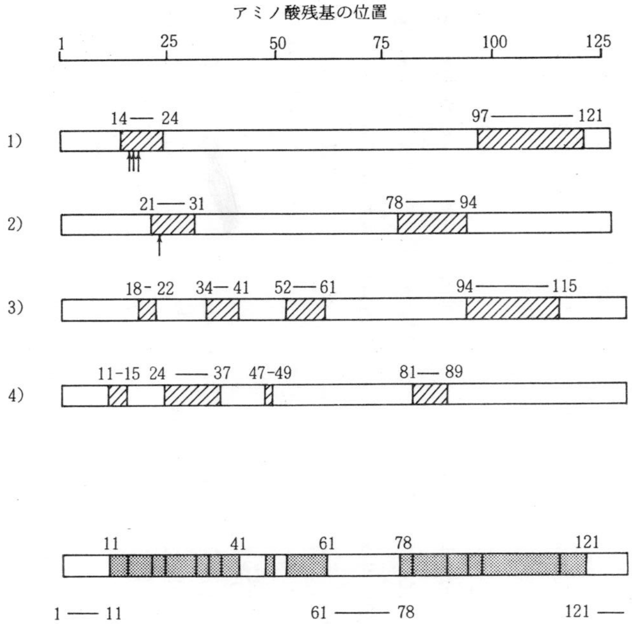

文献（主要研究者ならびに方法の特徴）

Vadas *et al.*,	*J. Immunol.*, **141**, 881 (88) Chemically synthesized (1-127) hGM-CSF N-or C-terminal deleted analogues
Kaushansky, *et al.*,	*Proc. Natl. Acad. Sci.*, **86**, 1213(89) Human-mouse GM-CSF hybrid
Shanafelt, (DNAX, CA)	*Proc. Natl. Acad. Sci.*, **86**, 4872(89) Site-directed mutagenesis of rm GM-CSF scanning-deletion analysis
Metcalf *et al.*,	*Eur. J. Biochem.*, **169**, 353 (87) Linker-scanning mutants of mGM-CSF internal deletions

図3.2.3　GM－CSFの生物活性に必要な分子内領域（色田原図）

（不可欠とされる領域を斜線で，とくに重要とされる残基を矢印で示した。最下段は上の4つの報告を総括したもの）

ＧＭ－ＣＳＦについては，部位指定変異（site－directed mutagenesis）または化学合成によって分子内のアミノ酸残基を他のアミノ酸残基に置換して，生物活性への影響を詳細に調べた報告がある[3)〜6)]。個々の報告をみると，生物活性が分子内の特定領域に限定的に担われているように思われるが，４つの報告を総合すると図3.2.3に示したように，Ｎ末端とＣ末端と分子の中央部分を除いて，分子内の広域が活性の発現のために必要とされると思わざるを得ない。

マウスＩＬ－３（ｍＩＬ－３）は17位，79位，80位およびＣ末端(140位）にシステイン残基をもっている。システイン残基の代りにアラニン残基をもつｍＩＬ－３誘導体を化学的に合成した仕事がある[7)]。〔$Cys^{17,79}$, $Ala^{80,140}$〕ＩＬ－３は〔$Cys^{17,80}$, $Ala^{79,140}$〕ＩＬ－３に比べて2,000倍も細胞増殖促進作用が弱く，〔$Ala^{17,79,80,140}$〕ＩＬ－３よりもさらに劣っていることが示された。ジスルフィド結合が一残基隣りにつながれただけで，これほど大きな影響があるということは，高次構造が決定的に重要であることを物語っている。下手に架橋があるよりは，むしろ全くジスルフィド結合がない方がましなのである。

単純な例としては，カルシトニン[8)]やミニガストリン[9)]を挙げることができる。ウナギのカルシトニンを還元して１～７位間のジスルフィド結合を切ると生物活性は失われるが，ジスルフィド結合をエチレン結合に変えた誘導体（エルカトニン）は天然ホルモンと同等の活性をもつ。つまり，Cys－Cys 結合であることが必要ということではなく，１～７位間に架橋が存在することが必要なのである。ミニガストリンの場合は，10位に存在する Gly残基を Ala残基に置換すると，生物活性は 1/10 に減る。Gly残基と異なり，Ala 残基はα－ヘリックス構造を支えることができるので，Ｎ末端側のヘリックスが延長されて，分子全体の型が変わるのであろう。

一方，機能領域が特定できる場合もある。例えば，副甲状腺ホルモン（ＰＴＨ）は84残基から成るが，Ｃ末端側の50残基はホルモン作用に不必要であることが知られている[10)]（ＰＴＨについては，2.3.4項で再び述べる）。

種々の癌患者に多発する高Ｃａ血症は，癌細胞から分泌される副甲状腺ホルモン類似タンパク質（ＰＴＨｒＰ）が原因であるとされている。このＰＴＨｒＰもＰＴＨと同じくＮ末端側の１～34鎖が活性を担っている。水溶液中でのＮＭＲ分析によりＰＴＨｒＰ（１－34）は２つ折になって 2.2× 3.5× 1.2nmのサイズのコンパクトな型をとっていることが示された[11)]。ＰＴＨｒＰ（１－29）はＰＴＨｒＰ（１－34）に比べて1/10の活性しかもたないが，これはＣ末端30～34が存在しないことによって，上記の３次構造の剛直性が減るためであるといわれている。

ヒトＩＬ－２分子は，25～30°の角度で逆向きの方向に束ねられた６個の短いα－ヘリックス構造を含むが，いろいろなＩＬ－２分子断片に対する抗体による活性阻害から判断して，受容体への結合にあずかっているのはα－ヘリックス領域A, B′，ＥおよびＢの一部であると推定され

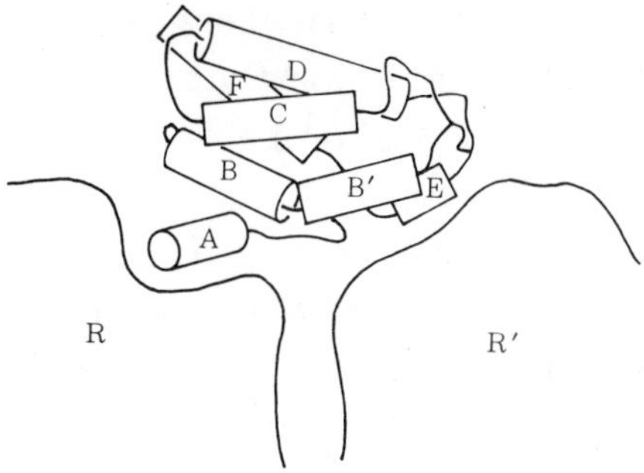

図3.2.4　ＩＬ２分子の３次構造と受容体への結合に関与する分子内領域

(B. J. Brandhuber *et al.*, *Science*, **238**, 1707, '87より引用)
α－ヘリックス領域Ａ，Ｂ′，ＥおよびＢの一部分が
受容体への結合に必要とされる。

た。ＩＬ－２受容体には55ｋＤと75ｋＤのサブユニットがあって，いずれも単独でＩＬ－２を結合し得るが，両者が共存すると結合は 1,000倍も強くなる。図3.2.4に示されたように，ＩＬ－２は２つのサブユニットに跨って結合するらしい[12]。

ヒトとマウスのＩＬ－２は，図3.2.2に示したように 133残基のうち48残基を異にしている（64％ホモロジー）が，ヒトＩＬ－２はヒトＴ細胞にもマウスＴ細胞にも有効であり，マウスＩＬ－２も弱いながらヒトＴ細胞に作用することができる。受容体への結合にあずかるのは分子の一部分でしかないとしても，個々のアミノ酸残基の種類よりも，分子全体としての型が重要であることが，ここでも推定される。

上に述べてきたいろいろの例は，いずれも天然体よりも有用性の高いタンパクホルモンを創製することができる可能性を示唆している。アミノ酸残基を置換することによって，現実のタンパクホルモン分子を表3.2.2の目的に向かって理想化することが可能であると思われるのである。

2.2.2　細胞内信号伝達経路の解析

標的細胞の細胞膜上に存在する受容体と結合することが，タンパクホルモンが生物作用を営む第１段階であると一般に信じられている。構造まで明らかにされたタンパクホルモン受容体も数多い。しかし，細胞膜上のイベントが細胞核まで伝播する機構については，多くの研究や発見があるにもかかわらず，まだ全部わかったとはいえない。

Ｍ－ＣＳＦには膜型と分泌型の２形態がある[13]。両者とも本体は同じであるが，膜型はＣ末端側に疎水性残基に富む領域をもつペプチド鎖が付いていて，この部分が根となってＭ－ＣＳＦ

が細胞膜上に繋留される（図3.2.5）（２量体については2.4項で述べる）。ＥＧＦ前駆体にも先導配列（leading sequence）以外にＥＧＦ本体のＣ末端の後にトランス・メンブレン（ＴＭ）領域と思われる疎水性残基配列が存在することが知られている[14]。

膜上に繋留された細胞成長因子は，繋留されたまま隣接する標的細胞のもっている受容体と結合して増殖信号を標的細胞に与えることができる。ＴＧＦβ前駆体の96および97位の -Lys-Lys- を-Arg-Ile-[15]または Asp-Gln[16] に，89－91位の -Ala-Val-Val-を -Ser-Thr-Val-[15] または -Ile-Leu-Leu-[16]に改造すると，ＴＧＦβは分泌されずに細胞膜上に配置されるようになる。膜上にＴＧＦを多数配置した細胞を，ＥＧＦ（ＴＧＦ）受容体を所有するＡ431 細胞と共に培養すると，遊離のＥＧＦ（またはＴＧＦβ）を与えた場合と同じ反応がＡ431 細胞に生ずる。

上に述べた膜型Ｍ－ＣＳＦの場合も，改造ＴＧＦβの場合と同様，膜上に繋留されたままの状態で働くと想像される。従来からいわれてきた細胞間相互作用（cell－cell interaction）または微小環境(microenvironment)という現象は，膜上の統御因子で説明できる場合が多いと思われる。

一方，改造タンパクの手技を用いて逆の事実が存在することもわかってきた。オンコジンｖ－*ｓｉｓ*がコードしているタンパク質ｐ28^{v-sis} は，血小板由来細胞成長因子（ＰＤＧＦ）のＢ鎖と92％相同性をもつタンパク質でＰＤＧＦ様作用をもっている。ｖ－*ｓｉｓ*遺伝子の下流の塩基配列改造して，Ser-Glu-Lys-Asp-Glu-Leu というアミノ酸配列をコードするように変えると，ｐ28^{v-sis} は細胞外に分泌されず細網内皮系(endoplasmic reticulum, ER)およびゴルジ小体上に繋留されたまま作用を営む[17]。

ＩＬ－３についても同様の報告がある[18]。ＩＬ－３ｃＤＮＡの３′側の停止コドンの位置に上述のＥＲ繋留信号をコードする塩基配列と新しい停止コドンを挿入し，発現ベクター上に組み込んでＩＬ－３依存性の細胞に導入すると，細胞はＩＬ－３を与えなくても増殖できるようになる。このとき，ＩＬ－３活性は細胞質中には検出されるが，細胞外には検出されない。したがって，培地中にＩＬ－３抗体を添加しても，この細胞の増殖を阻止できない。

上に述べたＰＤＧＦやＩＬ－３改造体は，細胞外に分泌されることなく，細胞質中で（たぶんＥＲ上で）増殖信号を点灯すると思われる。タンパクホルモンは，細胞膜上の受容体に細胞外から結合するものとばかり信じられてきたが，それだけでは済まないらしい。

ＥＲ膜やゴルジ小体など細胞質内の膜にも，インシュリンやプロラクチンなどタンパクホルモンの受容体が存在するという話は昔からあった。核の内膜にもインシュリン受容体やＥＧＦ受容体が検出される[19]。タンパクホルモンが核に濃縮されるという報告も多い。サイトカラシンＢ処理によって得た細胞核（Karyoplast）を低張処理をしてクロマチンを取り，トリトンＸ－100で可溶化した分画を４Ｍの塩酸グアニジン存在化でゲル濾過クロマトして分取した12～22ｋＤの

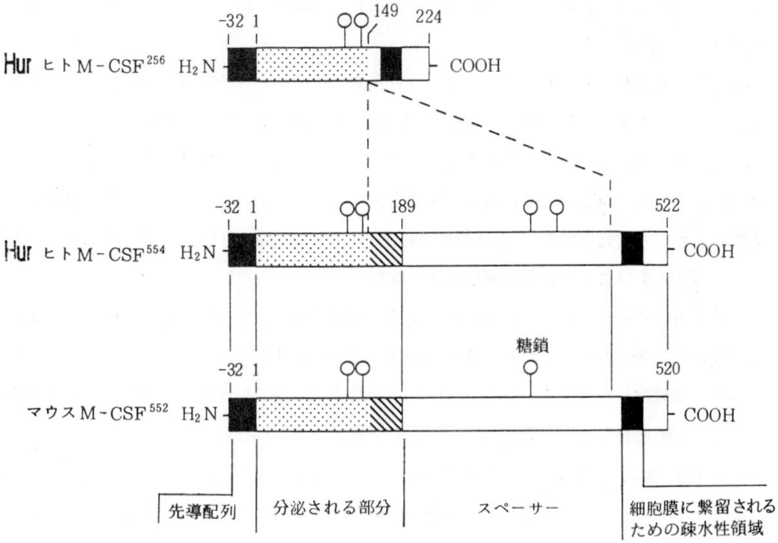

図3.2.5　膜型ならびに分泌型のマクロファージ・コロニー形成刺激因子（M－ＣＳＦ）の単量体の構造

（M－ＣＳＦ554 およびM－ＣＳＦ552 の(1～189)配列をもつタンパクが分泌される。斜線の部分はM－ＣＳＦ554 およびM－ＣＳＦ552に存在するが，M－ＣＳＦ256には存在しない配列で，スペーサーとしてではなく分泌タンパクのＣ末端となる領域。数字はアミノ酸残基の数）(C.W.Rettenmier *et al.*, *J. Cell Sci. Suppl.*, **9**, 27,'88より引用）

分画に，軟骨細胞増殖因子の存在を認めたという報告もある[20]。タンパクホルモンが働く場所は，細胞膜上のみに限定されないといえるだろう。

2.3　タンパクホルモンの機能改変

2.3.1　多機能体の単機能化

血圧上昇作用がなく抗利尿作用が非常に強いバソプレッシン誘導体とか，チロトロピン分泌促進作用が非常に弱く向神経作用が強いＴＲＨ誘導体など，化学合成できる低分子ペプチドホルモンでは，作用の分離に成功した例がいくつかある[1]。ＬＨＲＨと競合的に作用して，下垂体からの性腺刺激ホルモンの分泌を減少させるＬＨＲＨ誘導体は，今までに 2,000種類以上もつくられたというが，長期間使用しつづけると副作用として浮腫を起こす欠点がある。ＬＨＲＨ競合作用をもち，浮腫を起さぬＬＨＲＨ誘導体が，最近創製された[21]。D－アミノ酸を多数組み入れたこと，ならびにＤ－シトルリンのような非天然アミノ酸を入れたことなど，並々ならぬ苦心の跡が忍ばれる（図3.2.6）。

血管新生促進因子アンギオゲニンは，143 残基よりなり，分子量14ｋＤのタンパク質であるが，膵臓のリボヌクレアーゼ（RNase）と一次構造に35％の相同性をもち，事実RNase活性をもっている[22]。Lys 40をGluに置換した誘導体は，アンギオゲニンと３次構造は変っていないと思われるにもかかわらず，RNase活性も血管新生促進活性も著しく弱い。Arg 116をHisに置換すると，両活性とも著しく増強された。血管新生を促進するためにRNase活性が必要とされるのかもしれないが，両活性を分離する試みは成功していない。

2.2.1.項で言及したＧＭ－ＣＳＦは，幼若白血球の増殖と分化を促進する糖タンパク質であるが，成熟して増殖能を失った好中球や好酸球の機能を亢進させる作用ももっている。Ｎ末端側を１～53残基短縮したペプチドを化学合成し，幼若細胞の増殖を促進する活性と，成熟細胞の機能を亢進する活性をしらべた報告があるが，両活性は分離されなかった[4]。

アンギオゲニンとＧＭ－ＣＳＦを不成功の例として挙げたが，高分子タンパクホルモンの場合は低分子ペプチドの場合と異なり，機能の単純化は本質的に難しいのであるかもしれない。しかし，前述したように低分子ペプチドの場合でも，機能を分離することには多大の努力を必要とした。糖代謝調節作用とともに細胞増殖や細胞分化を促進する作用をも有するインシュリンのように，高分子で多機能のタンパクホルモンは数多い。機能分離ができる例も見つかるに相違ない。

ＬＨＲＨ拮抗体〔Ac-D-Nal(2)^{1}，D-Phe(pCl)^{2}，D-Trp^{3}，D-Cit^{6}，D-Ala^{10}〕ＬＨＲＨ

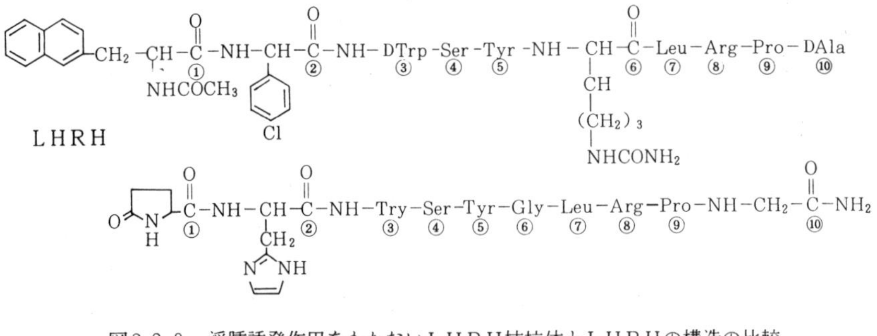

図3.2.6　浮腫誘発作用をもたないＬＨＲＨ拮抗体とＬＨＲＨの構造の比較

（S. Bajusz *et al.*, *PNAS*, **85**, 1637, '88より引用）

2.3.2　安定化のための分子改造

タンパクホルモンの失活は，高次構造の変化（つまり，タンパクの変性）とタンパク分解酵素による断片化が主な原因となって生ずる。この２つの原因は密接に関係しあっている。変性して高次構造が崩れると，分解酵素の攻撃を受けやすくなる。事実，熱変性しにくいタンパク質は，生物学的にも安定である[23]。

変性した高次構造は，変性の原因となった条件が解除されれば，元の正しい姿に戻ることが多い。しかし，分解酵素によって断片化されてしまうと，もう元の姿に戻ることはできない。

いろいろなペプチドホルモンのα－ヘリックス領域を，ヘリックスの軸の上方から眺めると，親水性アミノ酸残基と疎水性アミノ酸残基が分極して配置されていることが指摘された（図3.2.7）[24]。成長ホルモン（ソマトトロピン，ＳＴＨまたはＧＨ）は分子内の４個所にα－ヘリックス構造をもっている。３番目のヘリックス 107－128 の親水性側面と疎水性側面の境界に位置している強親水性残基Lys 112(図3.2.7　d，矢印）を疎水性残基Leuに置換すると，ＧＨ分子は会合して沈殿しやすくなる[25]。しかし，ＧＨ（Leu 112）とＧＨ（Lys 112）のホルモン活性を比較した結果は報告されていない。

ＩＬ－２分子はＣ末端の33残基がα－ヘリックス構造をとっている(図3.2.7　e)[26]。Asn 119またはSer 127をPro残基に置換すると，受容体へのＩＬ－２の結合が著しく弱まり，生物活性も著しく損われる。Ｃ末端の３次構造が，受容体への結合に重要な役目をしていることを示している。弱い親水性残基であるThrやSerを強親水性のGlnやLysに置換し，さらに境界に存在するThr 131をAlaに置き換えた誘導体（図3.2.7　ｆ）も，受容体への結合が弱くなり生物活性も低い。この誘導体では，Ｃ末端のα－ヘリックスの分極構造が強化されたのであるが，過ぎたるは及ばざるが如しとでもいうことであろうか。

意図と反した例を先に挙げたが，好ましい改造に成功した例もある。ｂＦＧＦは創傷や火傷の治療薬として期待されている細胞成長因子であるが，分子内に４個のCys 残基をもっている。このうちCys 70とCys 88はSerと置換しても生物活性に影響がないことがわかった[27]。血管新生促進作用に関しても，ｂＦＧＦと大きな差はない。ｂＦＧＦはヘパリン親和ＨＰＬＣで４つのピークに分れる多様性を示すが，ｂＦＧＦ(Ser 70, Ser 88)は単一ピークとなって溶出され，H_2O_2などによる酸化に対する安定性も高い。 Cys 93をSerに置換すると，生物活性には影響が少ないが，ヘパリン親和ＨＰＬＣでの精製が難しくなる。

ｈＥＧＦの場合は，Met残基の酸化が安定性に関与している。Met21をＬ－ノルロイシン（L-2-aminohexanoic acid）に置き換えると，生物活性を損ねることなく，Met 酸化による失活を防ぐことができる[28]。天然に存在しないアミノ酸を成分として取り入れたタンパク質をアロタンパク(alloprotein) と呼ぶことが提唱されているが，安定なタンパクホルモンをデザイン

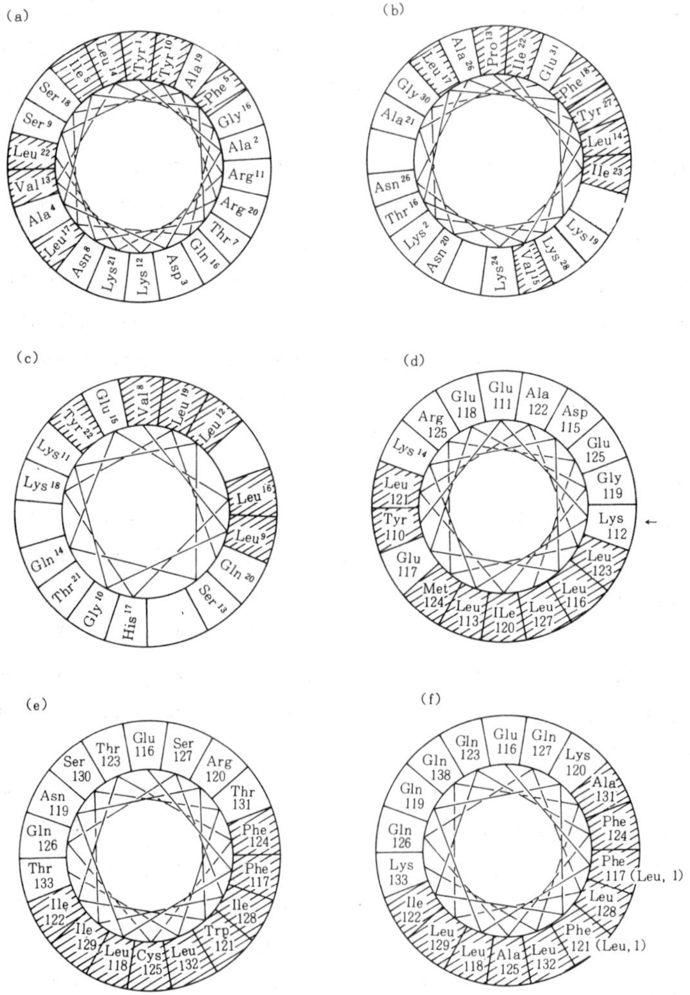

図3.2.7　いろいろなタンパクホルモンのαーヘリックス領域の親水性アミノ酸残基と疎水性アミノ酸残基の配置

(a) ソマトリベリン(GHRF), (b) βーエンドルフィン, (c) カルシトニン, (d) ソマトトロピン(GH), (e) インターロイキン-2 (IL-2), (f) 改造 IL-2
a～c は *Science*, **223**, 249(84); d は *PNAS*, **85**, 3367(88); e, f は *JBC*, **264**, 816(89)より引用。斜線は疎水性残基を示す。

する戦略として注目される。

組換えＤＮＡ法でタンパク質を製造する場合，大腸菌やＣＨＯ細胞など宿主細胞のペプチダーゼによる分解が収率に大きく影響する。分解を防止するには，htp R^- の大腸菌のようなペプチターゼを欠く変異細胞や[29]，動物細胞であればナマルバ細胞のようにペプダーゼ含量がもともと低い細胞[30] を宿主として使うとよい。できることならば，タンパクホルモン自体を改造して分解されにくい構造にすることが望ましい。

53残基から成るタンパク質であるArc レプレッサーのＣ末端が25残基長くなった変異レプレッサータンパクは，大腸菌Ｘ９Ｔ株での細胞内寿命が著しく長いことが知られている[31]。Ｃ末端に人工的な尾をつけると分解されにくくなるという原則が一般的に動物細胞内でも成立するか否かは解らないが，ペプチダーゼ耐性なタンパクホルモンをデザインすることができる可能性は十分にある。なお，Ｎ末端アミノ基やリジン残基のεアミノ基にポリエチレングリコール（ＰＥＧ）を結合させて作成したタンパクホルモン－ＰＥＧハイブリッドは，水溶性が高く安定で，生体内での寿命も長く，抗原性は低いことが知られている。

2.3.3　ホルモン作用の強化

上に述べたように，タンパクホルモンの安定性を高めることは，ホルモン作用の増強ないしは持続化をもたらすであろう。より直接的には，ホルモンと受容体との結合度を変えて，作用を強化することが考えられる。また，阻害物質の影響を受けにくい型に変えることによっても，ホルモン作用の強化が可能である。

天然ホルモンよりも強力なタンパクホルモンを創製することに関しては，インシュリンの研究が最も進んでいる。⑴Ｂ鎖の10位に存在する塩基性残基His を，酸性残基Asp に置き換える。⑵Ｂ鎖のＣ末端の５残基 Tyr-Thr-Pro-Lys-Thrを削除する。⑶このようにして新たにＢ鎖のＣ末端となった Phe25をTyr 残基に代え，かつアミド化する。以上の３つの改造は，それぞれインシュリンのホルモン活性を強めるが，この３つの改造を共存させて得られる des-(B26-B30)〔$Asp^{B10}Tyr^{B25}$-NH_2〕インシュリンは最も強力で，天然のインシュリンの11～13倍のホルモン作用をもっている[32]。受容体への結合性が高まっていることが，このインシュリン誘導体のホルモン作用強化の理由であると思われる（図3.2.8）。

ＩＧＦ－１はインシュリンと似た作用をもつタンパクホルモンであるが，70残基よりなる単鎖のポリペプチドで，構造的にはインシュリンよりもプロインシュリンと似ている。ＩＧＦ－１のＮ末端を５残基以上削除すると，ホルモン作用は著しく弱められる。しかし，Ｎ末端の短縮化を３残基でとどめると，天然のＩＧＦ－１の８倍の作用を示すようになる[33]。des(１－３)ＩＧＦ－１は受容体への結合能も高くなっているが，作用増強の理由は他にもある。

ＩＧＦ－１受容体とは別に，ＩＧＦ－１を結合する分泌タンパクがあって，des(１－３)ＩＧＦ

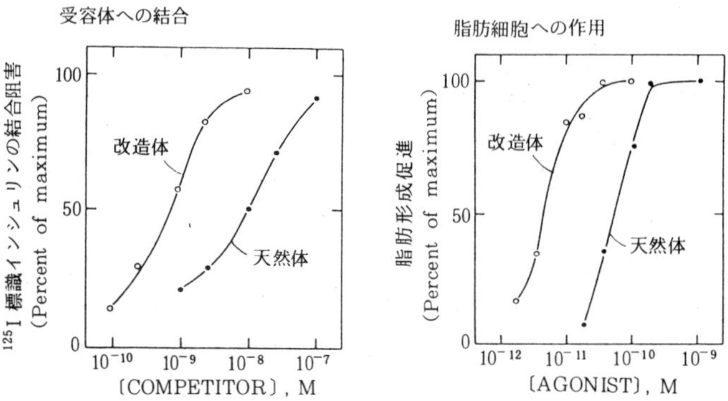

図3. 2. 8　改造インシュリンの受容体結合能（左）とホルモン作用（右）

左は，ラット肝の細胞膜画分への^{125}I標識インシュリンの結合が，天然ヒトインシュリン（黒丸）およびdes-(B26-B30)〔Asp^{B10}, Tyr^{B25}-NH_2〕インシュリン（白丸）により競合的に阻害されることを示したもの。
右は，ラットの脂肪細胞を培養し，天然ヒトインシュリン(黒丸)またはdes-(B26-B30)〔Asp^{B10}, Tyr^{B25}-NH_2〕インシュリン（白丸）を加えて，〔3-^{3}H〕グルコースの脂質への取込みをしらべたもの。
（G. P. Schwartz *et al.*, *Proc. Natl. Acad. Sci.*, USA, **86**, 458-461, 1989より引用）。

－１は，このＩＧＦ－１結合タンパクには全く捕捉されない。３残基の差で，受容体には結合しやすく阻害体には結合し難くなるのである。

2. 3. 4　ホルモン拮抗分子の設計

ＬＨＲＨの拮抗体で副作用のないものを創製する努力について2. 3. 1項で述べた。ここでは，もう少しサイズの大きいペプチドホルモンについて，拮抗体創製の難しさについて述べる。

ＰＴＨは84残基からなるタンパクホルモンであるが（図3. 2. 9），ホルモン活性はＮ末端の34残基が担っている（このことは2. 2. 1項でも述べた）。ウシＰＴＨ（ｂＰＴＨ）のＮ末端のAla-Val を削除したｂＰＴＨ（３－34）は，ｂＰＴＨ（１－34）のホルモン作用を阻害する。さらに８位と18位のMet残基をノルロイシン（Nle）残基に置換すると，ホルモン拮抗作用は一層強くなる。また，34位のPheをTyr－アミドに換えても，拮抗体が得られる[34]。

ヒトＰＴＨ（ｈＰＴＨ）に関して，上記の３つの改造のうちの２つを施して得られた（Try^{34}）ｈＰＴＨ（５－34）アミドは，最も強力なＰＴＨ拮抗体であることが示された[35]。Ｎ末端の削り方が不十分な（Thy^{34}）ｈＰＴＨ（３－34）アミドには，わずかながらホルモン活性が残存しているが，（Thy^{34}）ｈＰＴＨ（５－34）アミドは自身では全くホルモン作用を示さない。

グルカゴンは29残基からなるペプチドで（図3. 2.10），上述のＰＴＨの活性部位ｂＰＴＨ（１－34）とほぼ同じサイズといえよう。グルカゴンの拮抗体をつくるに当っても，ＰＴＨの場合と似

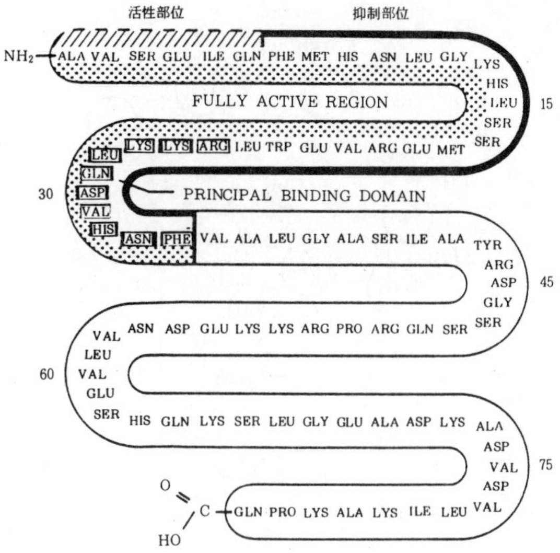

図3.2.9　ウシ副甲状腺ホルモンの構造と機能

(M. Rosenblatt, *New England J. Med.*, **315**, 1004 '86より引用)

た方針がとられた。まず，N末端のHisを削除する。つぎに，C末端のThrをアミド化する。さらに9位のAsp をGlu と置換する。このようにして得られた des-His[1]-〔Glu[4]〕グルカゴンアミドは，受容体への結合能がグルカゴンより若干弱いにもかかわらずグルカゴンのホルモン作用を拮抗的に強く阻害し，自分自身では全くホルモン作用を示さなかった[36]。

消化管ホルモンのひとつであるガストリンについては2.2.1項で述べたが，別にGRP (gastrin releasing peptide)と呼ばれるホルモンがある。GRPは27残基からなるペプチドで，ガストリン分泌促進作用以外に細胞成長因子活性ももっている。ガストリンの場合は17残基全体の3次構造が重要であることは前述の通りであるが，GRPの場合はC末端の8残基 His-Typ -Ala-Val- Gly-His-Leu-Met が受容体結合能ならびに生物活性を担っている。

GRPの拮抗体をつくるのに採用された方針も，上述のPTHやグルカゴンの場合と似ている。まず，C末端のMet を削除する。ついで，新たにC末端となったLeu のCOOH基をエステル化すると共に，N末端のHis のNH₂基をアセチル化する。こうして得られた*N*-acetyl-GRP-20-26-OCH_2CH_3は最も強い拮抗作用を示した[37]。

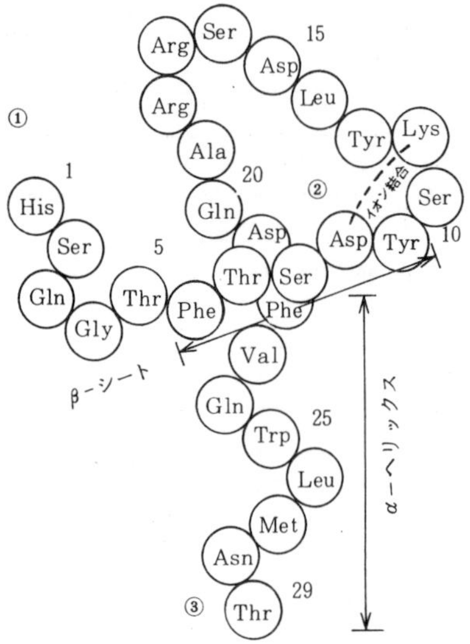

図3.2.10　グルカゴンの水溶液中での３次構造と，拮抗体創製のためにとられた方策

①Ｎ末端のHisを削除する。②９位の酸性残基Aspを同じく酸性残基Glu に換える。③Ｃ末端のThr の-COOH を-$CONH_2$とする。
(C. G. Unson *et al.*, *J. Biol. Chem.*, **264**, 789 '89より引用)

ＰＴＨ，グルカゴンおよびＧＲＰに関しては，受容体結合領域の鎖長をやや短縮すると共に，荷電を担っているアミノ酸残基を修飾または置換するという方策で拮抗体を創製することができた。分子サイズの大きい他のタンパクホルモンについても同じ方策が成功するかどうかはわからない。ＧＭ－ＣＳＦについては，いろいろな分子断片を作製して完全なＧＭ－ＣＳＦ分子との競合をしらべたが，拮抗作用はみられなかったという報告がある[4]。

2.3.5　臨床応用のための工夫

インシュリン分子は，２量体ないしは４量体となることが知られている。このように重合すると，皮下注射した後に注射部位から血中に移行する速さが，単量体に比べて遅くなる。Ｂ鎖27位のThr をGlu に換えるか，Ｂ鎖28位のPro をAsp と置換することによって負の荷電をもつアミノ酸残基を１個導入すれば，多量体を形成しにくいインシュリン誘導体を得ることができる（図3.2.11）[38]。逆に，亜鉛インシュリン結晶は注射部位からの吸収が遅い。速効性のインシュ

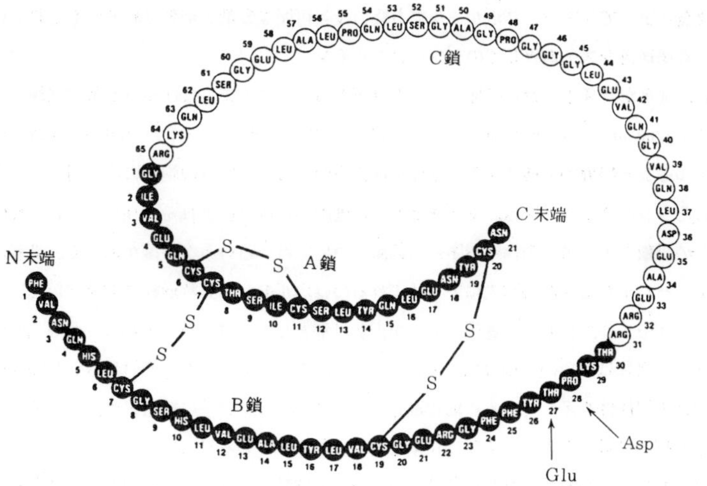

図3.2.11　プロインシュリンならびにインシュリンの一次構造
（多量体形成を防ぐためにB鎖のC末端近くに酸性残基を導入する）

リン誘導体と結晶インシュリンをいろいろな割合で混合して，速効型，中間型，遅効型など種々のインシュリン製剤を調合することができる。

タンパク工学と直接の関係はないが，タンパクホルモン製剤の剤型の工夫によって，便利度の高い製剤をつくる試みもなされているので，加えて紹介する。セファローズ粒子上に固定化したグルコース酸化酵素とトリリジルインシュリンの粉末をエチレン・ビニール酢酸共重合体の溶液中に懸濁し，凍結乾燥する。トリリジルインシュリンは中性溶液には溶解しにくいが，酸性溶液には容易に溶解する。上のようにして調製したペレットをラットの脊中の皮下に埋め込み，グルコース溶液を静注すると，グルコースが酸化酵素によってグルコン酸に酸化され，ペレット内のｐＨが下がるので，トリリジルインシュリンが溶け出して，血中に放出される[39]。血中のグルコース濃度に応じてインシュリンの放出が調節されるので，糖尿病の治療薬としてインシュリンそのものよりは優れていると思われる。

タンパクホルモンを経口投与しても，消化管内のプロテアーゼによって分解されてしまうので効果を示さないのが常である。しかし，ＨＣＯ－60やＭＹＳ－40のような表面活性剤の溶液にとかしたＧ－ＣＳＦを十二指腸内に投与すると，静注した場合と同様の白血球増加が生ずる[40]。静注した場合に比べると10倍量のＧ－ＣＳＦを必要とするが，経口投与で有効であれば便利というだけでなく安全性も高い。現在はまだ動物実験の段階であるが，将来は剤型の工夫とホルモン分子の改造によって，タンパクホルモンでも経口投与可能な製剤が創製されるかもしれない。

2.3.6　薬物送達システムとしてのタンパクホルモン

投与した薬剤が身体内の特定の部位にのみ分布するように工夫した仕組みを薬物送達システム（ＤＤＳ；drug delivery system）といっている。血中に注射したタンパクホルモンは，そのタンパクホルモンと特異的に結合する受容体を細胞表面にもっている細胞にのみ作用する。受容体と結合したタンパクホルモンは，受容体とともに細胞内に取り込まれる。internalization と呼ばれるこの現象とホルモンの作用機序との関係についてはいろいろな議論があって，受容体と結合したタンパクホルモンが細胞内にとり込まれるのはホルモンの分解過程にすぎないという考えもある。ホルモン作用に必須な過程であるか否かは別として，タンパクホルモンが細胞内に取り込まれること自体は疑いの余地はない。このことは，タンパクホルモンをＤＤＳとして利用することができる可能性を示している。細胞毒をタンパクホルモン分子に結合させ，ホルモン感受性の細胞を選択的に殺すことは，すでに10年も前に試みられている[41]。

ＦＳＨ，ＬＨ，ＴＳＨおよびｈＣＧは，いずれも２種類のサブユニットが非共有結合で会合した２量体構造をもっている。89～92残基よりなるαサブユニットの構造は４種のホルモンに共通で，ホルモンとしての特異性すなわち受容体との結合能は，112～115 残基（ｈＣＧβは 144残基）からなるβサブユニットに負うている。一方，リシンとかアブリンのような植物由来の毒性タンパク質や，ジフテリアやコレラなど細菌由来の毒性タンパク質もＳＳ結合でつながった２量体構造をもち，Ａサブユニットが毒作用を，Ｂサブユニットは標的細胞の細胞膜上のガラクトース残基と結合して毒素を細胞内に転送する機能を司っている（図3.2.12）。

ｈＣＧのβサブユニットとリシンのＡサブユニットをカップリング試薬を用いて連結して得られたハイブリッド体は，ｈＣＧ受容体をもつ細胞に対しては毒作用を示すが，ホルモン感受性をもたない細胞に対しては無毒であることが証明された[42]。

逆に，リシンのＢサブユニットの細胞内転送能を利用することもできる。リシンＢとインシュリンをカップリング試薬で連結すると，インシュリン受容体を欠く細胞にインシュリンを作用させることができる[43][44]。

上に述べた例はいずれも，異なる機能をもつタンパク質をカップリング試薬で連結するという古典的手法をとっている（図3.2.12）。しかし，このような方法は企業レベルでの生産には向いていない。２つの機能つまり転送能と調節能を一本のペプチド鎖に織り込んだ融合タンパクを創製することができれば，サブユニットを架橋でつなぐ方式より優れている。

未分化な細胞が分化するにつれて，細胞種に特有なホルモン（ないしは細胞成長因子）受容体が発現されてくるのが通例である。分化したヒト細胞は，どのような細胞でも，必ず何かしらのタンパクホルモン（広義）受容体を表現していると思われる。ガン細胞についてもおそらく同じことがいえるであろう。M－CSF受容体（c－*fms*）とかTSH受容体など非常に特殊な細胞にしか表現されていない受容体もあるが，EGF受容体（c－*erb* B）とかPDGF受容体（c－***kit***）はもっと多くの細胞種がもっていると思われるし，インシュリン受容体（c－***ros***）やトランスフェリン受容体やLDL受容体の分布はさらに広いであろう。未分化細胞と

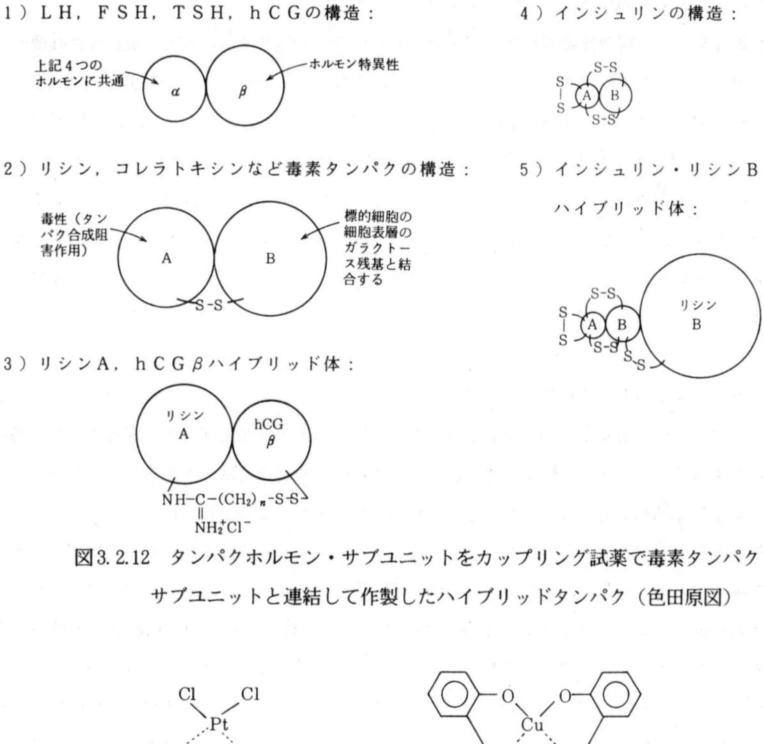

図3.2.12　タンパクホルモン・サブユニットをカップリング試薬で毒素タンパクサブユニットと連結して作製したハイブリッドタンパク（色田原図）

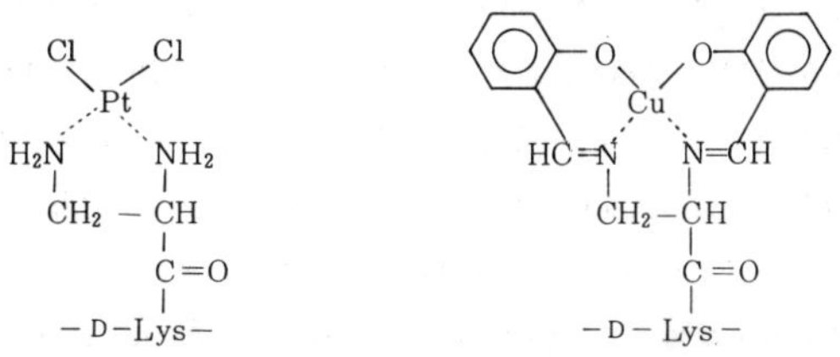

図3.2.13　D-Lys残基を導入した改造タンパクホルモンに細胞毒官能基を担わせる方法

(S. Bajusz *et al.*, *PNAS*, **86**, 6313 '89) ε NH_2 基がジアミノアシン化されたD-リジンを6位にもつLHRHに，K_2PtCl_4 またはビス・サリチルアルデヒドCu（Ⅱ）錯体を反応させてつくる。

分化細胞では，所有する受容体に量的な相違も存在すると思われるので，細胞内に転送される調節体の濃度を未分化細胞ではしきい値以上にしないという投与量を探すこともできるかもしれない。

細胞毒性を担わせたハイブリッドタンパクホルモンを，標的細胞のもつ受容体の種類と濃度に合わせて，何種類か適当な濃度比で混合して投与することによって，特定の分化細胞種のみを選択的に殺すことができるに違いない。分化細胞は，生き残った未分化の幹細胞から補充されるから，分化細胞の一時的な減少から生体は回復することができる。

細胞毒性をもつ金属錯体構造をタンパクホルモン分子に附与して，ホルモン依存性の腫瘍への治療効果をしらべた報告がある[45]。６位にD－Lysを導入し，そのεアミノ基をジアミノアシル化した後，ＰｔまたはＣｕ錯体構造をつくらせたＬＨＲＨ誘導体（図3.2.13）は，乳ガンのようなＬＨＲＨ受容体を有する腫瘍に対して治療効果を示すことが期待されている。他のタンパクホルモンや細胞成長因子にも，このような改造体を創製することができるだろう。ヘムタンパクやフラビンタンパクなど，官能基をもつタンパク質は天然にも存在する。改造タンパクホルモンに人工的官能基を付与することは興味ある課題である。このような人工タンパクの抗原性は，ポリエチレングリコール（ＰＥＧ）によるハイブリッド化で防止することができるだろう。

2.4　タンパクホルモン製造効率の改善

タンパクホルモンを安定な型に改造することについては2.3.2項で述べた。安定化すれば製造効率が高まるのみならず，多様化を防ぐこともできるので精製のときの困難も少なくなる。ペプチダーゼを欠く細胞を宿主細胞とすることの利点についても，2.3.2項で述べた。

発現効率そのものを高める方策も，いろいろ工夫されている。まず考えられるのは，ペプチド鎖の短縮化である。小型のｍＲＮＡは代謝的に不安定である場合もあるので一概にはいえないかもしれないが，小さい方が転写にも翻訳にも能率がよいに違いない。宿主細胞として酵母を用い，また，プロインシュリンのＣ鎖を短縮したミニプロインシュリンＢ鎖(30)-Arg-Arg-Leu-Gln-Lys-Arg-Ａ鎖(21)のｃＤＮＡを組み込んだプラスミドＣＰＯＴを用いて，Ａ鎖とＢ鎖の間に正しくＳ－Ｓ結合が結ばれたインシュリンを製造することができる[46]。ミニプロインシュリンではなくプロインシュリンのｃＤＮＡを用いたのでは，プロセッシングが円滑に行われずインシュリンは製造されない（プロインシュリンの一次構造は図3.2.11をみよ）。

多量体タンパクをＤＮＡ組換え法で製造するには，種々の困難がある。Ｍ－ＣＳＦ（単量体の構造は図3.2.5参照）はホモ２量体（homodimer)であるが，サブユニット間はＳ－Ｓ結合で結ばれており，単量体としては生物活性をもたない。大腸菌にＭ－ＣＳＦをつくらせるに当って，(1) Ｎ末端のアミノ酸残基を３残基削除する。(2)　つぎに続く３残基のアミノ酸のコドンの３文字目

天然型M－ＣＳＦのＮ末端

AGG AGA AAG CTT ATG GAG GAG GTG TCⒼ GAⒼ TAⒸ TGT ………
　　　　　　　　　Met Glu Glu Val Ser Glu Tyr Cys ………

改造M－ＣＳＦのＮ末端

AGG AGA AAG CTT ATG TCⓉ GAⒶ TAⓉ TGT ………
　　　　　　　　　Met Ser Glu Tyr Cys ………

図3.2.14　M－ＣＳＦ発現ベクターの改良

天然型ではリボゾーム結合配列ＡＧＧＡＧ（下線）が重複して存在する。改造型ではＭ－ＣＳＦの生物活性と無関係なＮ末端の３残基 Glu Glu Valを削除することにより，リボゾーム結合配列の重複を回避した。また，Ser, Glu, Tyrのコドンを変えてＧＣ含量を低くした（○印）。このような改良により１ℓの大腸菌培養により 100mgのdes(1-3)Ｍ－ＣＳＦ（221)が得られた。
（R, Haleubeck ***et al., Bio/Technol.,*** 7, 710-715 '89より引用）

を変えて，ＧＣ含量を低める（図3.2.14）という２つの工夫をすることによって，大腸菌の総タンパク量の10%がM－ＣＳＦとなるほどの高い収率で，M－ＣＳＦ単量体をつくることができる[47]。

M－ＣＳＦ単量体は不溶性の封入体となって回収されるので，８M尿素に溶解し単量体のまま精製した後に，尿素濃度を約１M，タンパク濃度を0.7mg/mlとなるように調整し，酸化型グルタチオン１mMと還元型グルタチオン２mMの存在下ｐＨ 8.5および４℃で４日間放置すると，生物活性をもつ２量体が80%の高収率で得られる。

尿素変性させたタンパク質の巻き戻し(refolding）の条件は，それぞれのタンパク質についてそれぞれ工夫する必要があるだろう。ヒト血清アルブミンの場合は，上述のM－ＣＳＦの場合と異なり，集合体ないしは多量体となることを防ぎつつ単量体として巻き戻させる必要がある。14 mMの２－メルカプトエタノールと１mMＥＤＴＡおよび20μMパルミチン酸の存在下，40℃で透析して尿素を除くという方法で，94%の収率をもって分子内に17個のＳＳ結合をもつアルブミン単量体を得ることができる[48]。

2.5　おわりに

タンパクホルモンに，分泌型と膜型と細胞質型という３種の作業形態があることを2.2.2項で述べた。同じことは受容体タンパクについてもいえる。ＥＧＦ受容体と類似のタンパク質で細胞外に分泌されるタンパクが存在することは，以前から知られていた[49]。他にもＳＴＨ受容体[50]

やＬＨ受容体[51]など，受容体タンパクの部分構造をもつタンパク質が分泌される例が知られている。受容体類似分泌タンパクは，血中でタンパクホルモンと結合するに相違ない。タンパクホルモンの改造体に関する研究の他に，タンパクホルモン受容体を改造して，その構造と機能の関係を探る研究も今後の発展が期待される分野であろう。

プレプロホルモン遺伝子内に，ホルモン遺伝子以外にホルモン類似タンパク質の情報も含まれている例が，いろいろ知られている。ホルモンが産生されるときに，これらのホルモン類似体も同量産生されるのか，ｍＲＮＡのレベルで止り翻訳にまで到らないのか，もしホルモンと等モル数のホルモン類似体が分泌されるのであるとすると，どういう意味があるのか。古くて新しいテーマということができる。意味がない場合と意味がある場合とがあるに違いない。

なお，インシュリン－ＰＥＧやインターロイキン２－ＰＥＧなど，ポリエチレングリコール（ＰＥＧ）をタンパクホルモンと結合させて作成するハイブリッドに関しては，成書[52]を参照されたい。

文　　献

1）　藤野政彦，松尾寿之，化学と工業，**41**，1114（1988）

2）　K. Sakaguchi, M. Fukase, I. Kobayashi, T. Kimura, S. Sakakibara, S. Katsuragi, K. Morita, T. Noda, T. Fujita, *J. Bone Mineral Res.*, **2**, 83（1987）

3）　A. B. Shanafelt, R. A. Kastelein, *Proc. Natl. Acad. Sci. USA*, **86**, 4872（1989）

4）　I. Clark－Lewis, A. F. Lopez, L. B. TO, M. A. Vadas, J. W. Schrader, L. E. Hood, S. B. H. Kent, *J. Immunol.*, **141**, 881（1988）

5）　N. M. Gouch, D. Grail, D. P. Gearing , D. Metcalf, *Eur. J. Biochem.*, **169**, 353（1987）

6）　K. Kaushansky, S. G. Shoemaker, S. Alfaro, C. Brown, *Proc. Natl. Acad. Sci. USA*, **86**, 1213（1989）

7）　I. Clark－Lewis, L. E. Hood, S. B. H Kent, *Proc. Natl. Acad. Sci. USA*, **85**, 7897（1988）

8）　T. Morikawa, E. Munekata, S. Sakakibara, T. Noda, M. Otani, *Experientia*, **15**, 1104（1976）

9）　S. Mammi, M. T. Foffani , E. Peggion, J. C. Galleyrand, J. P. Bali, M. Simonetti, W. Gohring, L. Moroder, E. Wunsch, *Biochemistry*, **28**, 7182（1989）

10）　J. T. Potts Jr., G. W. Tregear , H. T. Keutmann, H. D. Niall, R. Sauer, L. J. Deftos, B. F. Dawson, M. L. Hogan, G. D. Aurbach, *Proc. Natl. Acad. Sci. USA*, **68**, 63（1971）

11)　J. A. Barden, B. E. Kemp, *Eur. J. Biochem.*, **184**, 379 (1989)
12)　B. J. Brandhuber, T. Boone, W. C. Kenney, D. B. Mckay, *Science*, **238**, 1707 (1987)
13)　C. W. Rettenmier, M. F. Roussel, C. J. Sherr, *J. Cell Sci. Suppl.*, 9, 27 (1988)
14)　A. Gray, T. J. Dull, A. Ullrich, *Nature*, **303**, 722 (1987)
15)　S. T. Wong, L. F. Winchell, B. K. McCune, H. S. Earp, J. Teixido, J. Massague, B. Herman, D. C. Lee, *Cell*, **56**, 496 (1989)
16)　R. Brachmann, P. B. Lindquist, M. Nagashima, W. Kohr, T. Lipari, M. Napier, R. Derynck, *Cell*, **56**, 691 (1989)
17)　B. E. Bejcek, D. Y. Li, T. E. Deuel, *Science*, **245**, 1496 (1989)
18)　C. E. Dunbar, T. M. Browder, J. S. Abrams, A. W. Nienhuis, *Science*, **245**, 1493 (1989)
19)　S. J. Burwen, A. L. Jones, *TIBS*, 12, 159 (1987)
20)　J. Clifford, M. Klagsbrun, *Proc. Natl. Acad. Sci. USA*, **77**, 2762 (1980)
21)　S. Bajusz, M. Kovacs, M. Gazdag, L. Bokser, T. Karashima, V. J. Csernus, T. Janaky, J. Guoth, A. V. Schally, *Proc. Natl. Acad. Sci. USA*, **85**, 1635 (1988)
22)　R. Shapiro, E. A. Fox, J. F. Riordan, *Biochemistry*, **28**, 1726 (1989)
23)　D. A. Parsell, R. T. Sauer, *J. Biol. Chem.*, **264**, 7590 (1989)
24)　E. T. Kaiser, F. J. Kezdy, *Science*, **223**, 249 (1984)
25)　D. N. Brems, S. M. Plaisted, H. A. Havel, C. –S. C. Tomich, *Proc. Natl. Acad. Sci. USA*, **85**, 3367 (1988)
26)　B. Landgraf, F. E. Cohen, K. A. Smith, R. Gadski, T. L. Ciardelli, *J. Biol. Chem.*, **264**, 816 (1989)
27)　M. Seno, R. Sasada, M. Iwane, K. Sudo, T. Kurokawa, K. Ito, K. Igarashi, *Biochem. Biophys. Res. Comm.*, **151**, 701 (1988)
28)　H. Koide, S. Yokoyama, G. Kawai, J. –M. Ha, T. Oka, S. Kawai, T. Miyake, T. Fuwa, T. Miyazawa, Proc. *Natl. Acad. Sci. USA*, **85**, 6237 (1988)
29)　A. Baker, A. D. Grossman, C. A. Gross, *Proc. Natl. Acad. Sci. USA*, **81**, 6779 (1984)
30)　宮地宏昌，第7回次世代産業基盤技術シンポジウム（バイオテクノロジー）予稿集，3 (1989)
31)　J. U. Bowie, R. T. Sauer, *J. Biol. Chem.*, **264**, 7596 (1989)
32)　G. P. Schwartz, G. T. Burke, P. G. Katsoyannis, *Proc. Natl. Acad. Sci. USA*, **86**, 458 (1989)
33)　C. J. Bagley, B. L. May, L. Szabo, P. J. McNamara, M. Ross, G. L. Francis, F. J. Ballard, J. C. Wallace, *Biochem. J.*, **259**, 665 (1989)
34)　M. Rosenblatt, *New Engl. J. Med.*, **315**, 1004 (1986)
35)　M. Kubota, K. W. Ng, J. Murase, T. Noda, J. M. Moseley, T. J. Martin, *J. Endocr.*, **108**, 261 (1986)
36)　C. G. Unson, E. M. Gurzenda, K. Iwasa, R. B. Merrifield, *J. Biol. Chem.*, **264**, 789 (1989)

37)　D. C. Heimbrook, W. S. Saari, N. L. Balishin, A. Fridman, K. S. Moore, M. W. Riemen, D. M. Kiefer, N. S. Rotberg, J. W. Wallen, A. Oliff, *J.Biol. Chem.*, **264**, 11258 (1989)

38)　J. Brange, U. Ribel, J. F. Hansen, G. Dodson, M. T. Hansen, S. Havelund, S. G. Melberg, F. Norris, K. Norris, L. Snel, A. R. Sorensen, H. O. Voigt, *Nature*, **333**, 679 (1988)

39)　F. Fischel−Ghodsian, L. Brown, E. Mathiowitz, D. Brandenburg, R. Langer, *Proc. Natl. Acad. Sci. USA*, **85**, 2403 (1988)

40)　K. Takada, Y. Tohyama, M. Oohashi, H. Yoshikawa, S. Muranishi, A. Shimosaka, T. Kaneko, *Chem. Pharm. Bull.*, **37**, 838 (1989)

41)　T. N. Oeltmann, E. C. Heath, *J.Biol. Chem.*, **254**, 1022 (1979)

42)　T. N. Oeltmann, E. C. Heath , *J.Biol. Chem.*, **254**, 1028 (1979)

43)　R. A. Roth, B. A. Maddux, K. Y. Wong, T. Iwamoto, I. D. Goldfine, *J.Biol. Chem.*, **256**, 5350 (1981)

44)　C. A. Hofmann, R. M. Lotan, W. W. Ku, T. N. Oeltmann, *J.Biol. Chem.*, **258**, 11774 (1983)

45)　S. Bajusz, T. Janaky, V. J. Csernus, L. Bokser, M. Fekete, G. Srkalovic, T. W. Redding, A. V. Schally, *Proc. Natl. Acad. Sci. USA*, **86**, 6313 (1989)

46)　L. Thim, M. T. Hansen, A. R. Sorensen, *FEBS Lett.*, **212**, 307 (1987)

47)　R. Halenbeck, E. Kawasaki, J. Wrin, K. Koths, *Bio/Tech.*, **7**, 710 (1989)

48)　S. J. Burton, A. V. Quirk, P. C. Wood, *Eur. J.Biochem.*, **179**, 379 (1989)

49)　W. Weber, G. N. Gill, J. Spiess, *Science*, **224**, 294 (1984)

50)　D. W. Leung, S. A. Spencer, G. Cachianes, R. G. Hammonds, C. Collins, W. J. Henzel, R. Barnard, M. J. Waters, W. I. Wood, *Nature*, **330**, 537 (1987)

51)　H. Loosfelt, M. Misrahi, M. Atger, R. Salesse, M. T. V. H. −L. Thi, A. Jolivet, A. Guiochon−Mantel, S. Sar, B. Jallal, J. Garnier, E. Milgrom, *Science*, **245**, 525 (1989)

52)　稲田祐二, タンパク質ハイブリッド（ここまできた化学修飾）共立出版, (1987) 同続 (1988)

第4章 その他のタンパク質の機能改変

― プロテアーゼインヒビター ―

小島修一*，熊谷　泉**

1　はじめに

プロテアーゼは動物，植物，微生物の細胞内・外を問わず生物界に広く分布し，タンパク質の分解作用を通して重要な役割を果たしている。血液凝固系における前駆体からの活性化やリソソームにおける異物の分解などはその一例である。このようなプロテアーゼの活性を抑制するインヒビターもまた，プロテアーゼ量の調節という点で重要であろう。プロテアーゼインヒビターの研究は昔から活発に行われており，様々な生物種から多様な構造をもつインヒビターが単離精製され，構造解析がなされてきた。プロテアーゼとの複合体のX線構造解析により阻害機構について議論されているものも多い[1)~3)]。このようにプロテアーゼインヒビターはその構造と機能に関する研究が昔からさかんに行われてきたが，特に近年においては遺伝子工学の手法を用いたアミノ酸の部位特異的変異が可能となり，インヒビターの構造と機能の関係についてより深く追求することができるようになった。このタンパク質工学的手法はα_1－プロテイナーゼインヒビター，BPTI，SSI，シスタチンAなどに適用されているが，タンパク質工学の手法によって明らかにされた成果にこだわらず，昔から種々の方法によって明らかにされてきたプロテアーゼインヒビターの構造と機能の相関関係について概説したい。

プロテアーゼは作用機作からペプチド鎖の一端から切断するエキソ型と内部を切断するエンド型に分けられる。また触媒基により，セリンプロテアーゼ，チオールプロテアーゼ，酸性プロテアーゼ，メタロプロテアーゼに分類される。インヒビターの方もこの分類に従って分けられるので，以下この分類にならって述べる。

2　セリンプロテアーゼインヒビター

セリンプロテアーゼのインヒビターは上記のインヒビターの中では最も研究の進んでいる一群である。様々な生物種から多くのインヒビターが精製され，一次構造のみならず，プロテアーゼ

---

*　Shuichi Kojima　東京大学　工学部　工学化学科
**　Izumi Kumagai　東京大学　工学部　工業化学科

との複合体のX線結晶構造解析まで行われているものも多い。このセリンプロテアーゼインヒビターはその阻害機構により大きく2つに分類される。血漿中に存在し，血液凝固因子などを制御しているSerpin（Serine Protease Inhibitor）[3] と総称される一群と，タンパク質としては比較的小さく，微生物から動植物にまで広く分布している一群である[2]。プロテアーゼとの相互作用において重要な役割をしているのが反応部位の周辺領域である。Serpin族インヒビターはこの反応部位のペプチド結合が切断を受け，プロテアーゼとアシル体を形成して阻害するのに対し，後者のインヒビターでは反応部位は切断されず，プロテアーゼとミハエリス複合体を形成して阻害している（図4.2.1）。

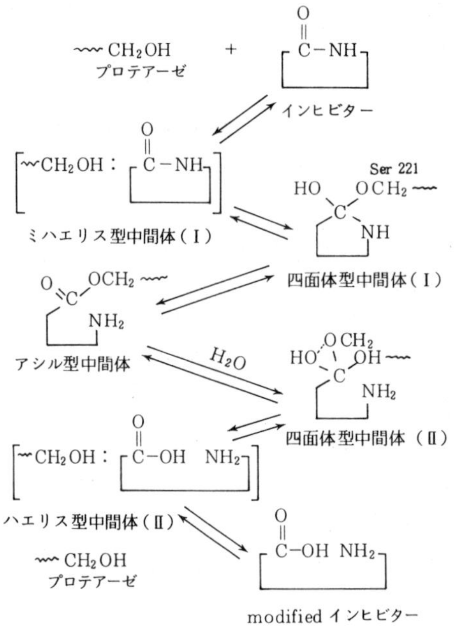

図4.2.1　プロテアーゼとインヒビターの複合体形成の模式図

プロテアーゼには種々の特異性を持つものがあるが，インヒビターの方にもプロテアーゼに対する特異性がある。この特異性の決定に重要な役割をしていると考えられているのが，反応部位のN端側に存在するアミノ酸残基，P1部位（これらの定義については図4.2.2参照）である。たとえば，エラスターゼやキモトリプシンを阻害するインヒビターでは Metや Leu，またトリプシンやトロンビンを阻害するインヒビターでは Argとなっており，インヒビターのＰ１部位のアミノ酸残基とそのインヒビターによって阻害されるプロテアーゼの基質特異性の間には高い相関関係があることがわかる。それゆえインヒビターのＰ１部位を変換することによりプロテアーゼに対する特異性を変えることが可能であると考えられる。

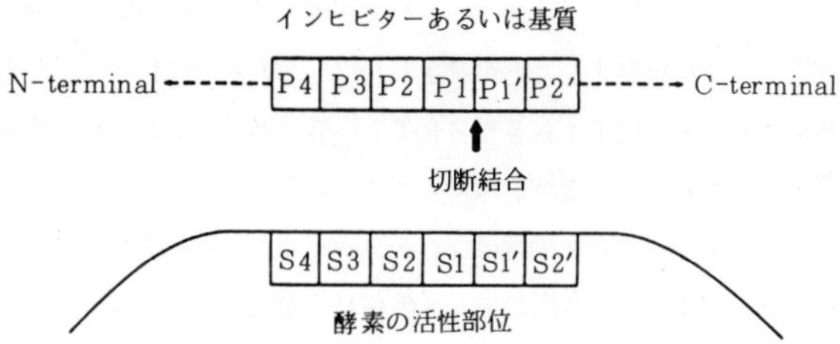

図4. 2. 2　Ｐ *n*部位などの定義

このＰ１部位のアミノ酸残基の変換については Laskowskiらがダイズの Kunitz型トリプシンインヒビター（ＳＴＩ）を用いて最初に行った[4]。彼らはプロテアーゼとカルボキシペプチダーゼを用いて酵素的にＰ１部位の Argを Trpに変換し，プロテアーゼに対する特異性をトリプシンからキモトリプシンに変えることに成功した。しかしながらこの方法はすべてのインヒビターに適用できるわけではなかった。一方，遺伝子工学的手法を用いた部位特異的変異法では自由なアミノ酸残基の置換が可能である。このタンパク質工学の手法によるＰ１部位の変換については，Serpin族インヒビターであるα_1－プロテイナーゼインヒビターで最初に行われた。このインヒビターはエラスターゼを強く阻害するが，Ｐ１部位を Metから Argにすることによりトロンビンを阻害するようになった[5]。また Metは酸化を受けやすいが，Val に変換することにより，エラスターゼに対する阻害活性を保持したまま，酸化剤に対する抵抗性が上昇した[5,6]。さらにＰ１部位を PheにすることによりカテプシンＧを阻害するようになること[7]や，Cys に変換した後 Cys にアミノエチル基を付加することによりトリプシンに対する阻害活性が上昇することが報告されている[8]。

ミハエリス複合体を形成するインヒビターについても遺伝子工学によるＰ１部位の変換が行われ，ウシ膵臓トリプシンインヒビター（ＢＰＴＩ）の Lysを Leuに変えることによりエラスターゼ[9]を，また放線菌サブチリシンインヒビター（ＳＳＩ）の Metを Lysあるいは Tyrに変えることによりそれぞれトリプシン，キモトリプシンを阻害するようになることが明らかになった[10]。トロンビンに対する臨床的にも有用なインヒビターであるヒルジンの反応部位はこれまで不明であったが，タンパク質工学の手法を用いることにより，Lys47と同定された[11]。さらにGlu47変異体の２次元NMRによる構造解析も行われている[12]。

ミハエリス複合体を形成するインヒビターは分子量が比較的小さいということから，化学的に一部あるいは全合成をして変異体が作製されているものもある。特に化学合成であると非天然のアミノ酸を導入できるという利点がある。実際にＢＰＴＩのＰ１部位にAla，Val，Leuの他にノルロイシン，アロイソロイシン，ノルバリンなどが導入され，これらの変異ＢＰＴＩがキモトリプシンやエラスターゼを阻害することが示された[13]。またウリ科の種子から得られる28〜29残基のインヒビターであるＣＭＴＩ－ⅡやＥＥＴＩ－ⅡについてもＰ１部位の変異体が合成され，プロテアーゼに対する特異性の変換が報告されている[14),15]。

このようにインヒビターのＰ１部位はプロテアーゼに対する特異性の決定に重要な役割をしており，それゆえＰ１部位ただ１個所のアミノ酸残基の変換により，プロテアーゼに対する特異性を容易に変えることが可能な場合が多い。

Ｐ１部位以外の部位についても変換が行われ，阻害活性に対する影響が調べられている。Ｐ１部位のＣ端側に存在するＰ１′部位に関して変換が行われ，α_1－プロテイナーゼインヒビターのSer359をAlaに変えても種々のプロテアーゼに対する阻害活性はＰ１部位の変換に伴うものほど大きく変化しないことがわかった[16]。一方，アンチトロンビンⅢのSer394を種々のアミノ酸に変換し，トロンビンに対する阻害活性を測定したところ，Ala，Glyではさほど変化しなかったが，Val，Leu，Met，Proなどでは極端に低下することが明らかになった[17]。ミハエリス複合体を形成するインヒビターではボーマン・バーグ型のインヒビターでＰ1′部位の変換が化学合成により行われ，インヒビターによりＰ1′部位変換の効果が異なることがわかった[18),19]。またＳＳＩではＰ４部位の変換の効果がトリプシン型およびサブチリシン型のプロテアーゼで異なることが明らかになり，これはプロテアーゼの基質結合部位の構造の違いに基づくことが示唆されている[20]。

一方，このような人工的な変異体ではなく天然に存在する変異体を用いた解析も行われている。Laskowskiらは卵白に含まれるオボムコイド・ドメイン３を100種類以上の鳥類から集め，アミノ酸配列および阻害定数の決定を行った[21),22]。その結果，Ｘ線構造解析よりプロテアーゼと接触している領域でアミノ酸置換の頻度が高く，またこのような領域におけるアミノ酸置換によりプロテアーゼに対する阻害定数が大きく変化することがわかった。すなわち，プロテアーゼとの相互作用において重要な役割をしている部位でアミノ酸置換の頻度が高い，という分子進化の中立説に反するような進化をしていることになり，興味深い事実である。同様の現象はSerpin族のインヒビター[23]やＢＰＴＩファミリー[24]でも見出されており，セリンプロテアーゼインヒビターに一般的に言えることなのであろう。一次構造の比較から，オバルブミンやアンジオテンシノーゲンもSerpin族に属すると考えられるが，これらにはインヒビター活性はなく，発散型進化の一例であると言える[3]。

さてプロテアーゼインヒビターの構造と機能を考えるうえで，今まで述べてきたプロテアーゼに対する特異性や阻害の強さがどのようなしくみで決められているのか，ということの他に重要な点として，なぜインヒビターはプロテアーゼにより分解されないのか，ということがあげられる。人工あるいは天然の変異体の解析から，反応部位周辺は目的のプロテアーゼの基質類似構造を持っていることが明らかにされているが，なぜ切断を受けないのであろうか？　この点に関してプロテアーゼとインヒビターの複合体のX線構造解析からもいろいろと議論されている[1]。それらのことを総合して考え合わせると，インヒビターの反応部位近傍のコンホメーションは基質のそれと類似しているにもかかわらず，それが切断されないように周りから支えられているようである。

ファミリー	代表的インヒビター	S－Sの数	S－Sの位置
Ⅰ	BPTI	3	
Ⅱ	PSTI，オボムコイド	3	
Ⅲ	SSI	2	
Ⅳ	STI	2	
Ⅴ	ボーマン・バーク型インヒビター	7	
Ⅵ	ポテトⅠインヒビター	1	
Ⅶ	ポテトⅡインヒビター	6（3）	
Ⅷ	カイチュウ・トリプシンインヒビター	5	

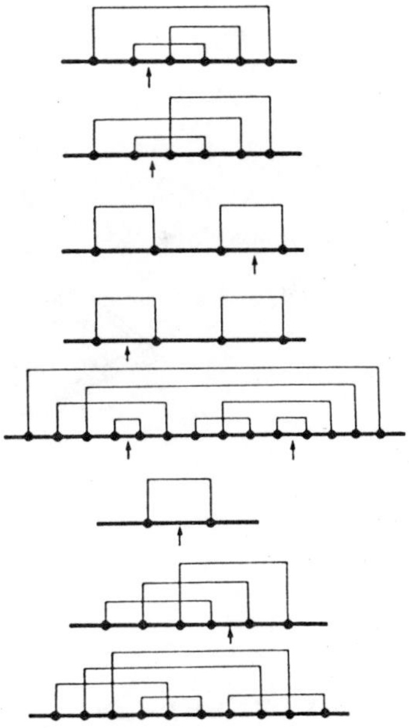

図4.2.3　種々のセリンプロテアーゼインヒビターとS－S結合の位置

ミハエリス複合体を形成するインヒビターはその一次構造やジスルフィド結合の位置などから図4.2.3 のように分類されているが，これらのインヒビターは分子量のわりには分子内に比較的多くのジスルフィド結合を持っており，反応部位近傍にジスルフィド結合が存在する場合が多い。すなわちジスルフィド結合が存在することにより反応部位近傍のコンホメーションが固くなり（自由度が低くなり），その固さによってインヒビターがプロテアーゼに切断されるのを防いでいると考えられている。遺伝子工学の手法を用いて反応部位近傍のジスルフィド結合を取り除くことにより，本来はインヒビターであるものが基質のようにして分解されてしまうことがＳＳＩで確かめられている。またエグリンＣや大麦のキモトリプシンインヒビター２のように分子内にジスルフィド結合がないインヒビターでは，２個の Argの側鎖により反応部位近傍が支えられていることがＸ線構造解析により明らかにされている（図4.2.4）[25),26)]。ともかく何らかの構造により反応部位近傍の主鎖の自由度が低く抑えられることにより，プロテアーゼによる切断を防いでいるようである。

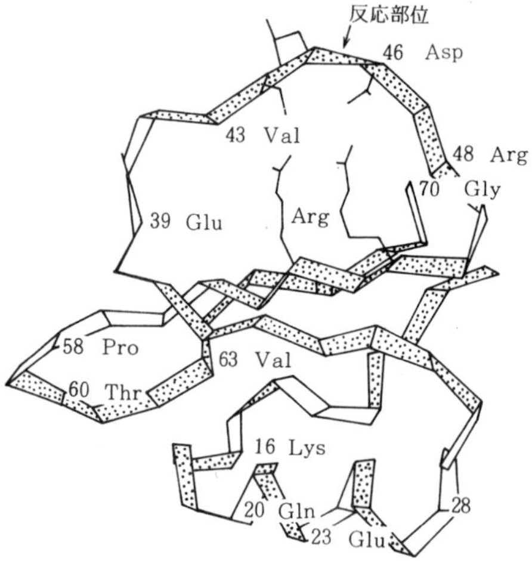

図4.2.4　エグリンＣの立体構造

Serpin族のインヒビターに関しては反応部位が切断された後，プロテアーゼと安定なアシル体を形成することによりプロテアーゼを阻害しているわけであるが，これらのインヒビターでは切断を受ける前は構造的に不安定であるため，プロテアーゼとはミハエリス複合体を形成せず，さらに反応が進んで熱力学的に安定なアシル体に落ち着くものと考えられている[3)]。

今まではプロテアーゼインヒビターとして見た場合の構造と機能に関する研究の例であったが，ミハエリス複合体を形成するインヒビターはその分子量の小ささから他の研究ターゲットとして用いられる場合が多い。その１つが，タンパク質のfolding の研究に用いられてきたＢＰＴＩである。

ＢＰＴＩは分子内に３個のジスルフィド結合を持つ，アミノ酸56個より成るタンパク質である。Creighton の精力的な研究により，ＢＰＴＩのfolding 過程における中間体やその中間体の構造（ジスルフィド結合のかかり方など）や，各中間体の生成の速度定数が詳細に調べられている(図4.2.5)[27]。それゆえ遺伝子工学により作成した変異体の解析により，タンパク質のfolding における各アミノ酸残基の役割を調べることができる。その結果，反応部位近傍のジスルフィド結合を取り除いても，反応速度は変わるものの正しくfolding していくこと[28),29)] や，Tyr23, Tyr35，Asn43の各中間体間の反応速度および中間体の安定化に対する寄与[30] などが明らかにされた。

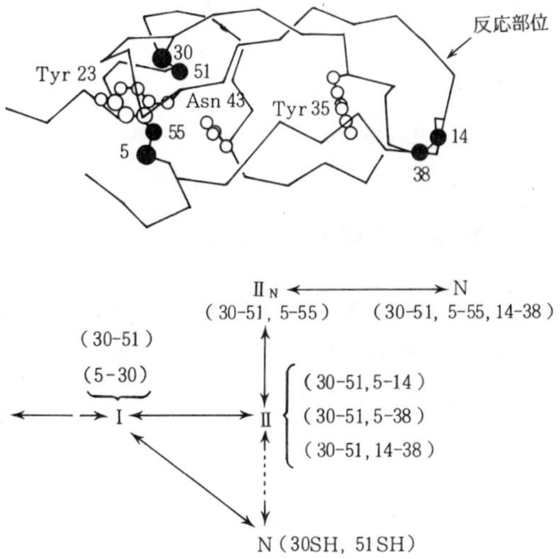

図4.2.5　ＢＰＴＩの立体構造およびfolding の中間体の構造

（数字はＳ－Ｓの位置を示す）

また近年，２次元ＮＭＲにより溶液状態におけるタンパク質の立体構造を決める研究が行われるようになってきたが，そのターゲットとしてプロテアーゼインヒビターが用いられている場合も多い。ＢＰＴＩ[31]，オボムコイド・ドメイン３（七面鳥)[32]，ヒルジン，ウリ科のインヒビター（ＥＥＴＩⅡ)[33]などで２次元ＮＭＲが測定され，ピークの完全帰属や，Ｘ線構造解析とは独立に立体構造の決定などがなされてきた。ピークの完全帰属がされればアミノ酸置換等に伴う構造変化も詳細に検討することが可能であり，Ｘ線構造解析よりも手軽という点で有用である。

さて，セリンプロテアーゼインヒビターのいくつかについて，他の興味ある生理機能が見出された。

１つはヒトの肝がん細胞より分泌される内皮細胞成長因子の一次構造を決定したところ，ＰＳＴＩと高い相同性を示したことであり[34]，成長因子としてのプロテアーゼインヒビターとして興味深い。また腫瘍ができたり，炎症により血中のＰＳＴＩ濃度が高くなることも報告され，医学的にも重要である。

もう１つは老人性痴呆症の１つであるアルツハイマー病においてアミロイドβタンパク質の沈着が観察されるが，このタンパク質の前駆体のｃＤＮＡの１つにプロテアーゼインヒビターと類似構造をもつ領域が見出されたことである[35)~37]。さらにこの領域が確かにトリプシン阻害活性を持つことが確かめられた。アルツハイマー病におけるβタンパク質沈着の機構を解明するうえで重要な発見の１つであろう。

以上のようにセリンプロテアーゼインヒビターはその数や生理機能も多様である。今後も新しいインヒビターが発見され，生理機能との関連で議論されることも多くなるものと思われる。

３　チオールプロテアーゼインヒビター

チオールプロテアーゼには植物由来のパパイン，動物由来でリソソームに存在するカテプシンＢ，Ｈ，Ｌおよびカルシウム依存性中性プロテアーゼ（ＣＡＮＰ）などがある。これらのプロテアーゼに対するタンパク性のインヒビターは大きく２つに分けられる[1]。シスタチンスーパーファミリーとＣＡＮＰインヒビターである。

シスタチンスーパーファミリーは一次構造の相同性からさらに３つに分けられる。ヒトシスタチンＡ，Ｂのようにジスルフィド結合を持たない細胞内型のファミリー１，ヒトシスタチンＣ，Ｓのようなジスルフィド結合を持ち，分泌型のファミリー２，およびキニノーゲンなどのファミリー３である。キニノーゲンは血圧降下作用や平滑筋収縮作用などを示すキニンの前駆体であるという点で興味深い。またこのキニノーゲンは相同性のある３つのドメインから構成されており，遺伝子重複によって生じたものと考えられている。最近ヒト高ヒスチジン糖タンパク質やフィブロネクチンと相同性があることも報告された。

特異性に関してはセリンプロテアーゼインヒビターに見られたような厳密性はない。ただシスタチンファミリーのインヒビターはキニノーゲンのドメイン2を除いてＣＡＮＰを阻害できない。

反応部位の同定や阻害機構に関してはそれほどまだ研究が進んでいないが，シスタチンスーパーファミリーの一次構造を見ると，Ｎ末端領域の Glyと，分子中央部のＱＶＶＡＧが比較的保存されており，これらの領域が阻害活性の発現になんらかの役割をしていると考えられる[1]。ラットシスタチンα，ヒトシスタチンＣ，Ｓおよび卵白シスタチンなどでＮ末端領域数残基が欠失すると阻害活性が低下，消失することや[38),39)]，ラットシスタチンβの Cys 3がグルタチオンと結合すると不活性になること[40)]が報告されており，確かにＮ末端領域が重要な役割をしているようである。一方，遺伝子工学の手法を用いてヒトシスタチンＡのＱＶＶＡＧ配列にアミノ酸置換が施された[41)]。その結果，Glnを Lys，あるいは3番目の Valを Thrに変換しても阻害活性はそれほど変化せず，この配列自体はそれほど重要でないことが明らかにされた。

また卵白シスタチンのＸ線構造解析がなされ[42)]，分子中央部の Gln53〜Gly57，Ｎ末端領域の Gly 9〜Ala10 およびＣ末端領域のPro103〜Trp104によって形成されるくさび型のエッジ構造がパパインの活性中心と相補的になることがわかり，パパインと卵白シスタチンの結合のモデルが示された。この結果は先ほど述べたものとも合致する部分が多い。すなわちＮ末端領域，分子中央部などの保存配列によって形成される構造がシスタチンの阻害活性発現に重要であるようである。この点に関しては今後，複合体のＸ線構造解析によって明らかになっていくものと思われる。ただチオールプロテアーゼインヒビターの阻害機構は，セリンプロテアーゼインヒビターのそれと若干異なるのは確かであろう。

一方，ＣＡＮＰインヒビターはＣＡＮＰのみを阻害するインヒビターであり，ＴＩＰＰＥＹＲをほぼ共通配列として含む3個あるいは4個のドメインから構成されていることが明らかになっている[43)]が，さらに詳細な阻害機構はまだ検討中である。

近年，チオールプロテアーゼインヒビターに関連して興味深い報告があった。1つはピコルナウイルスの1つであるポリオウイルスの複製において，前駆体タンパク質のプロセッシングに3Ｃと呼ばれるチオールプロテアーゼが関与しており，さらにこのウイルスの感染がシスタチンにより抑制されたこと[44)]であり，抗ウイルス剤として注目されている。もう1点は，がん遺伝子 *ras*の産物*ras*$^{1\sim177}$がカテプシンＬを強く阻害したことである[45)]。これは *ras*の生理機能を考えるうえでも重要な発見であると思われる。

以上チオールプロテアーゼインヒビターは，阻害機構などについてもセリンプロテアーゼインヒビターほど研究が進んでいない。今後，タンパク質工学の手法や複合体のＸ線構造解析により，それらが明らかになることが期待される。

4　メタロプロテアーゼインヒビター

メタロプロテアーゼは活性中心にZn^{2+}などの金属イオンを含むプロテアーゼであり，コラーゲナーゼ，サーモリシンのようなエンドペプチダーゼと，カルボキシペプチダーゼA，Bなどのようなエキソペプチダーゼがある。

これらに対するタンパク性のインヒビターで一次構造が決定されているものとしては次の3つがある。

動物の組織からコラゲナーゼ阻害物質としてＴＩＭＰ（Tissue inhibitor of metalloprotease）が単離され，ｃＤＮＡの解析より183 残基より成ることが明らかになっている[46]。プロテアーゼとは１：１の複合体を形成するが，阻害機構等はまだ不明である。

放線菌からはサーモリシン阻害物質としてＳＭＰＩ（*Sterptomyces* metalloprotease inhibitor)が単離されている。102残基より成り[47]，反応部位は切断実験より Cys64～Val65 と予想されている。なお別の放線菌よりセリンプロテアーゼインヒビターとして単離されたＳＳＩが放線菌のメタロプロテアーゼを阻害することが明らかになり，反応部位の同定を含め興味深い発見である。

これらのインヒビターはエキソペプチダーゼを阻害できないが，ポテトからカルボキシペプチダーゼAを阻害するインヒビターが単離され，プロテアーゼとの複合体の立体構造も明らかにされている。その結果，Ｃ末端である Gly39が切断された後，Ｃ末端領域がカルボキシペプチダーゼAのＳⅠ～Ｓ３ポケットにがっちりと入り込む形で阻害していることが明らかにされた[48]。またこのインヒビターはジスルフィド結合のかかり方などが，先に述べたウリ科のインヒビター（ＥＥＴＩ－Ⅱ）と類似していることに注目して，図4.4.1に示すような32残基からなる，トリ

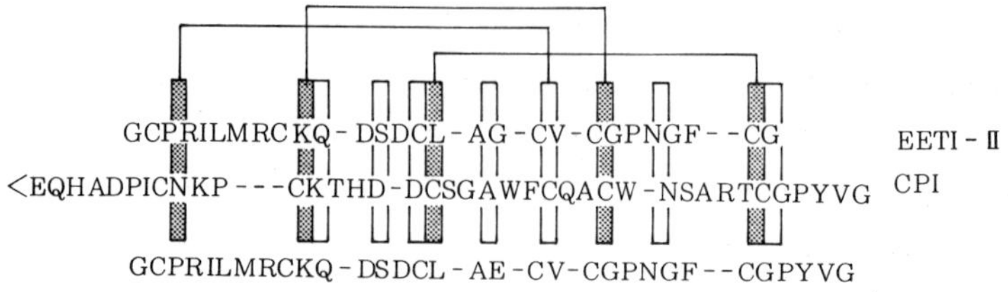

図4.4.1　セリンプロテアーゼインヒビター（ＥＥＴＩ－Ⅱ），カルボキシペプチダーゼＡインヒビター（ＣＰＩ）およびキメラインヒビターの一次構造

プシンとカルボキシペプチダーゼAを同時に阻害するキメラインヒビターが設計され[49]，今後のインヒビターの設計のよい指針になるものと思われる。

以上メタロプロテアーゼインヒビターに関しては単離された数も少なく，阻害機構の研究を含め，まだ始まったばかりであると言える。

5　酸性プロテアーゼ・インヒビター

酸性プロテアーゼは活性中心に２つの酸性アミノ酸を持つプロテアーゼであり，今までは２つの酸性アミノ酸として Aspを持つペプシン，カテプシンD，レニンなどが知られていたが，最近２つのAspのうち１つがGluで置換されていると思われるものが*Scytalidium*から単離された[50]。レニンに対するインヒビターは抗高血圧剤として有用である。

また最近になりＡＩＤＳのもととなるＨＩＶなどのレトロウイルスにコードされ，ウイルスタンパク質の成熟に関与するプロテアーゼの一次構造が酸性プロテアーゼを２分するドメインと相同性のあることがわかり，二量体として機能するモデルが提唱された[51]。これはその後証明され，さらに大量発現されたＨＩＶ－１のプロテアーゼのＸ線構造解析により，立体構造も明らかにされ[52),53]，ホットな話題の１つとなっている。

これら酸性プロテアーゼに対するインヒビターとしては，低分子性のペプスタチンが有名であり，これがＨＩＶ－１の酸性プロテアーゼを阻害することも確かめられている[54]。

しかしながら酸性プロテアーゼに対するタンパク性のインヒビターは現在のところまだ単離されていない。タンパク性インヒビターは一般に結合が強いため，ＨＩＶ－１のプロテアーゼ，レニンなど重要なプロテアーゼに対する特異的なインヒビターを単離あるいは設計することは今後も重要な研究の１つとなるものと思われる。

以上述べてきたように，プロテアーゼインヒビターは，タンパク質でありながらプロテアーゼにより分解されない，というユニークな性質を持つ。それゆえ構造と機能に関する研究は興味深いものであるが，最近はインヒビター活性以外の機能も見つかり，さらに研究のひろがりを見せている。今後もさらに発展することが期待される。

文　　献

1）　A. J. Barrett, G. Salvesen（eds.）“Proteinase Inhibitors”, Elsevier, Amsterdam（1986）

2) M. Laskowski, Jr., I. Kato, *Ann. Rev. Biochem.*, **49**, 593 (1980)
3) J. Travis, G. S. Salvesen, *Ann. Rev. Biochem.*, **52**, 655 (1983)
4) D. Kowalski, *et al.*, *Bayer Symp.*, **5**, 311 (1974)
5) M. Courtney, *et al.*, *Nature*, **313**, 149 (1985)
6) S. Rosenberg, *et al.*, *Nature*, **312**, 77 (1984)
7) S. Jallat, *et al.*, *Protein Engng*, **1**, 29 (1986)
8) N. R. Matheson, *et al.*, *J. Biol Chem.*, **261**, 10404 (1986)
9) B. von Wilcken-Bergmann, *et al.*, *EMBO J.*, **5**, 3219 (1986)
10) K. Miura, *et al.*, *Proc. Japan Acad*, **64B**, 147 (1986)
11) P. J. Braun, *et al.*, *Biochemistry* , **27**, 6517 (1988)
12) P. J. M. Folkers, *et al.*, *Biochemistry*, **28**, 2601 (1989)
13) J. Beckmann, *et al.*, *Eur. J.Biochem.*, **176**, 675 (1988)
14) C. A.McWherter, *et al.*, *Biochemistry*, **28**, 5708 (1989)
15) A. Favel, *et al.*, *Biochem. Biophys. Res. Commun.*, **162**, 79 (1989)
16) N. Matheson, *et al.*, *Biochem. Biophys. Res. Commun.*, **159**, 271 (1989)
17) A. W. Stephens, *et al.*, *J. Biol. Chem.*, **263**, 15849 (1988)
18) T. Kurokawa, *et al.*, *J. Biochem.*, **101**, 723 (1987)
19) T. Kurokawa, *et al.*, *J. Biochem.*, **102**, 621 (1987)
20) S. Kojima. *et al.*, *Protein Engng*, in press
21) M. W. Empie, M. Laskowski, Jr., *Biochemistry*, **21**, 2274 (1982)
22) M. Laskowski. Jr., *et al.*, *Biochemistry*, **26**, 202 (1987)
23) R. E. Hill, N. D. Hastie, *Nature*, **326**, 96 (1987)
24) T. E. Creighton, I. G. Charles, *Cold Spring Harbor Symp. Quant. Biol.*, **52**, 511 (1987)
25) W. Bode, *et al.*, *Eur. J.Biochem.*, **147**, 387 (1985)
26) C. A. McPhalen, *et al.*, *Proc. Natl. Acad. Sci. USA*, **82**, 7242 (1985)
27) T. E. Creighton, J. Phys. *Chem.*, **89**, 2452 (1985)
28) C. B. Marks, *et al.*, *Science*, **235**, 1370 (1987)
29) D. P. Goldenberg, *Biochemistry*, **27**, 2481 (1988)
30) D. P. Goldenberg, *et al.*, *Nature*, **338**, 127 (1989)
31) G. Wagner, *et al.*, *J.Mol. Biol.*, **196**, 611 (1987)
32) A. D. Robertson, *et al.*, *Biochemistry*, **27**, 2519 (1988)
33) A. Heitz, *et al.*, *Biochemistry*, **28**, 2392 (1989)
34) W. L. McKeehan, *et al.*, *J.Biol. Chem.*, **261**, 5378 (1986)
35) P. Ponte, *et al.*, *Nature*, **331**, 525 (1988)
36) R. E. Tanzi, *et al.*, *Nature*, **331**, 528 (1988)
37) N. Kitaguchi, *et al.*, *Nature*, **331**, 530 (1988)
38) A. Takeda, *et al.*, *Biochem. Int.*, **11**, 557 (1985)
39) M. Abrahamson, *et al.*, *J.Biol. Chem.*, **262**, 9688 (1987)
40) N. Wakamatsu, *et al.*, *J.Biol. Chem.*, **259**, 13822 (1984)
41) T. Nikawa, *et al.*, *FEBS Lert.*, **255**, 309 (1989)

42) W. Bode, *et al.*, *EMBO J.*, **7**, 2593 (1988)
43) Y. Emori, *et al.*, *Proc. Natl. Acad. Sci. USA*, **84**, 3590 (1987)
44) B. D. Korant, *et. al.*, *Biochem. Biophys. Res. Commun.*, **127**, 1072 (1985)
45) T. Hisawa, *et. al.*, *FEBS Lett.*, **211**, 23 (1987)
46) A. J. P. Docherty, *et al.*, *Nature*, **318**, 66 (1985)
47) H. Murai, *et al.*, *J.Biochem.*, **97**, 173 (1985)
48) D. C. Rees, W. N. Lipscomb, *Proc. Natl. Acad. Sci. USA*, **77**, 4633 (1980)
49) D. Le−Nguyen, *et al.*, *Biochem. Biophys. Res. Commun.*, **162**, 1425 (1989)
50) D. Tsuru, *et al.*, *J.Biochem.*, **99**, 1537 (1986)
51) L. H. Pearl, W. R. Taylor, *Nature*, **329**, 351 (1987)
52) M. A. Navia, *et al.*, *Nature*, **337**, 615 (1989)
53) R. Lapatto, *et al.*, *Nature*, **342**, 299 (1989)
54) S. Seelmeier, *et al.*, *Proc. Natl. Acad. Sci. USA*, **85**, 6612 (1988)

第２編　新しいタンパク質作成技術とアロプロテイン

第5章 アロプロテイン合成法

河野俊之[*1]，横山茂之[*2]，宮澤辰雄[*3]

1 アロプロテイン (Alloprotein)作成の原理と意義

1.1 アロプロテインとは

タンパク質の機能を強化したり改変しようとすると，現在のプロテインエンジニアリングでは，部位特異的変異法（site−directed mutagenesis）を用いて，アミノ酸残基を置換したり，化学修飾剤を用いて，特定のアミノ酸残基を修飾するという考え方をする。しかし，部位特異的変異法で置換できるアミノ酸残基は，天然のタンパク質合成系で用いられている20種のアミノ酸に限られている。また，化学修飾のできるアミノ酸残基は反応性の高い側鎖を持ち，しかもタンパク質表面に存在しなくてはならないという制約がある。我々は，タンパク質がわずか20種のアミノ酸から構成されており，残基を置換する場合もこの20種類の中から選ばなくてはならないところに従来のプロテインエンジニアリングの限界があると考え，20種類の天然型アミノ酸以外のアミノ酸（非天然型アミノ酸）をタンパク質に導入することによって，この限界を突破しようと試みた。そして様々な非天然型アミノ酸を組み込んだアロプロテイン（Alloprotein)を作成したので紹介する。

非天然型アミノ酸をタンパク質に組み込むことの意義は，大きくわけて二つあると考えられる。まず第一は，20種類のアミノ酸とは異なる反応性や機能を持つアミノ酸を組み込むことにより，タンパク質に全く新しい機能をもたらすことができることである。具体的には，特徴的なケイ光を持ったアミノ酸，クロスリンクができるような反応基を側鎖に持つアミノ酸，中性付近にｐKａを持つアミノ酸（これを組み込むことにより，ｐＨの変化で反応性を自由に制御し得る）などが，考えられる。第二の意義は，タンパク質の活性部位を構成するアミノ酸残基の配置をきめ細かに調節できるということである。例えば，活性部位にアスパラギン酸を持つタンパク質があるとして，このアスパラギン酸残基を１メチレン基だけ伸ばすことによって基質特異性を変えたいと考えるとする。その場合，現在のタンパク質工学における部位特異的変異法を用いてアスパラ

＊1 Toshiyuki Kohno　東京大学　理学部　生物化学科

＊2 Shigeyuki Yokoyama　東京大学　理学部　生物化学科

＊3 Tatsuo Miyazawa　横浜国立大学　工学部　物質工学科

ギン酸をグルタミン酸に変えればよいので容易である。しかし，同様の考え方で，例えばリジン残基を１メチレン基だけ伸ばしたアミノ酸や，１メチレン基だけ縮めたアミノ酸に置換しようとしても20種類のアミノ酸の中には，そのようなアミノ酸が存在しないので，従来の方法では不可能である。アロプロテイン作成技術は，このような時に威力を発揮すると考えられる。

1.2　アロプロテイン作成方法

非天然型アミノ酸を組み込んだタンパク質を合成することは，さほど長くないポリペプチド鎖なら化学合成によって合成してしまうことが可能である。しかし，化学合成では，長いポリペプチド鎖を作ることは困難である。また，化学合成と生合成とでは，合成の方向や溶媒など，いろいろな条件が異なるので，大きなタンパク質では，活性を持つ本来のコンフォメーションをとることができない可能性がある。これらの問題点は，タンパク質を生合成によって合成することにより解決する。しかし，通常のタンパク質生合成系において，非天然型アミノ酸をタンパク質に組み込む方法は，従来は存在しなかった。我々は，この困難な課題に取り組んだ。そして，*in vivo* と *in vitro* の両方の系で，非天然型アミノ酸を組み込んだタンパク質を合成することに成功した。

1.3　*in vivo* タンパク質合成系と *in vitro* タンパク質合成系

アロプロテインを生合成するためには，*in vivo* と *in vitro* の両方の系が考えられる。それぞれの系には，長所と短所が存在し，目的とするアロプロテインによって両方の系を使い分けることが重要である。本項では，*in vivo* と *in vitro* の系の長所短所の比較を行ってみる。

1.3.1　*in vivo* タンパク質合成系

in vivo タンパク質合成系でアロプロテインを合成する長所は，とにかく目的のタンパク質を大量にとることができるということである。また，膜タンパク質のように膜を通り抜けることによって初めて活性のあるコンフォメーションをとることができるようなタンパク質を作りたい時には，*in vivo* タンパク質合成系が必須である。しかし，欠点としては，細胞毒性のある（非天然型アミノ酸の細胞毒性については，2.1.1項で説明する）非天然型アミノ酸を組み込むことが困難である。一般に通常のアミノ酸と異なる非天然型アミノ酸ほど，細胞に対する毒性は強くなる傾向がある。一方で，有用である非天然型アミノ酸は，通常のアミノ酸とかなり異なる構造をしたものが多いというジレンマがある。しかし，後に述べるように，我々は，このジレンマを打開する方法を開発している。

1.3.2　*in vitro* タンパク質合成系

in vitro タンパク質合成系は，生きている細胞ではないので，*in vivo* タンパク質合成系にお

けるような細胞毒性は，そもそも存在しえない。また，*in vivo* では非天然型アミノ酸と通常のアミノ酸が競争して通常のアミノ酸の入ったタンパク質がある程度合成されてしまう。そこで，できあがったアロプロテインを通常のタンパク質と分離しなくてはならない。しかし，*in vitro* では，合成系において通常のアミノ酸を除いてしまうことができるので，そのようなことを最小限にくいとめることができる。また，ｔＲＮＡなど他の構成成分も自由に変えることができ，位置特異的に非天然型アミノ酸を導入することも可能である。欠点は，*in vivo* タンパク質合成系と比較して，タンパク質の収量が一般に少ないということである。しかし，収量の問題も現在では，解決されつつあり，数十mgのアロプロテインを合成することも可能になりつつある。

1.4　非天然型アミノ酸組み込みの原理

前項で，通常のタンパク質合成系において非天然型アミノ酸をタンパク質に組み込むことは，困難であることを述べた。その理由は，アミノアシルｔＲＮＡ合成酵素（ＡＲＳと略す）にある。遺伝情報の翻訳において，遺伝暗号であるコドントリプレットに対応するアミノ酸を持ってくるのはそれぞれのコドンに対応するアンチコドンを持ったｔＲＮＡの役割である。しかし，そのｔＲＮＡに対応するアミノ酸を厳密に選びだし，結合させるのは，ＡＲＳの働きなのである。ＡＲＳは，タンパク質を構成するアミノ酸の１つ１つに対応して20種類存在する。そして各々のＡＲＳは，20種類のアミノ酸から特異的なアミノ酸だけを厳密に選びだし，特異的なｔＲＮＡに結合させる。すなわち，遺伝情報の翻訳の正確性を保証しているのは，実はＡＲＳなのである。そのため，ＡＲＳのアミノ酸認識機構は，大変厳密なものであり，その誤りの頻度は，せいぜい1/10,000[1)]程度といわれている。非天然型アミノ酸をタンパク質に組み込むためには，このＡＲＳの厳密な基質認識機構をくぐり抜けてｔＲＮＡに非天然型アミノ酸を結合させなくてはならない（ここをくぐり抜けてしまえば，後の反応は比較的容易に進むことが知られている）。そのための方法としては，次のような３つが考えられる。

①既存のＡＲＳによって間違えて認識され，ｔＲＮＡに結合させられるような非天然型アミノ酸を見いだし，アロプロテイン合成に用いる。

②既存のＡＲＳを改変し，非天然型アミノ酸を基質にし得るようなものを作りだし，用いる。

③化学合成によって，非天然型アミノ酸を結合したｔＲＮＡを作りだし，反応系に加える（*in vitro*タンパク質合成系においてのみ可能）。

現在，我々が主に行っている方法は，①の方法である。しかし，②や③の方法についても我々や他のグループで研究が進められているので，②は2.3.3項で，③は2.3.4項で紹介する。

2　アロプロテイン作成の実際

2.1　*in vivo* タンパク質合成系によるアロプロテイン生産

in vivo タンパク質合成系においてアロプロテインを合成することの利点は，すでに述べたように，アロプロテインを大量に調製することができるということである。我々は，ヒト上皮成長因子（ｈＥＧＦ）を大腸菌で合成させる系を用い，*in vivo* タンパク質合成系で非天然型アミノ酸を組み込んだｈＥＧＦの合成を行っている。以下，その合成法と問題点および，その解決法について述べる。

2.1.1　非天然型アミノ酸の細胞毒性の回避

in vivo タンパク質合成系によって非天然型アミノ酸をタンパク質に組み込む時は，その細胞毒性が問題になる。というのは，非天然型アミノ酸は，大腸菌の細胞本来のタンパク質にも組み込まれてしまうからである。その結果，タンパク質の構造が本来の構造と違うものになる。これが，タンパク質合成系を構成するタンパク質の場合は事態は深刻であり，タンパク質合成にしだいに異常をきたしてくる。さらに，この状態になると，ヒートショック様応答という防御機構が働き[2)]，構造が異常なタンパク質を分解する酵素がさかんに生産される[3)]。そして，苦労して非天然型アミノ酸を組み込んだ目的タンパク質が分解されてしまうのである。

そこで非天然型アミノ酸を組み込んだタンパク質を効率よく大量に調製し，こわされることなく回収するための系の１つとして，次のような２つの条件を満たした系が考えられる。

①非天然型アミノ酸を組み込んだ目的タンパク質を産生させる際には，大腸菌本来のタンパク質の合成を抑え，タンパク質合成系に異常をきたさないようにする。

②非天然型アミノ酸を含む目的タンパク質は，プロテアーゼによる分解を防ぐため，合成後，細胞質外に分泌させる。

これらの条件を満たすものとして，我々は，大腸菌の分泌タンパク質であるアルカリフォスファターゼに着目した。アルカリフォスファターゼのプロモーターは培地のリン酸濃度が低くなると活性化されるが，その際，特定のタンパク質以外のタンパク質の合成は著しく抑えられる[4)]〔条件(1)〕。合成されたアルカリフォスファターゼは，シグナルペプチドの働きにより，細胞質外のペリプラズムへ分泌，蓄積される[4)]〔条件(2)〕。ペリプラズム中のタンパク質は，オスモティックショック法で培地に回収することができるので，精製も簡便になる。

このアルカリフォスファターゼの系を応用すると，培地に非天然型アミノ酸を加えても，タンパク質合成系に悪影響を与えたり，合成されたアロプロテインがプロテアーゼで分解されるのを抑えられると考えられる。実際，アルカリフォスファターゼに非天然型アミノ酸が組み込んだ例が報告されている[5)~8)]。我々は，アルカリフォスファターゼのプロモーターとシグナルペプチドを残し，その後をヒト上皮成長因子（ｈＥＧＦ）の遺伝子に置き換えたベクターを用いて，効率よく目的のアロプロテインが生産できる系を確立した。

2.1.2　毒性の強い非天然型アミノ酸の組み込み

アルカリフォスファターゼのプロモーターとシグナルペプチドを残し，その後をヒト上皮成長因子（ｈＥＧＦ）の遺伝子に置き換えた発現ベクターｐＴＡ1522[9]は，図5.2.1のような構造をしている。このベクターを用い，アミノ酸53残基からなるｈＥＧＦ（図5.2.2）の21番目のメチオニン残基をノルロイシン（図5.2.3）に置換したｈＥＧＦ（〔Nle^{21}〕ｈＥＧＦ）を生産することを試みた[10]。まず，プラスミドｐＴＡ1522をもつ大腸菌を，リン酸濃度が 640μMの最小培地で培養する。つぎに，この大腸菌をリン酸濃度の低い（32μM）最小培地に移して培養し，

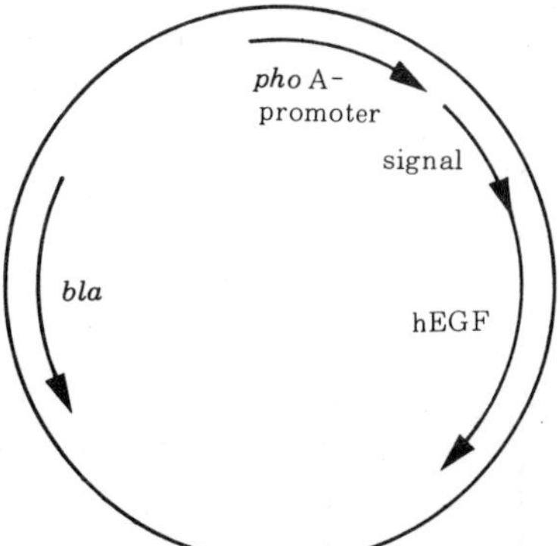

図5.2.1　pTA 1522

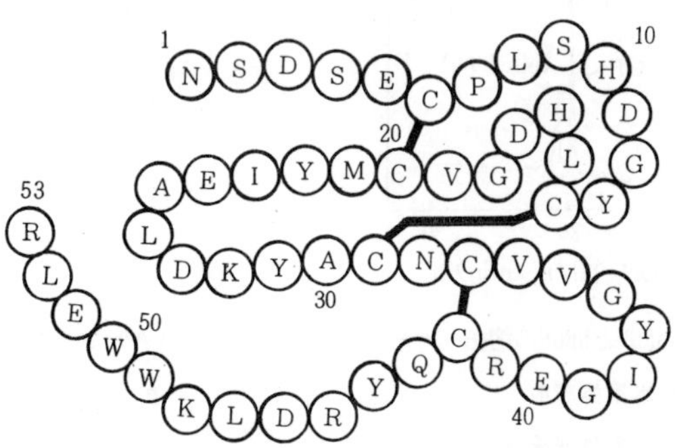

図5.2.2　ｈＥＧＦのアミノ酸配列

ｈＥＧＦの合成を誘導する。その際に，低リン酸濃度の培地にノルロイシン（250mg/ℓ）を加え，メチオニンの代わりにノルロイシンを取り込ませる。細胞質で合成されたｈＥＧＦと〔Nle 21〕ｈＥＧＦは，アルカリフォスファターゼのシグナルペプチドにより，ペリプラズムへ分泌される（シグナルペプチドはこの時切断される）。ペリプラズムに蓄積された〔Nle 21〕ｈＥＧＦなどをオスモティックショック法で培地に回収し，ゲル濾過および逆相の高速液体クロマトグラフィー（ＨＰＬＣ）を用いて，ｈＥＧＦと〔Nle 21〕ｈＥＧＦの混合物を得た。

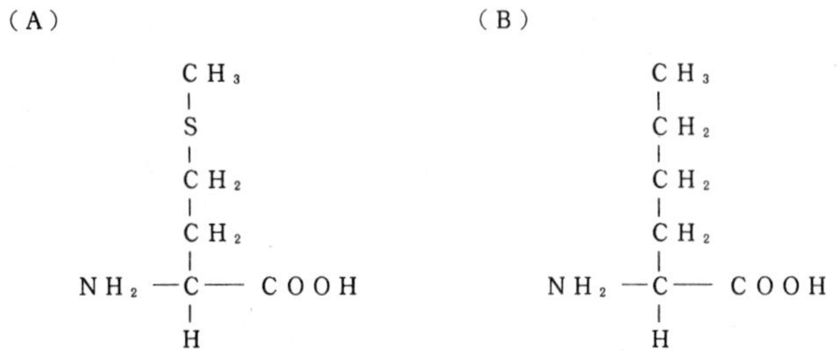

図5.2.3　（Ａ）メチオニンと（Ｂ）ノルロイシン

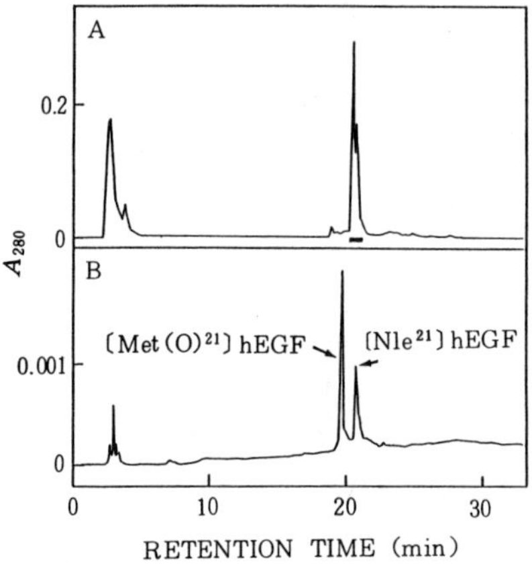

図5.2.4 〔Nle21〕hEGFとhEGFの溶出パターン
（Ａ）過酸化水素処理前
（Ｂ）過酸化水素処理後

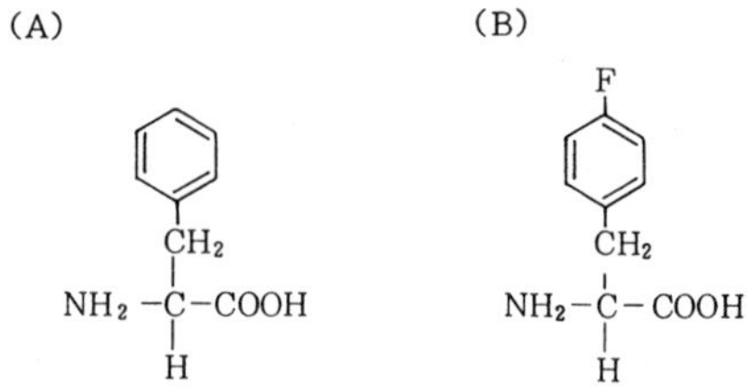

図5.2.5（Ａ）フェニルアラニンと（Ｂ）
p－フルオロフェニルアラニン

これを過酸化水素水で処理することでｈＥＧＦのメチオニン側鎖を酸化し，逆相のＨＰＬＣを用いて，〔Met(O)^{21}〕ｈＥＧＦと〔Nle^{21}〕ｈＥＧＦとを分離した（図5.2.4）。最後にイオン交換のＨＰＬＣを用いて，〔Nle^{21}〕ｈＥＧＦを完全精製した。〔Nle^{21}〕ｈＥＧＦの生物活性は，野生型のｈＥＧＦとほぼ同程度であった[10]。よって，酸化に対して耐性を持つｈＥＧＦを，活性を変えることなく，合成できたことになる。

2.1.3 非天然型アミノ酸の部位特異的導入

ｈＥＧＦにはフェニルアラニン残基がないので，任意のアミノ酸残基をフェニルアラニンに置換し，そこにフェニルアラニルtRNA合成酵素によって認識される非天然型アミノ酸を部位特異的に組み込むことができる。その非天然型アミノ酸としては，***p***－フルオロフェニルアラニン（図5.2.5）を選んだ。まずプラスミドｐＴＡ1522について，ｈＥＧＦの22番目のチロシンをフェニルアラニンに置換したｐＴＡ152 －22Ｆを作成した。このプラスミドをフェニルアラニン要求株に導入し，ノルロイシンの場合と同様に，***p***－フルオロフェニルアラニンを含む低リン酸濃度の最少培地で培養後，ゲル濾過，逆相のＨＰＬＣを用いて，ｈＥＧＦの粗分画を得た。これをイオン交換のＨＰＬＣにかけて，ｐ－フルオロフェニルアラニンを含む〔ｐＦＰｈｅ^{22}〕ｈＥＧＦを単離した（図5.2.6）。我々は，さらにｈＥＧＦの29番目のチロシンについても同様にして，変異を導入後，29番目の位置を***p***－フルオロフェニルアラニンに置換した〔ｐＦＰｈｅ^{29}〕ｈＥＧＦを合成し，精製することに成功した。

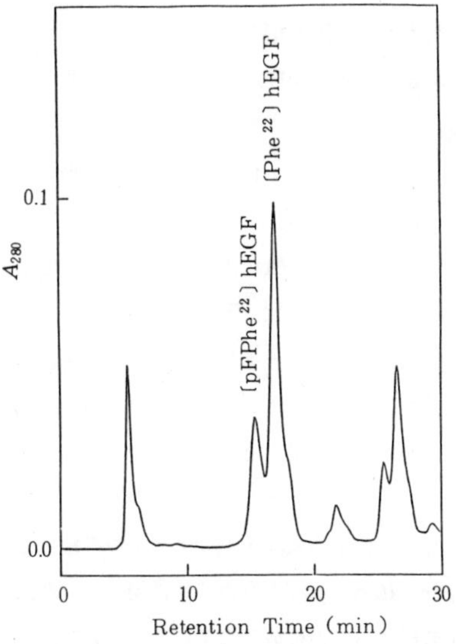

図5.2.6　***p***－フルオロフェニルアラニンを含んだｈＥＧＦの溶出パターン

2.2 *in vitro*タンパク質合成系によるアロプロテイン生産

*in vitro*タンパク質合成系においてアロプロテインを合成することの利点は，細胞毒性を気にせずに系を自由に変えることができることである。我々は，大腸菌の*in vitro*タンパク質合成系を用い，非天然型アミノ酸を部位特異的に組み込んだアロプロテインを大量に生産する系を確立しようとしている。以下，解決すべき問題点と実際の方法について述べる。

2.2.1　*in vitro* タンパク質合成系による非天然型アミノ酸の部位特異的組み込み

in vitro タンパク質合成系でアロプロテインを作成する利点のひとつは，非天然型アミノ酸を部位特異的に組み込むことができることである。その方法の基本原理は，非天然型アミノ酸に対応するコドンを用いればよいということである。しかし，天然の20種類のアミノ酸には，それぞれ対応するコドンがあるが，非天然型アミノ酸には，対応するコドンが存在しない。よって，部位特異的に非天然型アミノ酸を組み込むためには，非天然型アミノ酸にコドンを割り当てる工夫が必要である。現在，非天然型アミノ酸専用のコドンを割り当てる方法として，２つが考えられる。

①サプレッサーｔＲＮＡを用い，本来３つある終止コドンの１つを非天然型アミノ酸のコドンとして用いる。

②１つのアミノ酸が複数のコドンと対応している場合，マイナーｔＲＮＡを用いて，１部のコドンを非天然型アミノ酸に割り当てる。

①のサプレッサーｔＲＮＡを用いる場合であるが，最近，Schults らは，ＵＡＧコドンを認識するサプレッサーｔＲＮＡを用い，非天然型アミノ酸を部位特異的にタンパク質に組み込む方法について報告している[11, 12]。彼らは，非天然型アミノ酸を組み込むタンパク質としてβラクタマーゼを用いた。そして，非天然型アミノ酸を組み込みたい部位のコドンをＵＡＧに置換した。そして，化学的に非天然型アミノ酸を結合させたサプレッサーｔＲＮＡ（結合のさせ方は，後述）を *in vitro* タンパク質合成系に加えて，部位特異的に非天然型アミノ酸を組み込んだタンパク質を合成することに成功している。この方法を用いれば，非天然型アミノ酸を組み込みたい部位のコドンをＵＡＧコドンに変えるだけで，この位置だけをほぼ 100%非天然型アミノ酸に置換できる。しかし，サプレッサーｔＲＮＡを用いた翻訳は効率が悪く，大量のアロプロテインを作成するには，この問題を解決しなくてはならない。

②のマイナーｔＲＮＡを使う方法について，イソロイシンの場合を例にとって説明する。イソロイシンには，$tRNA^{Ile}_{major}$ と $tRNA^{Ile}_{minor}$ の２種類のｔＲＮＡがある。$tRNA^{Ile}_{major}$ は，コドンＡＵＵとＡＵＣの２つを認識し，$tRNA^{Ile}_{minor}$ は，コドンＡＵＡだけを認識するｔＲＮＡである。イソロイシンのコドン使用頻度は，ＡＵＡが圧倒的に少なく，それに対応して，$tRNA^{Ile}_{minor}$ の存在量も少ない（マイナーｔＲＮＡといわれるゆえんである）。よって，この出現頻度の低いコドンＡＵＡを非天然型アミノ酸用に割り当てることにする。そして，非天然型アミノ酸を組み込みたい部位のコドンをＡＵＡに変換し，他のコドンＡＵＡを，ＡＵＵまたはＡＵＣに変換することで，コドンの使い分けが可能になる。そして，何らかの方法（方法については，2.3項で述べる）で非天然型アミノ酸を結合させた $tRNA^{Ile}_{minor}$ を，*in vitro* タンパク質合成系に加えることで，非天然型アミノ酸を部位特異的に非天然型アミノ酸に組み込むことがで

きる。マイナーｔＲＮＡは，サプレッサーｔＲＮＡと異なって，大腸菌本来のｔＲＮＡであり，翻訳効率も悪くない。よって，大量のアロプロテインを作成するのに適していると考えられる。

サプレッサーｔＲＮＡを使うにしても，マイナーｔＲＮＡを使うにしても，最大の課題は，ｔＲＮＡを大量に供給することである。しかし，ｔＲＮＡの遺伝子をクローニングして大量に発現させることは，それほど易しいことではない。というのは，ｔＲＮＡの発現制御機構がはっきりとはわかっていないし，また，ｔＲＮＡは転写後修飾されなくてはならないが，あまり大量に発現すると修飾の方が追いつかなくなってしまうからである。次に述べるように*in vitro*タンパク質合成系でアロプロテインを大量に調製できるようにするためには，これらの問題点も解決する必要がある。

2.2.2 *in vitro*タンパク質合成系によるアロプロテインの大量生産

先ほど，*in vitro*タンパク質合成系の欠点は，合成タンパク量が少ないことであると述べた。これは，アロプロテインを作成する時に限らず，*in vitro*タンパク質合成系一般に言えることである。しかし，*in vitro*でしかできないこともあるので，現在*in vitro*で大量にアロプロテインが合成できるような系の作成を試みている。

*in vitro*タンパク質合成系において，タンパク質の収量が少ない理由は，次のようであると考えられる。

①タンパク質合成系を構成するタンパク質が失活したり，プロテアーゼで切られたりしてしまう。

②*in vitro*タンパク質合成系では，鋳型のＤＮＡとしてプラスミドを加えるが，プラスミドからｍＲＮＡへの転写効率に対して，ｍＲＮＡの分解が早い。

③次第に，作られたタンパク質がたまっていき，新たなタンパク質合成を阻害する。

最近，ソ連のSpirinらは，*in vitro*タンパク質合成系の効率を飛躍的に上昇させた[13]。それによれば，②に対しては，まずｍＲＮＡをＴ７ポリメラーゼを用いて，タンパク質合成系外でまず，一気に合成してから系に加える，またRNase インヒビターを大量に加えることで，ｍＲＮＡの分解を抑えるということで解決を図っている。また，③に対しては，合成されたタンパク質をフィルターで抜いていき蓄積を防ぐことで解決している。我々の系でもｍＲＮＡを大量に調製して系に加える，また，RNase を大量に加える等の工夫をしている。また，プロテアーゼインヒビターも大量に加えることによって①にも対応しようとしている。このように，改良を加えることにより，目的のアロプロテインを１mg得るために必要な反応液を数10ml程度にできるめどがついてきた。この効率は，さらに上昇させることが可能であると考えられる。反応液を10ml作るのに必要な菌体量は約１ｇくらいであるから，この合成効率は*in vivo* の系と比べてもさほど劣らないものであると考えられる。現在，クロラムフェニコールアセチルトランスフェラーゼという酵素を*in vitro*の系で合成させ，合成効率のチェック，および部位特異的非天然型アミノ酸の取り込みの実験を進めているところである[14]。

2.3　非天然型アミノ酸の設計

現在まで，我々は，主にＡＲＳの厳しい基質認識識別機構をくぐり抜けてｔＲＮＡにチャージされ，タンパク質に組み込まれるようなアミノ酸を探し出して，アロプロテインに組み込むという戦略を取ってきた。そして，ＡＲＳの認識をくぐり抜けてタンパク質に組み込まれ得る非天然型アミノ酸を，数多く見いだしてきた。この中にも実用的なアミノ酸は，数多く存在する（ノルロイシン，アザロイシンなど）。しかし，このようにして選びだされたアミノ酸の中には，天然の20種類のアミノ酸と全く異なる構造を持つものがないのもまた事実である。我々は，非天然型アミノ酸の組み込みの可能性をさらに広げることを考えている。その方法について説明したい。

2.3.1　非天然型アミノ酸のスクリーニング

現在，様々な非天然型アミノ酸が市販されている。このうち，タンパク質生合成系においてＡＲＳの厳しい識別をくぐり抜け，タンパク質に組み込まれるものを，手軽にスクリーニングできる系を作ることは大変有用である。我々は，上で述べた大腸菌の*in vitro*タンパク質合成系を用い，市販の様々な非天然型アミノ酸を迅速にスクリーニングすることができた。

表5.2.1　大腸菌の*in vitro*タンパク質合成系において取り込まれた非天然型アミノ酸のリスト

アミノ酸の名称	何のアナログか
α－ジフルオロメチルリジン	リジン
4－アザロイシン	ロイシン
アーメントマイシン	ロイシン
ペニシラミン	バリン
3－ピリジルアラニン	フェニルアラニン

*in vitro*タンパク質合成系としては，Zubay らの系[15]を用いた。*in vitro*タンパク質合成系では，タンパク質合成の材料として，通常の20種のアミノ酸を系に加える。その際，メチオニンを^{35}Ｓで標識しておくと，合成された目的のタンパク質がＲＩラベルされる。そこで，合成後の反応液をＳＤＳ－ＰＡＧＥで電気泳動し，ゲルをオートラジオグラフィーにかけると，合成されたタンパク質のところにバンドが出現する（図5.2.7の(A)）。しかしこの時，材料とするア

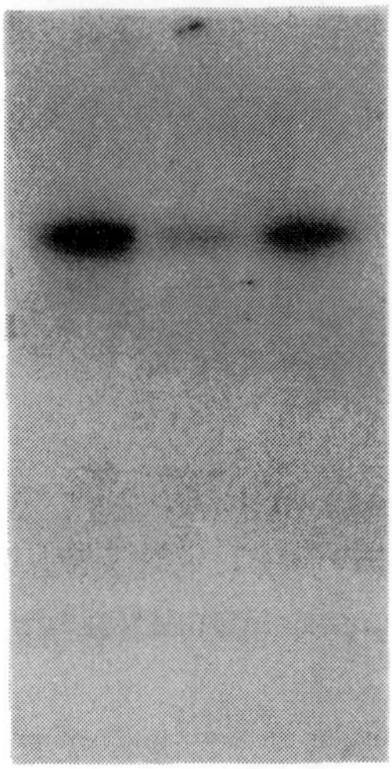

図5.2.7　*in vitro*タンパク質合成系

（A）　天然の20種類のアミノ酸を加えたもの
（B）　天然の20種類のアミノ酸からイソロイシンを除いたもの
（C）　天然の20種類のアミノ酸からイソロイシンを除き，フラノマイシンを加えたもの

ミノ酸のうち1種類を除いてしまう（ここでは，イソロイシン）と，そのアミノ酸のコドンのところで翻訳が止まってしまい，タンパク質が合成されないのでバンドが見られなくなる（図5.2.7の(B))。そこで，そのアミノ酸の代わりに取り込まれると考えられる非天然型アミノ酸（ここでは，フラノマイシン，フラノマイシンについては，2.3.2項で述べる）を系に加えてやると，もし取り込まれるなら，翻訳が続けられ完全長のタンパク質が作られるはずであり，そのことは，再びバンドが出現することで確かめることができる（図5.2.7の(C))。このようにして，非天然型アミノ酸を，簡単にスクリーニングすることができる。この方法を用いて，組み込まれることがわかった非天然型アミノ酸を表5.2.1にまとめた。この結果のうち，特に興味を引くものをあげる。まず，リジンの代わりに取り込まれるα－ジフルオロメチルリジンであるが，このアミノ酸は，リジンのα－プロトンをジフルオロメチル基で置き換えた構造をしている。このα－ジフルオロメチルリジンがリジルｔRNA合成酵素の厳しい認識をくぐり抜け，ｔRNAにチャージされ，タンパク質に組み込まれ得るということは，側鎖を2つ持つアミノ酸をタンパク質に組み込み得る可能性を示しているという点で大きな意義があると考えられる。つまり，α－プロトンをより大きな基で置換したアミノ酸は，三次構造上でα－ヘリックスを取りやすい傾向があ

る[16]。よって，α－ヘリックスを取りにくいアミノ酸（チロシン，アスパラギン酸など[17, 18]）をα－ヘリックスの中に埋め込みたいという時は，このようにα－プロトンをメチル基等に置換したアミノ酸を導入すれば，α－ヘリックスをとりやすくなると考えられる。また，４－アザロイシンは，ロイシンの４の位置の炭素原子が窒素原子で置き換ったアミノ酸でロイシンの代わりに取り込まれるが，側鎖が電荷を持ち得る。このアミノ酸の側鎖のｐKa を測定したところ，6.7 と中性領域にあることがわかった。天然に存在する20種類のアミノ酸の中で，中性付近でｐKa を持つのは，ヒスチジンで 6.0前後である。ヒスチジンは，この性質により，多くの酵素の活性部位で大変重要な働きをしていることから，アザロイシンも，計画的に酵素の活性部位に導入すれば有用であると考えられる。

このように，有用でしかもＡＲＳの厳しい認識識別をくぐり抜けてタンパク質に取り込まれるアミノ酸を簡単にスクリーニングできる系が確立された。今後，様々な非天然型アミノ酸を設計し合成するときにおいても，この簡便なスクリーニング法を組み合わせることで，より効率的に非天然型アミノ酸の設計ができるであろう。

2.3.2　フラノマイシンのタンパク質組み込みのメカニズム

フラノマイシンは,側鎖に二重結合と酸素原子を含む五員環をもつアミノ酸である(図5.2.8）。これは，*Streptomyces*　L－803から，抗生物質として発見された[19]。このアミノ酸と構造が似ているアミノ酸は，天然の20種類の中に存在しない。しかし，このフラノマイシンはイソロイシルｔＲＮＡ合成酵素（IleRS）の阻害剤となるという報告があった[20]。我々は，このフラノマイシンが，IleRS の基質となり，イソロイシンに特異的なｔＲＮＡにチャージされることを示した[21]。さらに，上述の*in vitro*タンパク質合成系を用いて，フラノマイシンがイソロイシンの代わりにタンパク質に取り込まれることを見いだした[21]。このように，20種類のアミノ酸と全く異なるアミノ酸が，タンパク質に取り込まれる例を示したのは，初めてである。

我々は，このフラノマイシンがどのようにしてIleRS の基質となり得るのかを調べるために，ＮＭＲのＴＲＮＯＥの手法を用い，フラノマイシンが，IleRS のアミノ酸活性部位に結合した時のコンフォメーションを決定した[21]。その結果を図5.2.9 に示す。図には，IleRS に結合したイソロイシン，フラノマイシンのコンフォメーションを示したが，これを見ると，フラノマイシンは，構造式上ではイソロイシンと全く異なるにもかかわらず，IleRS の活性部位上では，よく似たコンフォメーションをとることがわかった。この結果は，たとえ構造式がかなり異なるアミノ酸でもＡＲＳに結合したときのコンフォメーションさえ似せておけば，効率よくタンパク質に組み込むことができることを示している点で重要である。

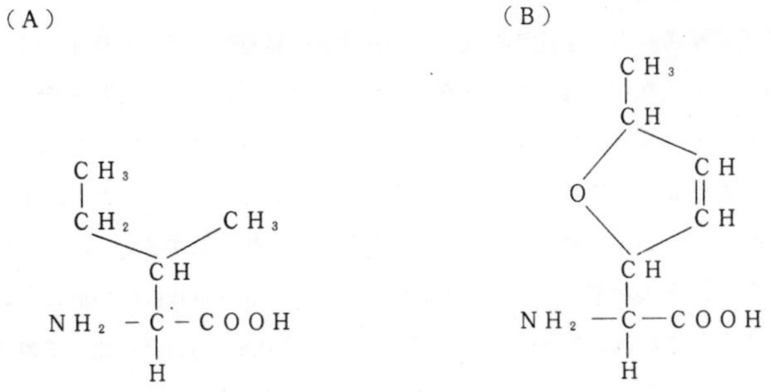

図5.2.8（A）イソロイシンと（B）フラノマイシン

我々は，さらにNMRの分子間TRNOE法という手法を用いて，活性部位を構成するアミノ酸残基の配置の決定を試みており，すでにトリプトファン残基がIleRS の活性部位を構築していることを見いだしている[22]。この手法を用いれば，ARSを部位特異的変異法で人為的に改変するためのヒントが得られる。さらに，改変したARSについて，分子間TRNOE法を適用し，得られる情報をさらにフィードバックすることができる。この方法は，次に述べるようなmutantの作成と組み合わせることも可能である。

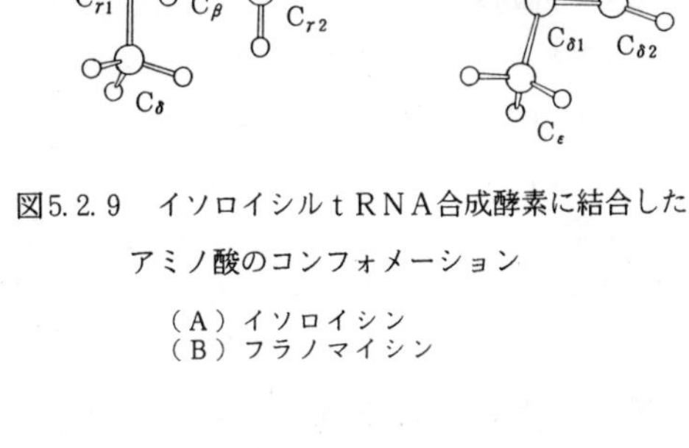

図5.2.9　イソロイシルtRNA合成酵素に結合したアミノ酸のコンフォメーション

（A）イソロイシン
（B）フラノマイシン

2.3.3　非天然型アミノ酸を基質としうるＡＲＳの作成

前項では，ＮＭＲの高次構造解析の手段を駆使して，ＡＲＳの基質特異性を変換することについて述べた。これ以外に，非天然型アミノ酸を基質としうるような認識の甘いＡＲＳの mutant (sensitive mutant)を拾うという方法が考えられる。ＡＲＳのmutantについては，様々なものが報告されている。毒性をもつ非天然型アミノ酸に対するresistant mutantについても，***p***－フルオロフェニルアラニンや，カナバニン等さまざまな非天然型アミノ酸に対するものが報告されている[23)-25)]。それに対し，非天然型アミノ酸の認識が甘くなったsensitive mutantについては，ほとんど報告されていない。これは，スクリーニングの系がresistant mutantに比べて難しいせいであると考えられるが，非天然型アミノ酸の組み込みという目的を持って探せばさほど困難なことではないと思われる。さらに，resistant mutantの方も，非天然型アミノ酸をアロプロテインに組み込む目的には直接使えないが，上述の構造解析と組み合わせることにより，どの部分が変われば，アミノ酸の認識が厳しくなるかを知ることができる。そして，今度はその位置を部位特異的変異法で変えてアミノ酸の認識を甘くすることができる。我々は，現在，テストケースとして***p***－フルオロフェニルアラニンに耐性の変異株と感受性の変異株をスクリーニングによって探し出そうと試みている。今後はこのスクリーニングで得られた変異株を，上述のＮＭＲによる解析と組み合わせて，ＡＲＳの改変を進めていく予定である。

2.3.4　非天然型アミノ酸導入のもう１つの方法

今まで述べてきた方法のポイントは，有用な非天然型アミノ酸をｔＲＮＡに結合させるためにはどうしたらよいかであった。そのために，ＡＲＳの認識をくぐり抜けるような非天然型アミノ酸の探索や，ＡＲＳの構造解析や，改造が必要であったのである。しかし，非天然型アミノ酸をｔＲＮＡにチャージさせるだけなら，化学的方法で非天然型アミノ酸を直接ｔＲＮＡにチャージさせてしまう方が，非天然型アミノ酸の自由度という点では有利である。2.2項で述べたように，Schults らはサプレッサーｔＲＮＡを用いて非天然型アミノ酸を組み込んでいる。このサプレッサーｔＲＮＡに非天然型アミノ酸を結合させるのに，ｔＲＮＡの３′端のＣＡをおとし，非天然型アミノ酸をつけたＣＡを酵素でつけるという方法を用いている[11),12)]。彼らは，そのｔＲＮＡを*in vitro*タンパク質合成系に加え，部位特異的に非天然型アミノ酸を組み込んだタンパク質を合成することに成功している。確かに，この方法では，アミノ酸が酵素に認識される必要がないので，ＡＲＳの厳しい基質認識をくぐり抜ける必要がない。よって，非天然型アミノ酸の自由度という点では大変有利である。しかし，ＡＲＳを使う方法と比べて収量が少ないという欠点も持っている。

このように，非天然型アミノ酸をｔＲＮＡに結合させる方法が２種類出てきたわけであり，この２つの方法は，アロプロテインの用途に応じて次のように使い分けられるべきであると我々は考えている。

①ＡＲＳを用いた方法は，現在のところ，アミノ酸の自由度が低いが，大量にアロプロテインを合成するのに適している。よってmgスケールでのアロプロテイン作成に用いるのがよいと思われる。

②ＡＲＳを用いない方法は，目的のアロプロテインの収量は少ないが，アミノ酸の自由度は，かなり高い。よって，少量でもいいから，非常に変わったアミノ酸の入ったアロプロテインが欲しいという時に用いるのがよいと思われる。

以上の２つの方法を，目的に応じて使い分けることが，これからのアロプロテイン作成において必要となろう。

文　献

1) Fersht, A. R.：The charging of tRNA：In Accuracy in Molecular Processes (eds. by Kirkwood, T. B., *et al.*) p. 67－82, Chapman and Hall, London(1986)

2) Goff, S. A. and Goldberg, A. L.：Production of abnormal proteins in *E. coli* stimulates transcription of *lon* and other heat shock genes, *Cell,* **41**, 587－595 (1985)

3) Phillips, T. A. *et al.*：*lon* gene product of *Escherichia coli* is a heat－shock protein, *J. Bacteriol.*, **159**, 283－287 (1984)

4) Reid, T. W. and Wilson, I. B.：*E. coli* Alkaline phosphatase. In：The Enzymes (ed. by Boyer) vol. IV 3rd. ed. p. 373－415

5) Richmond, M. H.：The incorporation of p－fluorophenylalanine into Alkalilne phosphatase of *Escherichia coli*, *Biochem. J.*, **84**, 110P (1962)

6) Schlesinger, S. and Schlesinger, M. J.：The effect of amino acid analogues on Alkaline phosphatase formation in *Escherichia coli*, K－12.
I. Substitution of triazolealanine for histidine, *J. Biol. Chem.*, **242**, 3369－3372 (1967)

7) Attias, J. *et al.*：The effect of amino acid analogues on Alkaline phosphatase formation in *Escherichia coli*, K－12.
IV. Substitution of canavanine for arginine, *J. Biol. Chem.*, **244**, 3810－3817 (1969)

8) Morris, H. and Schlesinger, M. J.：Effects of proline analogues on the formation of Alkaline phosphatase in *Escherichia coli*, *J. Bacteriol.*, **111**, 203－210 (1972)

9) Oka, T. *et al.*：Synthesis and secretion of human epidermal growth factor by

Escherichia coli, *Proc. Natl. Acad. Sci. USA*, **82**, 7212－7216 (1985)

10) Koide, H. *et al.* : Biosynthesis of a protein containing a nonprotein amino acid by *Escherichia coli* : L－2－Amino－hexanoic acid at position 21 in human epidermal growth factor, *Proc. Natl. Acad. Sci. USA*, **85**, 6237－6241 (1988)

11) Noren, C. J., *et al.* : A general method of site－specific incorporation of unnatural amino acids into proteins, *Science*, **244**, 182－188 (1989)

12) Anthony－Cahill, S. J., *et al.* : Site－specific mutagenesis with unnatural amino acids, *Trends in Biochem. Sci.*, **14**, 400－403 (1989)

13) Spirin, A. S. *et al.* : A continuous cell－free translation system capable of producing polypeptides in higher yield, *Science*, **242**, 1162－1164 (1988)

14) 木川隆則ほか：*in vitro*タンパク質合成系によるトリプトファンアナログのタンパク質への組み込み，生化学，**61**，869 (1989)

15) Pratt, J. M. *et al.* : Coupled transcription－translation in prokaryotic cell－free systems : In *Transcription and translation* ; a pracitical approach (eds. Hames B. D. and Higgins S. J.) p. 179－190. IRS Press, Oxford (1984)

16) Karle, I. L. *et al.* : Modular design of synthetic protein mimics. Character－ization of the helical conformation of a 13－residue peptide in crystals, *Biochemistry*, **28**, 6696－6701 (1989)

17) Chou P. Y. and Fasman, G. D. : Empirical predictions of protein conformation, *Ann. Rev. Biochem.*, **47**, 251－276 (1978)

18) Chou. P. Y. and Fasman, G. D. : β－turns in proteins, *J. Mol. Biol.*, **115**, 135－175 (1977)

19) Katagiri, K. *et al.* : A new antibiotic, furanomycin, an isoleucine antagonist *J. Med. Chem.*, **10**, 1149－1153 (1967)

20) Tanaka, K. *et al.* : Effect of furanomycin on the synthesis of isoleucyl－tRNA, *Biochim. Biophys. Acta.*, **195**, 244－245 (1969)

21) Kohno, T. *et al.* : Nonprotein amino acid furanomycin, unlike isoleucine in chemical structure, is charged to isoleucine tRNA by isoleucyl－tRNA synthetase and incorporated into protein, *J. Biol. Chem.*, in press

22) 河野俊之ほか：イソロイシルｔＲＮＡ合成酵素の基質認識のメカニズム．生化学，**61**，1007 (1989)

23) Comer, M. M., *et al.* : Genes for the α and β subunits of the phenylalanyl－transfer ribonucleic acid synthetase of *Escherichia coli*, *J. Bacteriol.*, **127**, 923－933 (1976)

24) Harshfield, I. N., *et al.* : Studies on the mechanism of repression of arginine biosynthesis in *Escherichia coli* : II repression of enzyme of arginine biosynthesis in arginyl－tRNA synthetase mutants, *J. Mol. Biol.*, **35**, 83－93 (1968)

25) Roth, J. R., *et al.* : Histidine regulatory mutants *in Salmomella typhomurium* ; I. isolation and general properties, *J. Mol. Biol.*, **22**, 305－323 (1966)

第6章　生体外タンパク質合成の現状

渡辺公綱*

1　はじめに

現在タンパク質工学で用いられているタンパク質生産法は，一部の例外を除けばすべて生細胞を利用する *in vivo*での合成法である。これは，比較的簡便に大量のタンパク質を得るには優れた方法であるが，いくつかの制約もある。生成タンパク質の精製，安定性，不溶化などの一般的な問題の他に，最も大きな制約としてタンパク性アミノ酸（生体のタンパク質を構成するアミノ酸は，ごく一部の例外を除けば20種類のＬ型アミノ酸に限られているが，ここではこれらをタンパク性アミノ酸，それ以外のものを非タンパク性アミノ酸と呼ぶことにする）しか利用できないという欠点がある。第５章でも取り上げられているが，タンパク質の任意の部位に非タンパク性アミノ酸を導入できれば，従来にない新しい機能や物性を備えたものが得られるのではないかという期待がある。それには生細胞からタンパク質合成装置だけを取り出し，それを生体外で安定に効率よく動かすシステムを利用するのが最も有効な方策であろう。最近になって急速な進展を見せてきたこのような生体外タンパク質合成システムの構築と，それに関連する諸技術の現状を筆者らの研究を織り混ぜながら紹介し，今後の展望を述べる。なお内容の一部は第５章と重複することをお断りしておく。

2　生体外タンパク質合成システム

1961年にM. Nirenbergらが大腸菌の *in vitro*タンパク質合成系を用いて，ポリ(U)がポリフェニルアラニン〔ポリ(Phe)〕合成の情報の鋳型になることを発見し，ＵＵＵがPheの遺伝暗号であることを初めて明らかにして以来[1]，*in vitro*タンパク質合成系は実験室レベルでは頻繁に使用されてきた。現在は大腸菌以外にもコムギ胚や網状赤血球などの系が頻繁に利用され，それらのキットも市販されている。またＤＮＡを鋳型として転写と翻訳を同時に行わせるいわゆる Zubeyの系[2),3)]も市販されよく使われている。

しかしこれらはどれも，できたタンパク質をアイソトープラベルして初めて検出できる程度の

＊　Kimitsuna　Watanabe　　東京工業大学　大学院総合理工学研究科

微量レベルを対象としており，とてもタンパク質工学で使われるような大量生産システムではない。しかし最近では大量生産を目指す方向の研究が行われ始めた。まだ実用段階に至るものはごく限られておりほとんどの場合は青写真に過ぎないが，この方面の今後の研究に重要な手がかりを与えることが期待できる。

2.1　タンパク質合成の高効率連続反応システム

ソ連科学アカデミー，タンパク研究所のA. Spirinらは，大腸菌とコムギ胚芽の*in vitro*タンパク質合成系で連続反応系を構築し，タンパク質の大量生産への道を拓いた。彼らは，ヒト胎盤由来のRNaseの阻害剤を大量に加えた状態で，ウイルスＲＮＡやＴ７ＲＮＡポリメラーゼで合成したｍＲＮＡを鋳型としてタンパク質を合成し，生成したタンパク質をフィルターで分離しながらアミノ酸とエネルギー（ＡＴＰとＧＴＰ）を連続的に供給するシステムを構築し，ＰＭ－30やＸＭ－50の限外濾過膜をつけたAmiconの透析濾過装置を使用した。通常１時間以内で頭打ちになる合成反応を数十時間まで延ばすことに成功し（図6.2.1），1ℓあたり50～100mgのタンパク質を合成することができたという報告を発表した[4]。この研究で注目すべきことは，反応系にアミノ酸とエネルギー源を供給するだけでｍＲＮＡの補給を必要としないことである。おそらくｍＲＮＡは絶えずリボソームに結合した状態にあり，また大量のRNase阻害剤が存在するので，ヌクレアーゼによる分解から保護されているのだろうと彼らは解釈している。

この論文ではカルシトニン（哺乳動物のカルシウム調節ホルモン，32アミノ酸からなる），ＭＳ２ファージ（大腸菌に感染するウイルスの一種）とＢＭＶ（ブロムモザイクウイルス，植物ウイルスの一種）の外被タンパク質（分子量はそれぞれ3400，20100，16000）という比較的分子量の小さいタンパク質の生産を論じているが，最近の情報によると分子量10万程度まで濾過するフィルターを用いて，比較的大きな分子量のタンパク質を生産できるという。ｔＲＮＡやタンパク質合成に必要な酵素因子類がどうして濾過されないのか不明であるが，リボソームのまわりに一種の凝集体を作るのだろうといわれている。とにかく，このシステムが確立されれば，タンパク質生産における*in vitro*タンパク合成系の利用価値が一挙に高まるものと大いに期待される。

2.2　高度好熱菌のタンパク質合成系を利用した安定化システム

*in vitro*で安定なタンパク質合成系を構築するために高度好熱菌の利用が考えられる。我々は現：東京工業大学教授大島泰郎博士が20年近く以前に伊豆の温泉源から採取した，48～80℃で生育する高度好熱菌*Thermus thermophilus*[5]のタンパク合成系の特徴を調べてきたが[6]，それらはすべて本章の目的によく適合することが明らかになってきた。まず，この菌から単離したタンパク合成系の成分はすべて，単独でも十分熱安定である。また菌体中に好熱菌特有のポリアミン

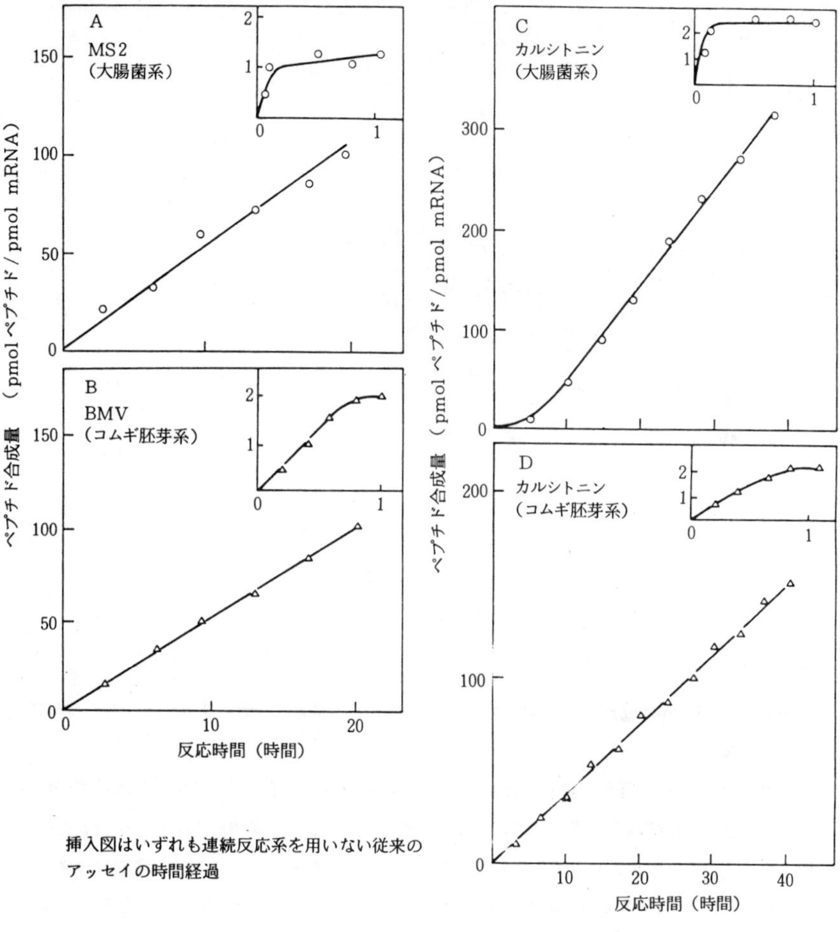

図6.2.1　種々の無細胞連続タンパク合成系を用いたＭＳ２外被タンパク(Ａ), ＢＭＶ外被タンパク(Ｂ)およびカルシトニン(Ｃ, Ｄ)の合成の時間経過

(テルミン，テルモスペルミンなど)が存在し，高温下のタンパク質合成を安定化している[7]。

さらに興味深いことに，温度を変えて培養した菌体からタンパク合成に必要な成分を抽出しそれらの熱安定性を調べると，リボソームや酵素類には培養温度による違いは全く見いだされなかったが，ｔＲＮＡのみは熱融解温度(T_m)に顕著な差が見られ，それが特殊な修飾塩基2-チオリボチミジン(s^2T)の存在に由来することが分かった(図6.2.2)。菌体の培養温度が高くなるにつれ

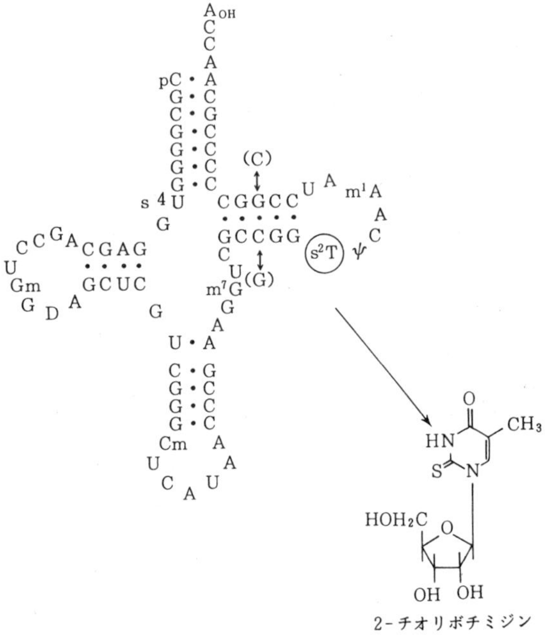

図6.2.2　*T. thermophilus* $tRNA_f^{Met}$ のクローバー葉型構造と2-チオリボチミジンの化学構造

てリボチミジン(T)含量が減少すると共にこのs^2T含量が増加するので，この修飾塩基が好熱菌のタンパク合成の温度適応に寄与していることが明らかである[6]。事実，タンパク質合成を行っているリボソームとｍＲＮＡの複合体であるポリソームから単離した，タンパク合成に直接関わっているｔＲＮＡのs^2T含量は，菌体の全ｔＲＮＡのs^2T含量より培養温度を鋭敏に反映して変化する[8]（図6.2.3）。また低温(50℃)と高温(80℃)で培養した菌体からそれぞれ$tRNA^{Phe}$を精製すると，高温培養菌からはs^2Tだけを含み，低温培養菌からs^2Tの代わりにＴだけを含む$tRNA^{Phe}$が単離され，両者にはT_mに５℃の差が見られた。この２種類の$tRNA^{Phe}$を用いてPoly(U)依存Poly(Phe)合成の温度依存性を調べたところ，図6.2.4にみられるように65℃を境として，低温側では$tRNA^{Phe}$(T)が，高温側では$tRNA^{Phe}$(s^2T)がより効率良くタンパク合成に寄与した[9]。これらの実験事実から，好熱菌は同じアミノ酸に対応するそれぞれ２種類のｔＲＮＡを周りの温度に適応して使い分けることにより，タンパク質合成の効率を広い温度範囲で高レベルに保つよう工夫していると考えられる。

以上述べてきた高度好熱菌のタンパク質合成系の種々の特徴は，安定な*in vitro*合成系を構築

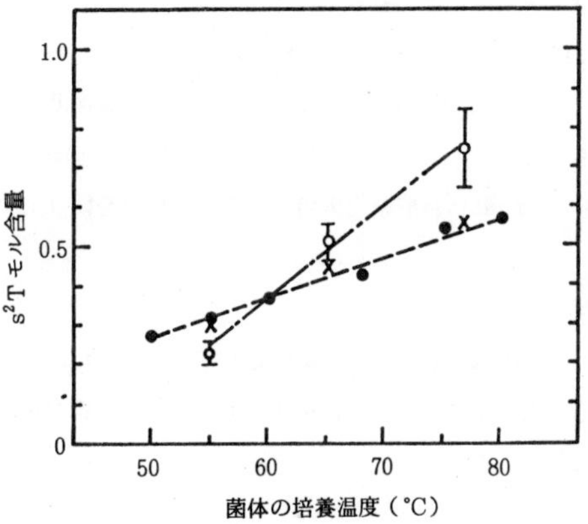

図6. 2. 3　菌体の培養温度とそこから抽出したｔＲＮＡ中のs²T含量の関係

●：菌体全体からｔＲＮＡを抽出した場合
×：スフェロプラストから抽出した場合
○：ポリソームから抽出した場合（バーは測定誤差を示す）

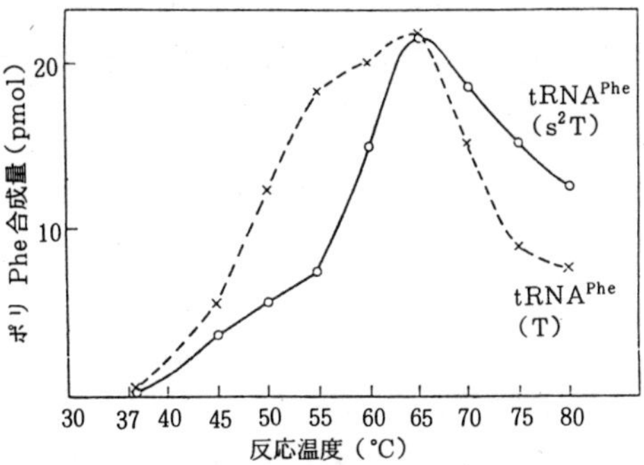

図6. 2. 4　Ｔとs²Tをそれぞれ含む好熱菌tＲＮＡ^{Phe}を用いたポリ(U)
依存ポリ(Phe)合成反応

する上に以下の有利な点を備えている。

1）反応が高温で行えるため雑菌の混入が防げる。

2）系が熱安定であると同時に有機溶媒などの試薬にも比較的安定であるため，系を最適化するために種々の溶媒を用いることができる。

3）40℃以下に冷やせば合成反応を止めることができる。

4）tRNAの種類（s^2TをもつかTをもつか）によって合成の最適温度を広範囲に調節することができる。

これらの利点を生かし，*in vitro* 合成系を実用化するべく検討を続けているところである。

2.3　mRNAの安定化

2.1項で述べた連続反応系ではmRNAの補給は必要ではなかったが，一般的にいえばより安定なmRNAを使用することが望ましいことは自明であるから，安定なmRNAの作成も生体外タンパク質合成の重要な課題である。

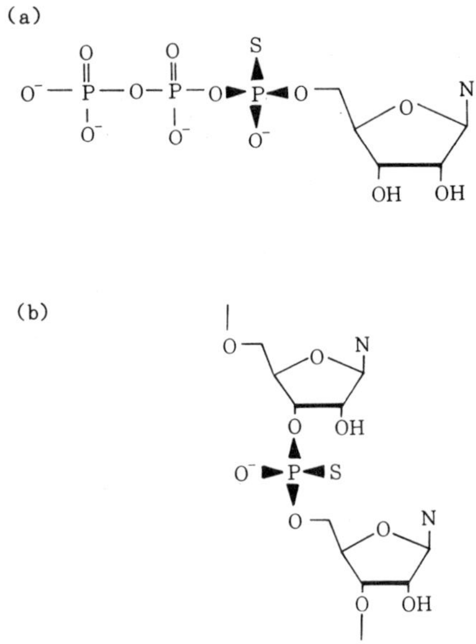

図6.2.5　ヌクレオシドチオリン酸の構造（Nは塩基を示す）

ヌクレオシド－5′－*O*－(1－チオ)トリリン酸(a)がRNA中にとり込まれると(b)，P-S結合は S_P-から R_P－ジアステレオーマへと，見かけ上変換する。

我々は西独のF.Ecksteinら[10]が開発した図6.2.5に示すようなヌクレオシド－5′－*O*－（1－チオ）トリリン酸からＴ７ＲＮＡポリメラーゼによって合成したｍＲＮＡを用いて，2.2項で述べた高度好熱菌の *in vitro* タンパク質合成系を作動させる試みを行っている[11]。４種類すべてのヌクレオチドのホスホジエステル結合をチオリン酸で置換すると，65℃での反応ではｍＲＮＡとしての活性は未置換のものに比べて数分の１に減少するが，１種類だけ置換したものは活性低下はほとんどなく，しかもその安定性は未置換のものに比べ半減期で２倍以上優れていた。現在このシステムの高効率化を目指して条件検討を行っている。

3　*in vitro*タンパク質合成における部位特異的なアミノ酸の導入

3.1　アンバーサプレッサーｔＲＮＡの利用

in vitro タンパク合成系で部位特異的に特定アミノ酸を導入する最も簡便な方法は，望みの部位を終止コドンに変換したｍＲＮＡを用い，それを人工のナンセンスサプレッサーｔＲＮＡによってサプレスする方法であろう。この方向の研究は CALTEC の J.Abelsonと，California大のJ.H.Millerらのグループが先鞭をつけた[12),13)]。

彼らは大腸菌のすべてのｔＲＮＡのアンチコドンだけを，ｍＲＮＡのアンバーコドンＵＡＧに対応するように５′－ＣＡＴ－３′に変換したｔＲＮＡ遺伝子を合成し，それらをベクターに連結して大腸菌内で発現させることにより，15種類のアミノ酸に対応するｔＲＮＡについて，それぞれアンバーサプレッサー活性をもつｔＲＮＡを得ることに成功した（図6.3.1，表6.3.1）。このうちPhe，Cys，His，Alaについては，*Lac* Ｉ－Ｚ融合遺伝子中の特定部位のアンバーコドンがこれらのアミノ酸でサプレスされたタンパク質が生成することをアミノ酸分析によって確認している[13)]。この応用例については3.3項で述べる。

3.2　天然のミスセンスサプレッサー様ｔＲＮＡの利用

ミトコンドリアの翻訳系は以前からバクテリアに類似するといわれてきたが，種々の動物のミトコンドリア遺伝子の全構造が明らかになるにつれて，ｍＲＮＡにはキャップ構造やＳＤ配列を含む先導領域がなく，リボソームもバクテリアのもの(70S)よりそのサイズが小さく(55S)，リボソームＲＮＡも16Sと12Sの２種類しかないというように，バクテリアよりもさらに単純化されていると思われるいくつかの特徴が示された[14),15)]。このような特徴は *in vitro* タンパク質合成系の単純化の戦略に有用なヒントを与えるものであるが，さらに利用価値の高いのは，ミトコンドリアでは普遍暗号から外れた変則暗号が使われる場合があるという事実である[15),16)]。

表6.3.2には種々の動物で見つかった変則暗号を示す。それに関連してｔＲＮＡも通常のＬ字

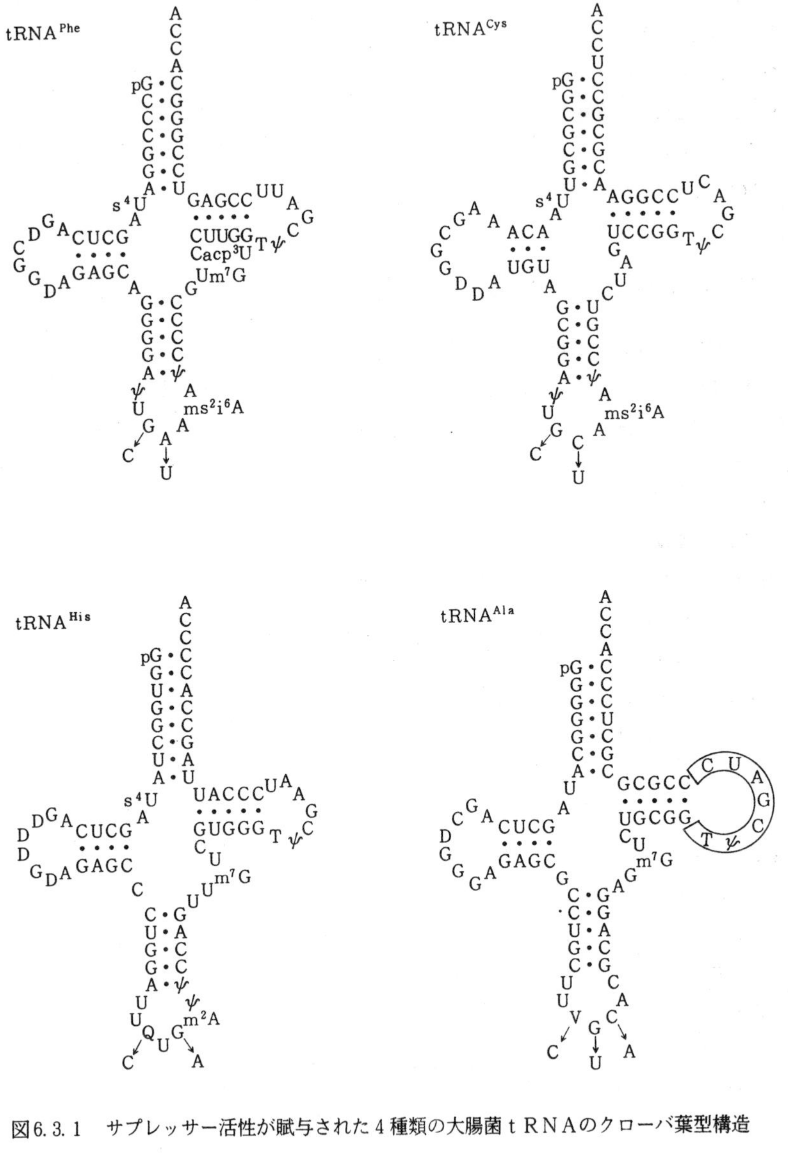

図6. 3. 1　サプレッサー活性が賦与された 4 種類の大腸菌 t RNAのクローバ葉型構造

（遺伝子上で矢印の塩基を置換した）

表6.3.1　*Lac* I－Z融合遺伝子中のアンバー変異のサプレッションの効率

サプレッサー	β－ガラクトシダーゼ活性（野生型を100%とする）						
	021c	A30	028c	A26	A16	017c	013c
tRNA^{Phe}	79	100	78	100	78	54	84
tRNA^{Cys}	34	53	50	51	35	17	35
tRNA^{His}	25	35	11	23	18	0.8	12
tRNA^{Ala}	61	83	44	65	22	8	27

表6.3.2　種々の動物のミトコンドリアで見出された変則暗号

コドン	対応するアミノ酸								
	普遍暗号	原生動物	腔腸動物	扁形動物	線形動物	軟体動物	節足動物	棘皮動物	脊椎動物
		ゾウリムシ	イソギンチャク	カンテツ	線虫	イカ	ハエ	ウニ，ヒトデ	カエル－ヒト
UGA	終止	Trp	(Trp)	Trp	Trp	Trp	Trp	Trp	Trp
AUA	Ile	Ile	(Met)	Met	Met	Met	Met	Ile	Met
AAA	Lys	Lys	Lys	Asn?	(Lys)	Lys	Lys	Asn	Lys
AGA	Arg	Arg	Arg	Ser	Ser	Ser	Ser	Ser	終止
AGG	Arg	Arg	Arg	Ser	Ser	Ser	—	Ser	終止

（　）は未確定，？はたぶんそうだと思われる場合を示す。
—　はまだゲノム内にこの暗号が見出されていない。

型の三次元構造をもたないようなものが存在し，中にはDアームや，Tアームの欠けたものさえ見つかっている[14)~19)]（図6.3.2）。このような事実はミトコンドリアのタンパク質合成系を使えば，遺伝暗号の読み替えが可能であること，言い換えれば，特定のミトコンドリアtRNAはミスセンスサプレッサー様の機能をもつと考えられる。例えば高等植物以外のすべての生物のミトコンドリアではUGAはTrp として読まれている[16)]。したがって任意のmRNAで特定の部位にTrp を挿入したい場合，その部位のコドンをUGAとしてミトコンドリアのタンパク質合成系で翻訳させればよいことになる。

特に興味深いのはAGA，AGGコドンである。普遍暗号と原生動物，腔腸動物のミトコンドリアではこれらのコドンを翻訳するtRNA^{Arg}遺伝子がミトコンドリアゲノムに存在するため，AGA/AGGはArgに翻訳されるが，それ以外の後生動物ではこれらを解読するtRNA^{Arg}(AGA/AGG）遺伝子がミトコンドリアのゲノムから脱落している。その結果哺乳動物ではAGA/AGGコドンは終止コドンに変化しているが，線形，軟体，節足，棘皮動物ではSerに対応していて，これらの解読には本来AGU，AGGを翻訳するtRNA^{Ser}(AGY）が併用されると考えられている[17)]。このtRNAはDアームが欠けた異常構造をとり，さらに図6.3.3に示すようにAGA，AGGコドンの解読能はDアームのサイズに依存すると考えられている（線

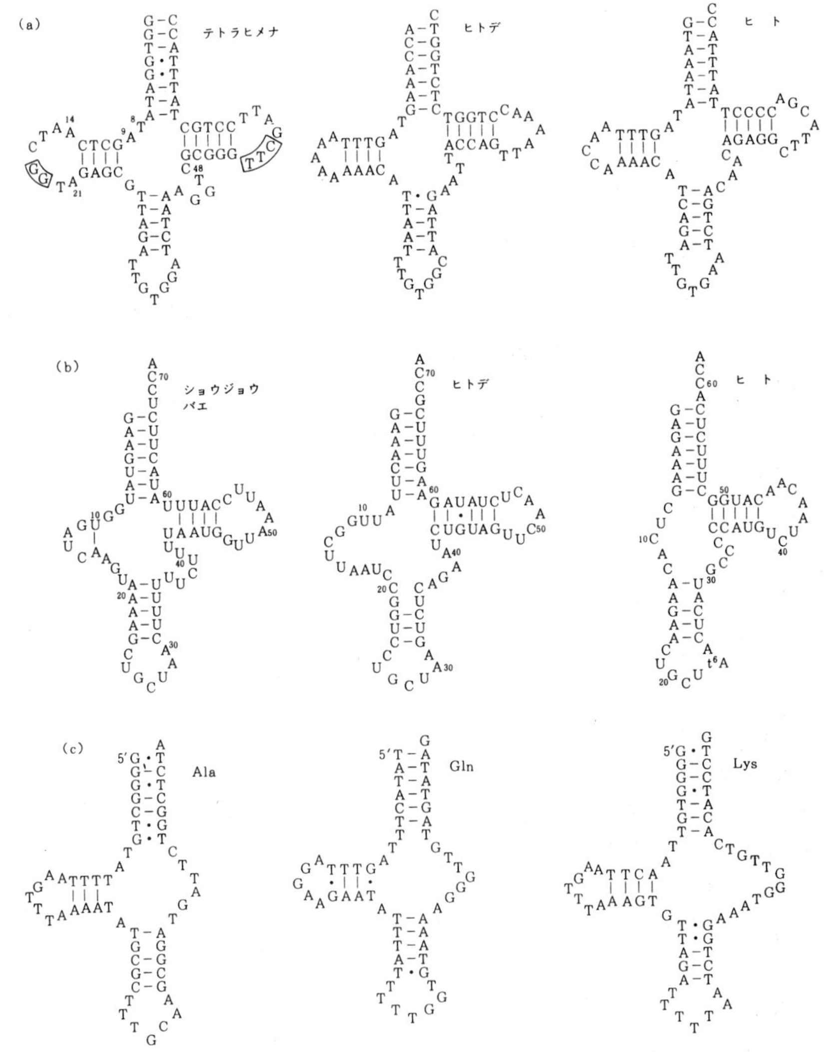

図6.3.2　種々の動物ミトコンドリアに見られる異常構造をもつｔＲＮＡのクローバ葉型構造

（a）テトラヒメナだけが□で囲った共通配列をもち，ＤループとＴループが会合するが，残りのものはこの会合ができない。
（b）Ｄループを欠くセリンｔＲＮＡ（ＡＧＹ）
（c）Ｔループを欠く線虫のｔＲＮＡ

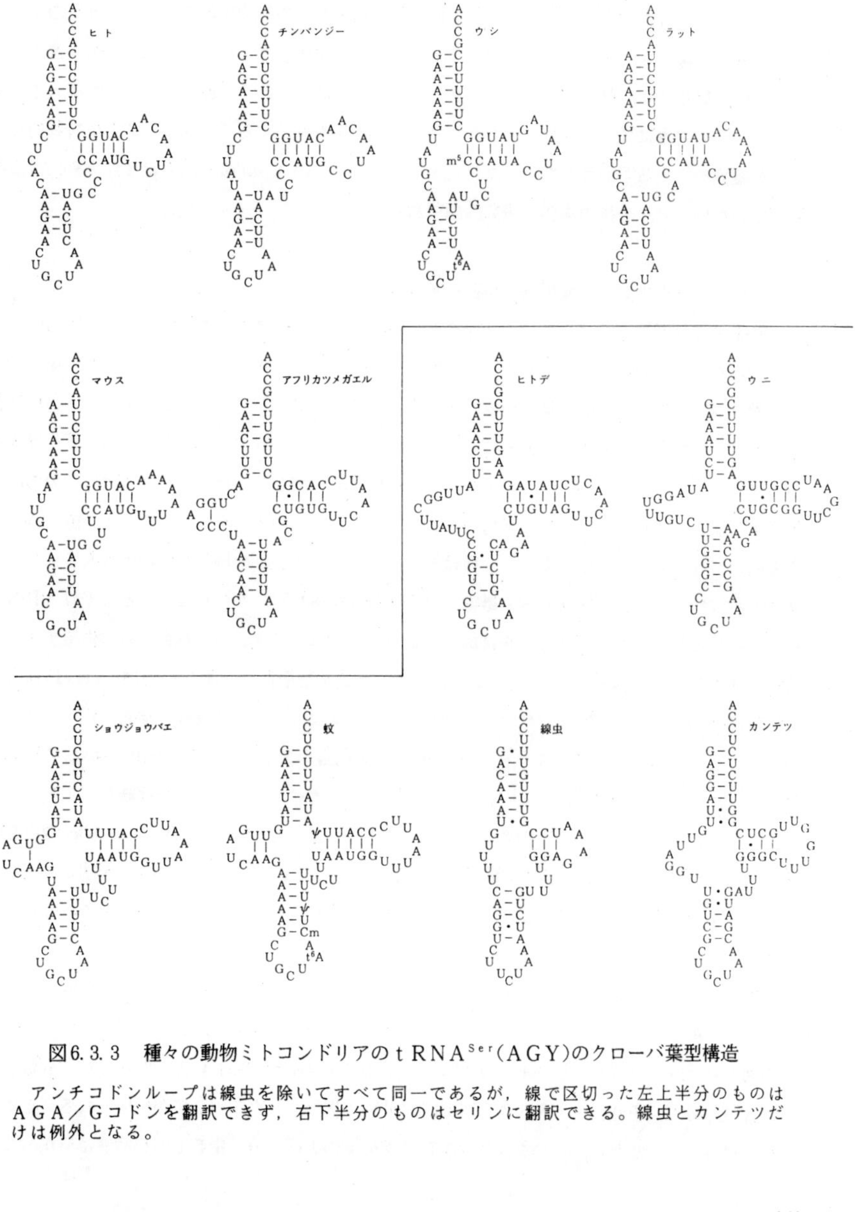

図6.3.3　種々の動物ミトコンドリアのｔRNA^{Ser}(AGY)のクローバ葉型構造

アンチコドンループは線虫を除いてすべて同一であるが，線で区切った左上半分のものはAGA／Gコドンを翻訳できず，右下半分のものはセリンに翻訳できる。線虫とカンテツだけは例外となる。

形動物のみはｔＲＮＡのアンチコドンが変わっていて４種類のコドンに対応できると考えられる[18),19)]）。

したがってＡＧＡやＡＧＧをシストロン中に含むｍＲＮＡを脊椎動物ミトコンドリアのタンパク質合成系で翻訳させれば，その部位でタンパク質合成は停止するだろうし，同じｍＲＮＡを線形，軟体，節足，棘皮動物ミトコンドリアの合成系に入れれば，その部位にはSer が導入されるだろう。このように種々の動物ミトコンドリアの翻訳系を利用することによって部位特異的なアミノ酸置換を行える可能性がある。ただしミトコンドリアの*in vitro*翻訳系はまだ完全には構築されていないので，今後の重要な研究課題である。

3.3　非タンパク性アミノ酸の部位特異的導入法

これまでの話題はタンパク性アミノ酸を部位特異的にタンパク質へ導入することに限られていた。ではその当初の目標である非タンパク性アミノ酸を導入する方法はあるだろうか。第５章では天然タンパク性アミノ酸と構造が似た非タンパク性アミノ酸がアミノアシルｔＲＮＡ合成酵素（ＡＲＳ）に誤認される場合のあることを利用して，このようなアミノ酸をタンパク質へ導入する方法[20)]が述べられている。（これら非タンパク性アミノ酸を含んだタンパク質は，この方法の考案者によってアロプロテインと名付けられた）。しかしこの方法もすべてのアミノ酸に適用できるわけではなく，例えばD型アミノ酸はチロシンなどごく一部の例外を除けばＡＲＳによって認識されない。このようなＡＲＳの厳密なアミノ酸識別機構[21)] を逃れる方法としてはＡＲＳに依らずにアミノアシル－ｔＲＮＡを合成し，それを*in vitro*のタンパク質合成系に供給するしかない。ＡＲＳに依らないアミノアシル-tＲＮＡの合成法を最初に考案したのは，Virginia大のS.M.Hechtらのグループである[22),23)]。図6.3.4に示すように，まず有機化学的に２′－(３′)－*O*－アシル－pＣpＡ(４)を合成する。次にtＲＮＡを蛇毒ホスホジエステラーゼ(PDase)で部分分解して３′－pＣpＡを除去したｔＲＮＡ-C_{OH}にＲＮＡリガーゼによって**4**を連結し，アミノアシル－ｔＲＮＡ(aa－ｔＲＮＡ)を得る。彼らはこの方法によってそれぞれVal，Ile，Phe，Metを受容したaa－tＲＮＡを25～91％の収率で得ている。ただしアミノ酸とｔＲＮＡ３′末端のリボース間のエステル結合はかなり不安定であるから，aa－ｔＲＮＡをいかに高収率で回収できるかがこの方法のポイントになろう。

任意のアミノ酸を連結した misacylated－ｔＲＮＡはリボソーム上でジペプチド形成反応のドナーとして機能することがポリ(U)とｔＲＮＡ^{Phe}を用いた系で確認されており[24),25)]，さらに大腸菌トリプトファンシンターゼαサブユニットの*in vitro*合成において，Valのコドン(ＧＵＮ，ＮはＡ，Ｕ，Ｇ，Ｃ)をPhe －ｔＲＮＡ^{Val}によってPheで置換したタンパク質が生成されることが明らかになった[26)]（ただし，このタンパク質は天然のものと同じ分子量をもつが活性は無かった）。

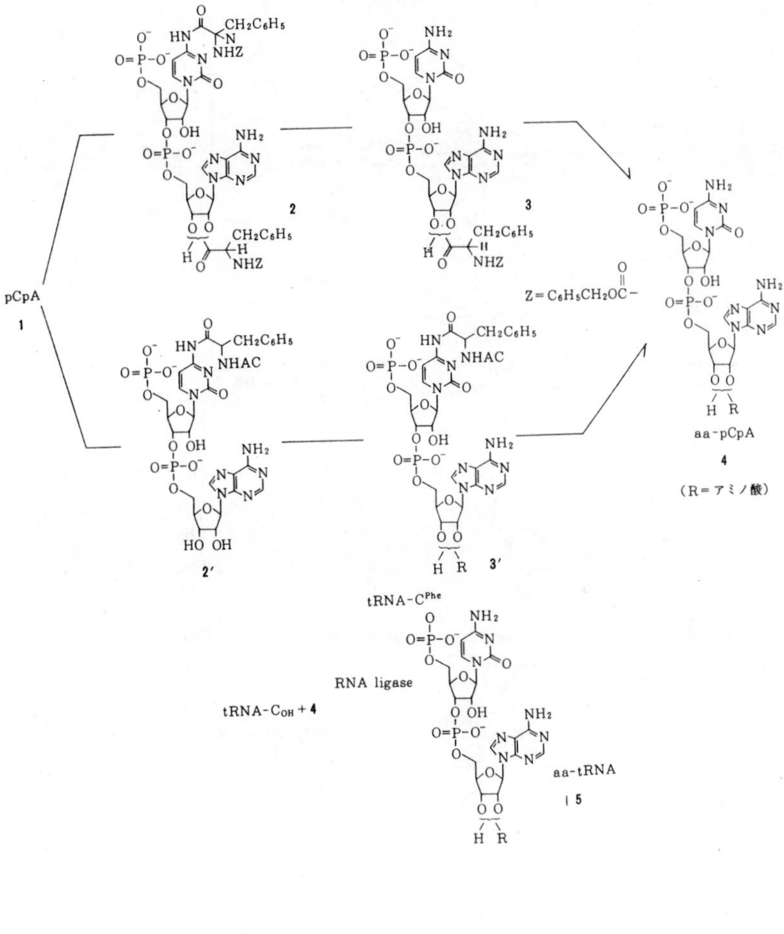

図6.3.4　化学合成法と酵素法を併用したアミノアシル-tRNA作成法の手順

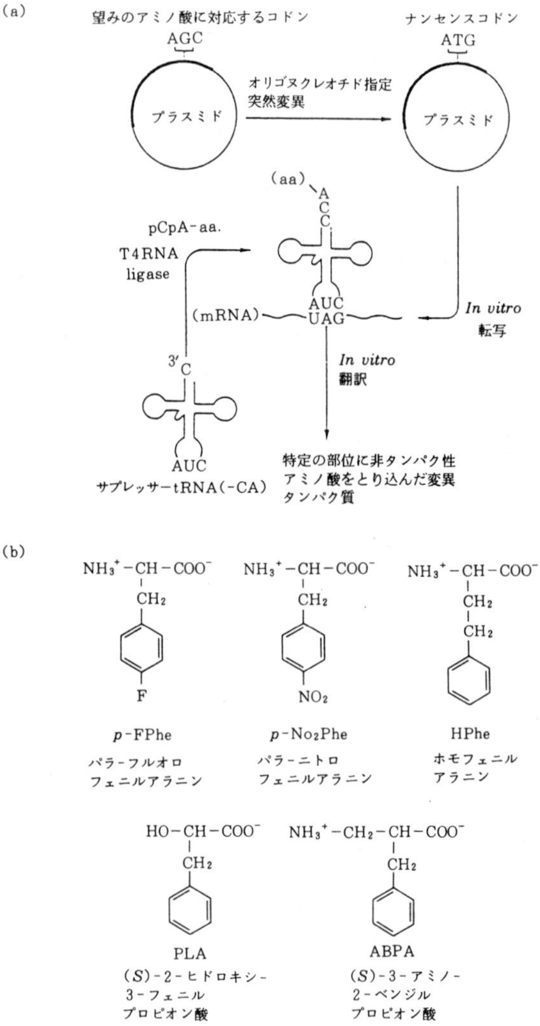

図6.3.5　任意のアミノ酸を部位特異的にタンパク質中に導入する手順を示す概念図（a）と，この実験で用いる非タンパク性アミノ酸の化学構造（b）

表6.3.3　種々の非タンパク性アミノ酸のβ－ラクタマーゼへの取り込みとその酵素活性

アミノ酸	サプレッサー	合成された酵素量 (μg/ml)	K_m (μM)	k_{cat} (s^{-1})
Ｐｈｅ	—	26.0±3.8	55±5	880±10†
Ｐｈｅ	Ｐｈｅ-ｔＲＮＡ$_{CUA}$	2.9±0.9	59±6	870†
Ｔｙｒ	—	16.9±2.3	49±3	420±40*
p－ＦＰｈｅ	***p***－ＦＰｈｅ-ｔＲＮＡ$_{CUA}$	2.1±0.9	59±2	1,120±290*
p－NO_2 Ｐｈｅ	***p***－NO_2 Ｐｈｅ-ｔＲＮＡ$_{CUA}$	3.0±1.0	57±4	370±70*
ＨＰｈｅ	ＨＰｈｅ-ｔＲＮＡ$_{CUA}$	1.0±0.4	72±14	150±60*
ＰＬＡ	ＰＬＡ-ｔＲＮＡ$_{CUA}$	0		
ＡＢＰＡ	ＡＢＰＡ-ｔＲＮＡ$_{CUA}$	0		
D－Ｐｈｅ	D-Ｐｈｅ-ｔＲＮＡ$_{CUA}$	0		

＊取り込まれた放射能から算出。　†精製酵素のBradford定量法から算出。

最近California大のP.G.Schultzのグループは上に述べた方法と3.1項で述べた方法を組み合わせて，misacylated-ｔＲＮＡ$_{CUA}$(Phe)〔大腸菌tＲＮＡ^{Phe}のアンチコドンをＣＵＡに変換しアンバーコドンＵＡＧを翻訳できるようにし，かつ上の方法で種々のアミノ酸を連結したｔＲＮＡ〕を作成し，β－ラクタマーゼの保存部位である66位のPhe を，非タンパク性アミノ酸を含む種々のアミノ酸で置換した酵素改変体を作成し(図6.3.5)，その合成量と活性について詳細に検討した結果を報告している[27]（表6.3.3）。表に明らかなように，パラ位にフッ素やニトロ基をもつPhe の誘導体(***p***－FPhe，***p***－NO_2Phe)や側鎖にメチレン基を一個余分にもつホモフェニルアラニン(HPhe)は酵素タンパク中に取り込まれ活性も発現するが，主鎖に余分なメチレン基をもつ（*S*）－３－アミノ－２－ベンジルプロピオン酸（ＡＢＰＡ）や，アミノ基をもたないオキシ酸〔(*S*)－２－ヒドロキシ－３－フェニルプロピオン酸（ＰＬＡ）〕，D－Phe などはタンパク中に取り込まれなかった。

この研究は，*in vitro*のタンパク質合成系を用いてタンパク質の特異的部位に非タンパク性アミノ酸を導入した最初の例であり，今後の進展の基礎となる重要な成果といえよう。

4　ｔＲＮＡの改変と設計

これまで述べてきたことで分かるように，*in vitro*反応で非タンパク性アミノ酸をタンパク質の特定部位に導入するには，ｔＲＮＡを操作することが大変重要なポイントである。これまでｔＲＮＡの操作は塩基特異的な RNase によってｔＲＮＡを特定部位で切断し，ＲＮＡリガーゼによって他のＲＮＡ断片と連結して改変ｔＲＮＡ分子を作る，いわゆる分子整形術が重要な位置を占めていた[28]。しかしＴ７ＲＮＡポリメラーゼの転写系が開発されてから，ｔＲＮＡの改変と設計というこれまでは大変困難で高度の技術を要したテーマも誰もが実行可能なレベルまで引き寄せられた感がある。新しい方法では，Ｔ７ＲＮＡポリメラーゼのプロモーター配列に望みのｔＲＮＡ遺伝子を連結した合成ＤＮＡを作成し，これを鋳型としてＴ７ＲＮＡポリメラーゼによって*in vitro*反応で大量にｔＲＮＡ転写物を生産させるのである[29]。Colorado大の0. C. Uhlenbeck らによって開発されたこの系を利用して，これまでさまざまなｔＲＮＡの改変体が作成され，ｔＲＮＡ上のＡＲＳ認識部位（これはtRNA indentity determinantと呼ばれるようになった）の探索も急速に進められている[30)~34]。

この方法は現在ではｔＲＮＡの作成に限られず，ｍＲＮＡや特定の配列をもったＲＮＡの大量合成にも頻繁に用いられ，広い分野で成果をあげている。

ただしｔＲＮＡに関するこの方法の限界は修飾塩基が導入できない点にある。一般にアンチコドンの３′側に隣接した，修飾塩基をもたないｔＲＮＡには正確な翻訳能を期待できないので[35]，Ｔ７ポリメラーゼで転写されたままの未修飾ｔＲＮＡではタンパク合成に利用できない。化学的あるいは酵素的に修飾塩基を導入できれば，3. 2項で取り上げたサプレッサーｔＲＮＡを，ミトコンドリアｔＲＮＡに習って単純化したり，Ｄアームを操作して暗号の読み替えをできるようにしたｔＲＮＡを作成することも可能になるだろう。これは早急に解決したい重要課題である。

5　今後の展望

以上述べてきたように，この１～２年の間に*in vitro*タンパク質合成系を用いたタンパク質生産の研究は急激に進展し，非タンパク性アミノ酸を含む非天然タンパク質を大量生産するための基本戦略もすでに確立されたといえるだろう。さらに系を単純化し，合成効率を上げるためのさまざまの工夫も検討されつつある。そう遠くない将来には，現在の遺伝子工学を利用したタンパク質生産法に比肩できるほど，生体外タンパク質合成法が実用段階に到達するものと筆者は大いに期待している。

そしてこのシステムを活用して新機能をもつタンパク質を発現させるためには，どのようなタンパク質に（タンパク性，非タンパク性を問わず）どのような種類のアミノ酸を導入するのが有効であるかについて，これまでのタンパク質工学で得られた成果に基づいて地道な検討を深めることがなによりも必要であろう。

文　献

1) Nirenberg, M.W. and Matthaei, J.H., *Proc. Natl. Acad. Sci. USA*, **47**, 1588－1602(1961)

2) De Vries, J.K. and Zubay, G., *Proc. Natl. Acad. Sci. USA*, **57**, 267－271 (1967)

3) Zubay, G., *Ann. Rev. Genet.*, **7**, 267－287 (1973)

4) Spirin, A.S., Baranov, V.I., Ryabova, L.A., Ovodov, S.Y. and Alakhov, Y.B., *Science*, **242**, 1162－1164. (1988)

5) 大島泰郎，「好熱性細菌」，東京大学出版会（1978）

6) 渡辺公綱，生化学，**53**，1033－1051（1981）

7) Oshima, T., Hamasaki, N. and Uzawa, T. in Polyamines in Biochemical and Clinical Research" eds by Zappia, V. *et al.*, pp633-642, Prenum Pub.Co.Ltd. (1988)

8) Watanabe, K., Himeno, H., and Ohta, T., *J. Biochem.*, **96**, 1652－1632 (1984)

9) Yokoyama, S., Watanabe, K. and Miyazawa, T., *Adv.Biophys.*, **23**, 115－147 (1987)

10) Eckstein, F., *Ann. Rev. Biochem.*, **54**, 367－402 (1985)

11) 東田英毅，井上真理子，上田卓也，渡辺公綱，Eckstein, F., 第12回日本分子生物学会年会（仙台）講演要旨集，p.124（1989）

12) Masson, J.M. and Miller, J.H., *Gene*, **47**, 179－183 (1986)

13) Normanly, J., Kleina, L.G., Masson, J.-M., Miller, J.H. and Abelson, J., The 12th International tRNA Workshop, Jully 3－9, Umea, Sweden (1987)

14) 細胞工学「特集ミトコンドリアと葉緑体」4，13－104（1985）

15) 渡辺公綱「分子生物学入門」共立出版（1988）

16) 渡辺公綱，科学，59，783－793（1989）

17) 渡辺公綱，細胞工学，**5**，103－114（1986）

18) Heckman, J.E., Sarnoff, J., Alzner-Deweerd, B., Yin, S. and RajBbhandary, U., *Proc. Natl.Acad.Sci., U.S.A*, **77**, 3159－3163 (1980)

19) Woltenholme, D.R., Macfarlane, J.L., Okimoto, R., Clary, D.O. and Wahleithewr, J.A., *Proc. Natl. Acad. Sci., USA*, **84**, 1324－1328 (1987)

20) Koide, H., Yokoyama, S., Kawai, G., Ha, J.-M., Oka, T., Kawai, S., Miyake, T., F Fuwa, T. and Miyazawa, T., *Proc. Natl. Acad. Sci., U.S.A.*, **85**, 6237－6241(1988)

21) Heckler, T.G., Chang, L.H., Zama, Y. and Hecht, S.M., *Tetrahedron.*, **40**, 87－94(1984)

22) Heckler, T.G., Chang, L.-H., Zama, Y., and Hecht, S.M., *Biochemistry*, **23**, 1468－1473 (1984)

23) Heckler, T.G., Zama, Y., Naka, T. and Hecht, S.M., *J.Biol. Chem.*, **258**, 4492－4495 (1983)

24) Roesser, J.R., Chorghade, M.S. and Hecht, S.M., *Biochemistry*, **25**, 6361－6365

(1986)
25) Payne, R. C., Nichols, B. P. and Hecht, S.M., *Biochemistry*, **26**, 3197－3205 (1987)
26) Noren, C. J., Anthony−Cahill, S.J., Griffith, M.C. and Schultz, P.G., *Science*, **244**, 182－188. 1989)
27) 西川一八，続生化学実験講座（日本生化学会編），遺伝子研究法I　核酸の化学と分析技術　p p63－78.（1986）
28) Sampson, J.R. and Uhlenbeck, O.C., *Proc. Natl. Acad. Sci.*, *U.S.A*, **85**, 1033－1037（1988）
29) Schulman, L.H. and Abelson, J., *Science*, **240**, 1591－1592（1988）
30) Mcclain, W.H. and Foss, K., *Science*, **240**, 792－796（1988）
31) Hou, Y.−M. and Schimmel, P., *Nature*, **333**, 140－145（1988）
32) Francklyn, C. and Schimmel, P., *Nature*, **337**, 478－481（1989）
33) Sampson, J.R. and Uhlenbeck, O.C. *Science*, **243**, 1363－1366（1989）
34) Nishimura, S. in Transfer RNA : Structure, Properties and Recognition, Eds by Schimmel, P.R., Söll, D. and Abelson, J.N., pp59–79, Cold Spring Harbor Laboratory（1979）

第3編　タンパク質データーベース

第7章　タンパク質工学におけるデータベース

次田　皓*

1　はじめに

タンパク質の一部を改変してタンパク質そのものの構造，機能の変化を解明したり，人工タンパク質を作り上げるタンパク質工学の研究は今や爆発的な高まりを見せている。これらの研究には古くから続けられてきたタンパク質の化学的修飾，自然変異株の分離，人工変異株の作成等の従来の遺伝的手段も活用されている上に，特異的変異手段等の近代的人工変異手段がそれらの研究をより活性化してきている。また，それらによって作り出された遺伝子の発現に関しての研究も，その発現の調節，膜透過性等の研究も集積されてきている。作られたタンパク質の解析にはX線，NMR等の手段による分析が極めて数多く用いられるようになってきている。その活性の測定は多種多様でその多様さはタンパク質の持つ限りない多様な性質に対応して限りない広がりを示している。勿論タンパク質の安定性等の物理化学的データも大切な一面である。

さてこのような研究報告数は，かつての核酸配列法が確立された時点とほぼ同様な雰囲気に似て対数的な高まりの時期にあるといえよう。ただ核酸配列の場合にはその配列がほとんど全てであったが，タンパク質工学の現在の情報の高まりはその多様さに特徴をもっている。このような状況においていかにしてこれらのデータを整理し，タンパク質工学の研究者の利用しやすい形のデータベースに作り上げることは今後のタンパク質工学にとって極めて重要な課題といえよう。以下に著者らの研究室でここ約2～3年間に亘って試み，進めてきたことを紹介する。

この方向に向かって考え始めると同時に遭遇することは現在までの主要なデータベースの活動はタンパク質・核酸両データベース共に配列データベースが主であり，「非配列」データベースに関する経験が少ないことである。現時点ではこれら配列データベースに含まれるComment，およびより整った形ではFEATURE TABLE 等に，これらの非配列データが集められている。

データベースの作製にあたって常識的に留意されることは，同種および異種のデータベース間の互換性があることである。このためにいち早くタンパク質配列データベースの間ではCODATAの標準フォーマットが作られ[1]，現在の主要タンパク質データベースはこれに準拠したものを基礎とし，統一されたフォーマットに基づいて作られている。また，核酸配列データベースも国際委

＊　Akira Tsugita　　東京理科大学　生命科学研究所

員会の助言によって未だ充分とはいえないがフォーマットの標準化に向かって歩み出している。これらのフォーマットの標準化は単に上記タンパク質および核酸の配列のデータベースに限らず，この項で述べようとするその他の非配列データベースについてもできるだけこの標準化様式に準拠することが望まれ，配列データベースとの相互乗り入れが可能であるような考え方が大勢を占めている。即ちタンパク質名，生物起源，FEATURE TABLE，配列等は，後述の変異データベースでは配列データベースとほぼ同様であるため配列データベースから借用することが考えられている。さらに立体構造のデータベースからの取り込みができることがさらに理想的であろう。

2　変異データベースとは

変異タンパク質のデータベースの作製は膨大な実験データの集積されつつある現在必須のことであることはいうまでもない。どんな形のものが利用者の側から望まれるかを考え，種々の討論をふまえて以下のような形を考えるに至っている。

変異データベースに入力するデータは大別して２つのデータ群が考えられる。その一つは最近の遺伝子工学的手法，部位特異的変異，人工合成核酸発現ベクター等の近代的手段で作り出した人工変異タンパク質のデータ，と一方古くから見出されている自然変異株タンパク質のデータの双方である。本質的には後者の場合にはかなりの割合で淘汰の過程が含まれているが，データとして取り扱うためには一部の項目の記入法の修正で充分統一されたフォーマットの下に取り扱うことができる。また，人工変異株の中にかなり古くから用いられている核酸または生物を物理的（紫外線，放射線等）または化学的（変異試薬）方法を用いて作られている自然変異株も数多く研究されていて，これら区別のつかない変異株もこの変異データベースに入力されている。

さてこのような変異データベースではタンパク質の一次構造即ち配列の変化と，それに伴って変化する新しいタンパク質の諸性質，即ち生物活性と物理化学的性質が２つの重要な要素となる。

表7.2.1　変性データベースの概略

HEADER
ACCESSION NUMBER
TITLE
EC-NUMBER
ALTERNATE-NAME
DATE
SOURCE
HOST
METHOD
ORGANIZATION
ORGANIZATION-V
FEATURE
FUNCTION
FUNCTION-V
PHYSICAL
PHYSICAL-V
PATHOLOGY
COMMENT-APPLICATION-V
EXPRESSION
SUMMARY-V
SEQUENCE-P
VARIATION-P
SEQUENCE-N
VARIATION-N
CROSS-REFERENCE

変異データベースの概略を表7.2.1に示すが，このフォーマットはできるだけCODATAの推薦した一般の配列データの標準フォーマット（表7.2.2参照）に準拠するよう作ってある。一方，こ

表7.2.2　配列データのスタンダードフォーマット

Indentifier	Subidentifier	Information	
ENTRY	—	Entry identification code	Required
	#Type	Type of molecule	
TITLE	—	Entry title	Required
	#EC-number	Enzyme commission number	
ALTERNATE-NAME	—	Alternate name	Optional
INCLUDES	—	Includes name	Optional
DATE	—	Date added to database	Recommended
	#Revised	Date of entry revision	
	#Sequence	Date of sequence revision	
	#Text	Date of text revision	
ACCESSION	—	Accession number	Optional
SOURCE	—	Scientific name of organism	Required
	#Common-Name	Common name of organism	
	#Strain	Strain designation	
	#Plasmid	Plasmid designation	
	#Clone	Clone designation	
	#Tissue	Tissue isolated from	
	#Life-cycle	Life cycle expressed	
	#Description	Description of bioligical source	
	#Taxonomy	Taxonomic classification	
HOST	—	Scientific name of host	Optional
	#Common-Name	Common species name of host	
	#Strain	Strain designation	
	#Plasmid	Plasmid designation	
	#Clone	Clone designation	
	#Tissue	Tissue isolated from	
	#Life-cycle	Life cycle expressed	
	#Description	Description of host	
	#Taxonomy	Taxonomic classification	
REFERENCE	—	Brief comment	Required
	#Number	Reference number	
	#Authors	Author names	
	#Journal	Journal citation	
	#Book	Book citation	
	#Citation	Literature citation	
	#Title	Title of publication	
	#Comment	Comment referring to reference	
COMMENT	—	General comment	Optional
GENETIC	—	—	Optional
	#Name	Gene name	
	#Map-position	Genetic map position	
	#Segment-number	Genomic segment number	
	#Special-code	Special code	
	#Start-codon	Translational start codon	
	#Introns	Intron specifications (for protein entries only)	
KEYWORDS	—	Keywords	Optional
CROSS-REFERENCE	—	Cross reference to other entries or to other databases	Optional
FEATURE	—	Residue specification	Optional
	'Feature descriptor'	Feature title	
PHYSICAL	—	Physical data not derived from the sequence	Optional
ORIGIN	—	Origin of sequence numbering system	Optional
SUMMARY	—	—	Required
	'Composition symbols'	Composition counts	
	#Molecular-weight	Molecular weight	
	#Length	Sequence length	
	#Checksum	Sequence checksum	
SEQUENCE	—	Sequence	Required
///	—	End of entry	Required

の標準フォーマットは最近配列データとその他のデータを同時に取り扱うことが便利にできることも含めて改訂が行われた[2]。

変異データベースは，他の配列データベースや生物活性，物理的性質データベース等に見られない例えばMETHOD，EXPRESSIONのように変異タンパク質を作った材料，方法等の技術を記述する項目があり，また，PATHOLOGYの項目では変異株の病理条件が入力されている。

3　変異データベースのファイルの単位

変異データベースのファイルではタンパク質の活性を示す単位がファイルの単位となっている。これにひきかえ従来のタンパク質配列データベースでは，その単位は一本鎖のタンパク鎖であり，例えばヘモグロビンではα鎖，β鎖は別々の単位のデータとして入力されている。変異データではヘモグロビンは２α２βとして入力されている。次に多くのタンパク質では前駆体の存在があり，タンパク質合成の翻訳過程後のペプチド鎖の切断等で活性を示すmatureなタンパク質となる。タンパク質配列データベースではこれらの翻訳過程前のいわゆる前駆体の一本鎖が入力の単位となっているが，変異データベースの単位は，翻訳過程後の切断された後の活性を示すタンパク質が入力されている。このためには後述するが，ORGANIZATIONの項目が使われる。

また，翻訳過程後の修飾の内システイン残基間のＳ－Ｓ結合の位置，末端の修飾，糖の結合，金属の結合等の情報はタンパク質配列データベースと同様に変異データベースの場合もFEATURE TABLEの記載事項となっている。

以上に述べたことは実は生物活性データベースについても同様で，むしろ本来生物活性データベースについて入力されているもので，変異データベースでは生物活性データベースから借入し，少し改めて使っているというのが事実である。

この〔ORGANIZATION〕の項目は以下のようになっている。ここにはそのタンパク質鎖の数，残基の初めと終わりの番号，＜　＞中にタンパク質配列データベースのコードまたはアクセッション番号が入れられている。例えばRNAポリメラーゼでは 2 alpha；1－329＜ＲＮＥＣＡ＞，1 beta ；1－1342＜ＲＮＥＣＢ＞，1 beta′；1－1406＜ＲＮＥＣＣ＞，1 sigma；1－613＜ＲＮＥＣＳ＞のようになっている。即ち２本のα鎖，１本ずつのβ，β′およびδ鎖からなっていて，その各々の配列データベースでのコード名はＲＮＥＣＡ，ＲＮＥＣＢ，ＲＮＥＣＣ，ＲＮＥＣＳでありその長さは１残基目から各番号の示す残基までということになっている。この例ではあてはまらないが，残基番号を記入してあるのはタンパク質によっては翻訳課題後の切断を受けて活性をもつ形となるものがあるためつけられている。例えばα－トリプシンでは7－131；132－229 ＜ＴＲＢＯＴＲ＞である。ここで配列データベースの牛のトリプシノーゲンのコード名はＴＲＢＯＴＲであり，活性化ペプチドが自動的に切れて７－229 ＜ＴＲＢＯＴＲ＞のβ－トリプシンとなり，さらに131番と132番目の残基間の結合が切れて7－131，132－229＜ＴＲＢＯＴＲ＞のα－トリプシンとなる。この２つのペプチド鎖はジスルフィド結合で繋がれている。ジスルフィド－Ｓ－Ｓ結合の位置は前述したようにこの〔ORGANIZATION〕の項ではなく〔FEATURE TABLE〕の項目に記入されている。

これまでのところでは野生型の生物活性および物理性質データについて入力されていることであり，このような入力によってソフトにより配列データをその長さの変化を含めて自動的にdisplay されるようになっている。次に変異データベースでは，この野生型の入力様式を借用し発展させて配列上の変化をさらに記入するようになっている。例えば一つのアミノ酸の変化は上述の残基番号を１－115，‘N’，117－300 のようにする。これは 300残基あるタンパク質の 116番目がNに変化したことを示してある。もし，上記のタンパク質の 116番目のNの代わりに８個の残基が挿入されている場合には例えば１－115，‘ＦＬＩＭＶＳＶＹ’，116 －300 となる。欠落については１－20，24－300 で21から23残基までの３つのアミノ酸が欠落したことを示す。勿論これらの残基番号の後には＜　＞中にコード番号がつけられる。２つのタンパク質分子の結合したキメラ分子（ハイブリッド分子）の場合も１－201 ＜ＦＲＩＧＩＤ＞，345－501 ＜ＡＲＧＦ１＞のように２つのコードが書きこまれている。即ち，ＦＲＩＧＩＤのコードをもつタンパク質分子の１－201 とＡＲＧＦ１のコードをもつタンパク質分子の345 －501 残基が結合した分子がこれによって書き表されることになる。以上の項はORGANIZATIONに記載され，これによって配列が自動的に変化されてdisplay されることになる。

上述のような配列に直接かかわるものは，ORGANIZATIONの項にまとめられていて，一つにはその生物活性を持つサブユニット構造の組成が示されると共に変化した後の配列が自動的にdisplayすることに役立つが，この他に構造上の変化を表す項目がもう一つある。FEATURE TABLE である。配列データにあるFEATURE TABLE ではその配列上の特徴を示すことを記入する様式で，ここで記されたことは一定のプログラムにより容易にretrieveすることができるようになっている（次項の酵素データベースでやや詳しく内容を述べてある）。前述の配列そのものの切断等以外にもある残基の修飾を示すものがある。例えば化学的または酵素的修飾によって作られた変異株等にはこのFEATURE TABLE に記入することになっている。また，Ｓ－Ｓの場所の情報も構造上大切な情報であるが，このFEATURE TABLEにもられていることを重ねて強調しておく。なお，このFEATURE TABLE の残基番号はORGANIZATIONに記入された情報によって変化する（例えばmaturationで一部構造が短くなる）場合は自動的に変換されるようになっている。この他にVariant データベースでは VARIATION－Ｐまたは VARIATION－Ｎがある。前者ではタンパク質上の変化を，また後者では核酸上の変化を示す。核酸の場合には例えば調節活性を持ち，構造遺伝子以外の相関遺伝子の配列の変化とか，機能を直接に持つ核酸の遺伝子上の変化を記入する項である。VARIATION －Ｐの記入の方法はFEATURE TABLE の記入の方法とほぼ同一で，例えば，

RESIDUES　　VARIATION

126　　Substitution：G From S（active site）

のように書かれている。126残基のSer が本来活性中心にあったものがGly に変化したことを示している。小項目にはSubstitutionの他Insertion，Deletion Fragment，Modification，Chemically synthesized 等がある。FragmentはChemericな分子についての記述を，Modificationは化学的，酵素的，生物的（翻訳過程後）に修飾された記述を，また，Chemically synthesizedは文字通り化学的に合成されたことなどを示す。また，前述の（　）中に野生型タンパク質で本来の作用等を示している。これらの項目はORGANIZATION，FEATURE TABLE と重複するVariant の構造上の変化をよりはっきりと示すために作られた項目であり，この項目からプログラムにより抽出される情報は端的にその構造上の変化を示す情報となり貴重である。

4　生物活性と物理的性質の変化

タンパク質構造上の変化に伴って起こる生物活性の変化および物理的性質の変化は構造上の変化と共に最も重要なデータである。実はこのデータを整理した形で作ることは非常に困難なことであり，このため我々は野生株の生物活性データベースと物理的性質のデータベースの２つの基本的なフォーマットを作ることから始めた。勿論，この２つのデータベースについても各々膨大な問題を抱えている。例えば生物活性と一口に言っても実に多様である。したがって我々は第一歩として酵素活性データベースについて考え始め，次に電子伝達活性，酵素伝達活性タンパク質と一歩一歩考えて行った。これらのデータベース間ではなるべく共通な項目を残し統一性を保つように努力してみた。表7.4.1に酵素活性データベースをはじめ，他の２つの生物活性データベースに共通なフォーマットの概要を示してある。表7.4.2はその内のFUNCTIONデータベースをやや詳しく説明してある。以下にこの内の酵素活性データベースを説明してみる。

TITLE の項目には酵素名とその生物起源の一般名称との組み合わせを入力してある。ただし，入力は酵素名だけで起源の方はSOURCEの項よりその一般名が自動

表7.4.1　生物活性データベースの概略

HEADER
ACCESSION
TITLE
SYSTEMATIC-NAME
ALTERNATE-NAME
DATE
SOURCE
HOST
ORGANIZATION
COFACTORS
FEATURE
REACTION
FUNCTION
POST-TRANSLATIONAL
APPLICATION
GENETIC
SUMMARY
SEQUENCE-P
CROSS-REFERENCE

表7.4.2　生物活性データベースのFUNCTIONの内容

ENZYME-SPECIFIC	ELECTRON-CARRIER	OXYGEN-CARRIER
SUBSTRATE		
INHIBITOR		
ACTIVATOR		
EQUILIBRIUM-CONSTANT		
ACTIVITY		
CONDITIONS		
	REDOX POTENTIAL	
	CONDITIONS	
		OXYGEN AFFINITY
		BOHR-EFFECT
		COOPERATIVITY
		ANION EFFECT
		CATION EFFECT
		HEAT OF OXYGENATION
		CONDITIONS

的にdisplay されるようになっている。

EC－NUMBERの項目は現在用いられているEnzyme Nomenclature から記述されている番号を記入してある。この項にはPreviousの小項目があり，これには過去に用いられていたＥＣ番号があればそれが記入されている。

SYSTEMATIC－NAMEの項目にはEnzyme Nomenclature にある系統名が記入される。

ALTERNATIVE －NAMEはタンパク質配列データベース，Enzyme Nomenclature およびそのほかの文献に記載されている名称の上記TITLE およびSYSTEMATIC NAME 以外のものが並記されている。

SOURCEの項目には生物起源の学名，一般名，Strain名，Plasmid 名，Clone 名，Tissue名，Lifecycle およびそれらに付随した付加的説明も記述される。

Hostの項目は，もしそのSOURCEがウイルス等の場合に限りその宿主を記入する。勿論その場合もSOURCEの項同様の学名，一般名等も記入されている。

ORGANIZATIONの項目については前項に記述してある生物活性を示す酵素のサブユニット構成とmaturationに伴う配列の変更が記入されている。

COFACTORの項目は酵素の活性を示すために必要なcofactorが記入される。

FEATURE の項については前項に述べてあるが，位置または，範囲を示す残基番号の小項目とFeature を示す小項目から成立している。FEATUREの項目はactive site，binding site，disul fide bond，domain，duplication，modified site，region 等である。勿論，配列の FEATURE TABLE の残基番号はORGANIZATIONの項目の入力で変化があれば自動的に変異されている。

REACTIONの項目はEnzyme Nomenclature の酵素の反応を示す式表示または説明が中心になっている。

FUNCTIONの項目は小項目としてSUBSTRATE，INHIBITOR ACTIVATOR，EQUILIBIUM－CONSTANT，

ACTIVITYを持っている。SUBSTRATEでは主としてEnzyme Nomenclatureからの基質を引用し，そのほか特に注目すべき基質を記入する。ACTIVATOR，INHIBITORの項は酵素活性を特徴づける，または観察されたそれら物質を記入してある。

ACTIVITYの項は変異データベースにとっても比較のために非常に重要な項目であるので変異データベースのまとめの項で詳述する。

POST－TRANSLATIONAL の項はORGANIZATIONの項目とFEATURE の項目以外の翻訳過程後の修飾があれば記入する。

APPLICATIONの項目ではその酵素の医学，薬学，工学的応用について記入されている。GENETICの項目は核酸配列およびタンパク質配列のデータベースから引用するもので，Map position, Gene Name，Segment Number，Special Genetic Code，Start－codon，Intron 等の小項目がある。

SUMMARY の項目は各サブユニットの酵素活性を持つ構造での分子量，アミノ酸残基数，アミノ酸組成が自動的にdisplay される。

SEQUENCE－P はORGANIZATIONの項目の例えば活性化の際の切断などの修飾を含めて各サブユニットのタンパク質配列が自動的にdisplay される。活性化ペプチドの切断等による番号のつけかえも自動的に行われることとなる。前出の例でいうと，ＲＮＡポリメラーゼの場合にはα鎖，β，β'鎖，γ鎖の４本がdisplay される。また第２の例のα－トリプシンの場合は１～６番までが活性化に伴って切れるため本来の７番目が１番になり最後が短くなり 125番までと 126－223 番となってdisplay される。

CROSS －REFERENCE の項目ではタンパク質・核酸配列データベース等のこの関連データベース以外のデータベース，例えば三次構造のデータベースのＰＤＢ等のデータベース名とそのアクセッション番号を記入する。

以上かなり詳しく酵素活性データベースを活性データベースの代表例として解説したが，それは変異データベースが，この活性データベースを基本としてその一部を変更してあるためである。

もう一つの物理的性質のデータベースも生物活性データベースと同様に変性データベースの基本となる。多くの変性タンパク質では活性の変化はなく，熱耐性の変化が見られる例も見られ，実用面または構造を理解するためにも熱耐性は重要且つ有用な情報となっている。このため，この後しばらく物理的性質のデータベースについて述べてみる。

物理的性質と一口にいっても生物活性の場合と同様非常に多様である。ここではまず一番現在注目されている物理的性質である熱的性質についてフォーマットを作ることに着手した。表7.4.3にこの熱的性質を中心とした物理的性質のデータフォーマットを示した。

TITLE，ALTERNATE－NAME，SOURCE，HOST等は活性データベースとほぼ同様であるのでここでの詳述を略した。

表7.4.3　物理的性質データベース（熱的性質を中心に）

ACCESSION NUMBER	
TITLE	
EC-NUMBER	
ALTERNATE-NAME	
DATE	
SOURCE	
HOST	
ORGANIZATION	
COFACTORS	
FEATURE	
REACTION	
OPTIMAL-PH	
TRANSITION-NUMBER	Number of transition states. Value and/or Description
TRANSITION-STATE-N	Transition state
# Ttrs-STEP-N	Transition temperature in K (C)
# DELTA-H-STEP-N	Enthalpy of transition in J/mol(cal/g)
# DELTA-CP-STEP-N	Heat capacity change of transition in J/(K, mol)(cal/(K, g))
# DELTA-G-25-STEP-N	Gibbs energy change of transition at 25 C and value in J/mol (cal/g)
CONDITIONS	－
# Methods	－
# # DSC(a)	Differential Scanning Calorimetry, adiabatic
# # DSC(na)	Differential Scanning Calorimetry, non-adiabatic
# # vH	van't Hoff equation and denaturant description such as GuCl, Urea, other denaturant or none
# # FC	Flow Calorimetry and denaturant description
# # ITT	Isothermal titration and denaturant description
# Reversibility	Description such as reversible, irreverside, or not described
# pH	Value
# Ionic strength	Value in M
# Buffer	Description plus molarity
# Salt	Description
# Sample concentration	Value or range in mM (mg/ml)
# Other additives	Other additives
COMMENT-PHYSICAL	
SUMMARY	
SEQUENCE-P	
CROSS-REFERENCE	

ORGANIZATION, COFACTORS, REACTION と OPTIMAL－pH等のデータは生物活性データベースのものを借用する。FEATURE の項目は配列のFEATURE と共に生物活性のFEATURE も借用して残基番号の調整をしてある。熱安定性のデータベース特有な項目としては以上のものがある。

TRANSITION－NUMBERは遷移状態(Transition state)の数を表している。次いで各Transition state(N)について遷移温度Ttrs－STEP－N の小項目がある。この場合はK°で記入され（　）中にC°を記入する。次の小項目は DELTA－H－STEP－NでJ／Mol および（　）中に Cal／gで表したtransitionのエンタルピーの変化を，DELTA－CP－STEP－NにはJ／K, mol,（　）中に cal／K, gで表したtransitionのheat capacity(熱容量) の変化を，最後に DELTA－G－25－STEP－NにはJ／Mol,（　）中に cal／gで表した25℃でのtransitionのGibbs エネルギーの変化を示す小項目である。

CONDITIONSの項目にはそれらの値を測定した条件を記入する。中項目Methods にはさらに細かい用語が基準化されている。ＤＳＣ(a)，adiabaticなdifferential scanning カロリメトリー，ＤＳＣ(na)はnon－adiabaticのdifferential scanning カロリメトリー，さらにはｖＨはグアニジン塩酸，尿素や他の変性剤の使用または変性剤の未使用の変性条件下でのvan't Hoff equation法。ＦＣは上述の変性条件の記述とFlow calorimetry，ITTでは変性条件を付したIsothermaltitration 法等の用語の統一が用意されている。小項目Reversibility は可逆的，非可逆的またはそれらのデータの不在かを記述する項である。

小項目ｐＨは測定条件のｐＨを，小項目Ionic strengthはＭ単位の濃度を，Bufferの小項目には測定に用いた緩衝液の種と濃度（Ｍ）が記入される。Saltの小項目には溶液中に塩が入れてある場合の記述，Sample concentrationの小項目はｍＭ（mg／ml）での試料濃度またはその範囲を記入する。Other additives には塩以外の添加物があれば記入する。

最後にCOMMENT PHYSICALの項目には特にその他の物理的性質の記入の必要があれば記入する。

この他にこのデータベースには生物活性同様にSUMMARY，SEQUENCE－Ｐ，CROSS－REFERENCE の生物活性データベースからの借用される項目がある。

変異データベースでの生物活性および物理的性質の記入は以上の２つの各々のデータの項目の変化した値を書き換え，野生株のデータと比較できるようにしてある。ここで野生株のデータは原則として前述のように生物活性および物理的性質のデータベースに入力されてある。ここで一つの問題がある。変異株データベースの活性，物理的性質の測定値を比較するためには，その条件が同一でなければならない。野生株のデータを上述のように生物活性，物理的性質のデータベースの新しい測定毎につけ加えていくとするとそれらのデータは膨れ上がって手のつけられない状態になるのではないかということである。この憂いをなくするためには野生株データをその都度同時にその測定の行われた変異データと共に変異データベースに記入することが上述の原則を外して行われている。この際は少なくとも条件が共通なためメモリーを節約できる。

記入するべきデータは生物活性データベースの中では一般的にいってFUNCTIONの項に限られており，時としてREACTIONの項もある。FUNCTIONの項は酵素活性データベースの場合にはその小項目であるSubstrate Inhibitor，Activator，Equilibium－constant，Activityの項であり，電子伝達系タンパク質データベースではRedox Potential であり，酸素伝達タンパクデータベースではFUNCTIONの項目の小項目の Oxygen Affinity，Bohr-effect，Cooperativity，Anion effect，Cation effect，Carbon dioxide effect，Heat of oxygenation である。勿論これらには物理的性質データベースのところで述べたCONDITION の小項目の全てが含まれなければならない。

変異データベースの中の物理性質データはTRANSITION－NUMBER，TRANSITION－STATE －Ｎ，CONDITIONS等の項目およびそれらに属する小項目の必要な全てを含まねばならない。勿論PI，

SPECTRUMの変化がある場合にはこれらの項は含まれる。

5　変異データベースのまとめ

表7.5.1に変異データベースのフォーマットを示してある。ここにまとめるとやや重複するところがあるが変異データベースのまとめをしてみる。HEADER；データファイルの最初に他のデータファイルと区別するための記号で，ＶＡで人工変異データベースをＶＮで天然変異データベースを示している。

ACCESSION NUMBERの項目でデータファイルに固有の情報を持たない記号である。現在のところ６つのアルファベットまたは数字からなり，変異データファイル全てがMで始まり他の５文字は数字である。人工または天然のデータベースについての区別はしていない。

TITLE の項目は，できるだけ PIR－International の配列データベースのタンパク質名を用い次にVariant と数字番号がついている。数字は低いものから順につけていき特に意味を持たさない。

例　Transforming protein p21（H－ras－１），variant 1

ALTERNATE－NAMEの項目はこのタンパクの別名があれば入力するが，一般には配列データベースから引用する。

DATEの項目は，そのデータファイルを入力したまたは変更した場合は附加的に入力する日付で，一般にはdisplay されない。

SOURCEの項目はそのタンパク質を得た生物起源の名称が自動的に配列データからとられてdisplayされる。この項目には学名と一般名が入力されるが，一般名はタンパク名の後に来てTITLEを構成する役にもたっている。例えばTransforming protein p21（H－ras －１），variant １－Human，ただし一般名がない場合または充分な情報を与えない場合は学名が使われる。これらは以下に述べる小項目を含めて配列データベースに準じている。必要がある場合にはこの項目の小項目であるStrain，Clone，Tissue，Life cycle 等にデータを入力することはいうまでもない。

METHODの項目はこの変異データベースに特有な項目で変異手段，または修飾の手段を記入する。

例　Oligonucleotide －directed mutagenesis
　　Chemical mutagenesis with sodium bisulfite
　　Chemical synthesis of a gene
　　Chemical synthesis of a peptide
　　Supprressor tRNA insertional mutagenesis

表7. 5. 1(1)　変性データベースの詳細

HEADER (Required)	VA indicates that the entry is an artifical variant.
ACCESSION NUMBER (Required)	The accession number consisting of six alphanumeric characters, with the first character always beginning with the letter M. No informational content is contained within the number.
TITLE (Required)	The same entry title as in the PIR-International sequence database, with the addition of 'variant' followed by a sequential number for each entry. The number is automatically added and remains permanently attached to the variant. 〔example〕Transforming protein p21 (H-ras-1), variant 1
ALTERNATE-NAME (Optional)	Alternate name for the variant.
DATE (Required)	Date added to the database. 〔example〕10-AUG-1988
SOURCE (Required)	The name of organism taken from PIR-International by pointer.
#Distribution	Free text comments about region, pedigree, family and so on, that a variant is involved. This is followed by an accession number from the Literature database.
HOST (Optional)	Information about host organism for parasitic and viral biological sources for the variant.
METHOD (Required)	Descriptor of the method of mutagenesis or modification followed by an accession number from the Literature Database. 〔example〕Oligonucleotide-directed mutagenesis Chemical mutagenesis with sodium bisulfite Chemical synthesis of a gene Chemical synthesis of a peptide Suppressor tRNA insertional mutagenesis
ORGANIZATION-V (Optional)	Functional and subunit organization of the variant when different from the wildtype molecule in the Biological Activity Database. This is followed by an accession number from the Literature Database.
FEATURE* (Optional)	Denotes the sites or regions of biological interest such as active and binding sites in the protein sequence. This data item is selectively taken from the sequence data entry.
FUNCTION-V (Optional)	Free text or table describing the biological properties of a variant followed by an experimental value and conditions for measurement reported in the literature. This can be compared with the wildtype. An accession number from the Literature database is included.
PHYSICAL-V (Optional)	Descriptors of the physical properties of the variant such as stability. Tm (melting point), G (free energy), and H (enthalpy). 〔example〕Tm: 48.8 (degree centigrade): at pH 5.3 〔example〕2.66 (M): concentration of urea required to unfold 50 percent of a protein at pH 6.3
PATHOLOGY (Optional)	Discriptors of pathological or hematological conditions followed by an accession number from the Literature Database.
COMMENT-APPLICATION-V (Optional)	Free text comments concerning industrial, medical, pharmaceutical, and agricultural applications followed by an accession number from the Literature Database.

（つづく）

EXPRESSION (Optional)	Descriptor and/or free text comments about names of a vector and a host used to express a variant, and about technique, method, material, etc. followed by an accession number from the Literature Database. 〔example〕Vector, PINIII A1; Host, E. coli pp47(crp-); The variant protein was expressed 10 percent of wild-type.
SUMMARY-V (Required)	Composition counts, a molecular weight and a sequence length of the protein can be calculated automatically.
SEQUENCE-P (Required)	The variant protein sequence is generated automatically from the wildtype sequence using information given in VARIATION-P.
VARIATION-P (Required) #Substitution #Insertion #Deletion #Modified-site #Fragment	Modification of amino acid sequence may be denoted as described in the overview.
SEQUENCE-N (Required)	The variant nucleic acid sequence is generated automatically from the wildtype sequence using information given in VARIATION-N.
VARIATION-N (Required) #Substitution #Insertion #Deletion #Modified-site #Fragment	Modification of nucleotide sequence for substitutions, insertions and deletions follow a similar syntax to that shown for amino acid sequences.
CROSS-REFERENCE (Required)	Cross-references to PDB and nucleotide databases

ORGANIZATION－Ｖの項目は，始めと終わりの生物活性を持つsubunit の構成とmatureタンパク質の残基（ここまでは生物活性データベースを取り込む）とそれに加えて野生株との配列上での違いを前述の様式で書き込む。この場合文献データベースのAccession 番号，並びに集められたSubunit の構成タンパク質の配列データベースのAccession もつけられる。この様式については前項で詳述してある。ここに配列をプログラムするための情報が全て書き込まれている。

文献データベースが出てきたのでここで一言文献データベースについて言及しておく。文献がタンパク質配列および核酸配列の両データベースで多くの場合重複していることはよく知られている。また変異データベースでは一つの文献に数多くの配列の一部配列の異なるデータが報告されていること，またその他のデータベース生物活性および物理性質データベース等でも文献の重複が多く見られる。この場合配列そのものに関する文献に関する番号をARCHIVE NUMBERといい配列以外の文献番号をLITERATURE NUMBER といい，一つのデータベースにまとめてファイルとして収集する作業が進められている。これらの番号は任意の三文字とそのデータベースのアクセッションまたはコード番号（入力は自動的に行われる）との組み合わせで作られている。この任意の三文字は＜　＞内に示され，一般に最初の著者名の最初の三文字を使う。もし同一データファイルで同一の著者名が２つの文献の第一著者である場合は第二著者の三文字を用いる。

FEATURE の項目は生物活性データベースにあるFEATURE を原則として取り込む。それに加えて修飾を行った変異の場合には修飾場所と修飾の結果の変化があれば併せて記入する。

例　46　Modification：sulfonation(Tyr)

また，Ｓ－Ｓ結合の変化がある場合には追加または修正を行う。ここで注意をすることは配列データの残基番号とここでの残基番号は必ずしも一致しない（matureによる配列の切断等の変化による）。

COFACTORS, REACTION の項目は変異データベースでは特に変化しないが，変化があれば記入する。一般には変異データベースにはdisplay されず，もし必要があれば生物活性データベースから取り出されるようにしてある。

FUNCTION－Ｖの項目は生物活性データベースと対応して，例えばそれが酵素の場合には小項目Substrate, Inhibitor, Activator, Optimal pH 等は一般には変化がない場合には前項に準じて特に入力しない。しかしEqulibrium－constantおよびActivityの項は，殆どの場合変化するので変異タンパク質で得られた実験値とその条件を記入する。また多くの場合比較のため野生株のデータも同時に測定されているため，その値も記入され比較ができるようdisplay される。一般のActivityの形は，生物活性の簡単な記述，実験値および条件で，文献データベースの記号，Literature number が＜　＞で示されている。

電子伝達系データベースのFUNCTIONの小項目はRedox potentialと条件，酸素伝達タンパク質データベースでは Oxgen affinity, Bohr-effect, Cooperativity, Anion effect, Cation effect, Carbon dioxide effect, Heat of oxygenation 等の小項目と条件がある。これらの内，変異のため変化するものを上記酵素活性の場合と同様記入され比較できるようにしている。

CONDITION－Ｖは上述の項目での条件の記述で充分でないときに記入されるべき項目でMethods, Reversibility, pH, Ion strength, Buffer, Salt, Sample concentration, Other additives等が小項目となっている。

PHYSICAL－Ｖの項目では熱的性質が中心となっていてTRANSITION－NUMBER－Ｖ即ち変異タンパク質の遷移状態の数を，また野生株で変化があれば野生株タンパク質の遷移状態数を比較のため記入する。

TRANSITION－STATE－Ｎの項目にはその各々の遷移番号をその小項目にはTtrs－STEP－Ｎ－Ｖ，に遷移温度をＫ°および（　）中にＣ°で示し，野生株のそれと変化があれば比較できるようにする。ここでSTEP－Ｎは，例えば遷移状態の各々の段階を示し，１段，２段………の値を順次示す。以下のSTEP－Nについても同様各ステップの測定値が記入される。小項目にはさらにDelta－H－STEP－N－VがありJ／mol（および（　）中に(cal／g)）単位での変異タンパク質の遷移のエンタルピーの測定値を，野生株のそれと比較できるように入力する。Delta －Step－N－Vでは変異タンパク質の遷移の熱容量の変化をJ／K，mol と（　）中に cal／K，gで記入する。勿論野生株タンパク質のそれと比較できるようにしてある。Delta －G－25－STEP－N－Vは25℃での変異タンパク質の遷移のGibbs エネルギーの変化をJ／mol および(cal／g）で記入する。

条件の項目はその方法で測定したか，および測定の細かい条件を他の活性の所にあるCONDITIONS の項目と同様に入力するこの他にPI，SPECTRUM，　COMMENT－PHYSICALの項目には変異タンパク質で変化のあるものまたは特記するものは入力する。SPECTRUMの項では最大または特徴のある吸収の波長と，最小の波長と，可能なら分子吸光係数を入力する。PATHOLOGY の項目では病理学的，医学上の項目をLiterature accessionを付して入力する。

APPLICATION の項目は一般に短い文章で工業的，薬学的および農学的応用についてLiterature accession を付して必要に応じて入力する。これらの二項目はオプショナルな項目である。

EXPRESSIONでは発現ベクター，宿主などの名称，方法，条件等をLiterature accessionを付して記入する。

例　Vector，PINIII A1; Host，E. coli pp47(crp-); The variant protein was expressed 10 percent of the wild type.

SUMMARY －Vは分子量，アミノ酸残基数，アミノ酸組成等でこれは自動的に変異タンパク質の配列からdisplay される。

SEQUENCE－Pの項目には変異タンパク質の配列がORGANIZATIONの項目の指令を受けてタンパク質配列のデータベースからdisplay される。勿論一ヵ以上のタンパク鎖から成るときは全てのタンパク鎖がdisplay される。生物活性データベースとの差は，配列上の変異による変化が反映されて出力することである。この場合の配列のアミノ酸の残基番号は修正されて出力される。

VARIATION －Pはアミノ酸配列上の変化，修飾がFEAUTURE TABLEの様式で記入する。勿論アミノ酸残基番号は修正された後のものとする。

例

Residues	Feature
26	Substitution : Ala from Ser (active site)
40	Substitution : Ala from Cys (disulfide bridge)
51－52	Deletion : TSGITA
51－56	Insertion : 6 residues

60　　　　Modified site : sofonation (Tyr)

これらのものは全てORGANIZATIONまたはFEATURE に書かれているものの重複した情報に近い。しかし例えばSubstitutionでは元の配列がどのアミノ酸であったかは，ここではじめて直接の情報として得られ，しかもここがactive site のアミノ酸であるとか，Ｓ－Ｓ結合を作っていた場所であるとかの情報は生物活性データベースまたはこのデータベースのFEATURE と重複するが直接の情報としてはここに書かれている。Deletionのときは51－52残基間に表記のヘキサペプチドが含まれていたことを示す。この場合のペプチドはこのデータベース上では消えているためにこれとは逆にInsertion の時はこのデータ上の配列に記入されているため残基数をのみ示してある。Modified site の場合はFeature と重複しているが直接この修飾したタンパク質の情報を示している。

SEQUENCE－Ｎの項目は一般にはDisplay されないが，特に活性を持つ構造タンパク質(Mature protein)の配列以外に核酸の変化があり，かつ特に重要な意味を持つ時に限ってdisplay する。例えばSignalドメインとかプロモーター中に変異がある場合には必要となることがある。また，この配列の書き換えは次の項目の Variation－Ｎの項目によって自動的にオペレートされる。

Variation－Ｎは配列上の変化を示す項目で小項目としてSubstitution, Insertion, Deletion, Modified－siteおよびFragmentがあり，Modified－siteはFEATURE の様式で示される。一般にORGANIZATIONの配列を示す方法と同一の方法と＜　＞中に核酸データベースのアクセッション番号またはコードを記入しておく。前項に述べたようにこれらの情報で自動的に核酸の配列の書き換えをする。

CROSS－REFERENCE は主として立体構造のＰＤＢデータベースをデータベース名とそのコード番号で示している。核酸の項目の入力がない場合には核酸データベースも加えてある。

以上変異データベースのあらましを述べたが，現在予備的に入れられているデータの数は1,450件で，1990年（平成２年）末から一般への配布が始められると考えられる。これらのデータベースはタンパク質・核酸の配列データベース，生物活性・物理的性質データベース等と統一性を持ち，標準フォーマットに準拠していることを強調しておきたい。また，データの重複入力をこれら全てのデータベースに亘って避けるよう調整し，重複入力による誤りと，メモリーの増大を防ぐことに極力留意して作られている。また，これらのデータベースは国際的な討議の末，主なタンパク国際データベース，ＮＢＲＦ（米）およびＭＩＰＳ（西独）との討議を経ているものである。フォーマットのここに書かれた詳細は現在投稿中のものである。

6　今後の問題

今後はこの変異データベースにさらに数多くのデータを入力することは勿論，その入力に当たって特に多様な生物活性を示すフォーマット，およびここで示された以外の物理的性質のフォーマットをかなりの速度で整合性をもたせつつ作って行かなくてはならない。

次に，今後このデータベースで真剣に考えなくてはならないことは立体構造のデータベースとどのように関連させるかということである。例えば高次構造予測との関連付けであるが，このことはプログラムを備えることで対応することができる。勿論さらに進んだ高次構造予測法およびそのソフトの開発が要求されることは言うをまたない。

立体構造即ちX線解析，NMR分析等の実験に基づくデータはPDBおよび最近スタートしたNMRデータベース[3)]にある。問題は，これらのデータベースとどう対応させるかということである。この問題で最初に遭遇するのはタンパク質配列データとPDBのデータの中の配列の番号付けがかなりの頻度で異なることである。残基番号の配列データと生物活性および変異データとの間の違いについてとその対応の方法は3節で詳細に述べた。ここではさらに，PDBと生物活性変異データとが多くの場合は一致しているが，時として異なることがあることである。このことの原因はPDBの入力の基本単位が，結晶化されたタンパク質であることである。PIR−International の配列データとPDBデータとの関連付けは今年に至って一応の完成を見，そのテープはPIR−International で一般配布が始められている。そのデータベースでは上述の残基番号の問題が解決され，指定の残基番号間の立体構造が，手元にPDBデータベーステープと所定のグラフィックdisplay(例えば Evans Sutherland PS300)と所定のプログラムソフト（例えばHydra)があればdisplay されるようになっている。このデータベースはNRL−3D Protein sequence−structure data−baseと呼ばれている[4)]。

また，我々の研究室では同様の残基番号の調整と共にグラフィックdisplay とPDBのない利用者に対するPDB上の二次構造を文字情報化したものを配列データの下に記入し，任意の配列がどのような立体構造をとっているかは前者ではグラフィックに，後者では文字情報として検索でき，後者ではさらにこれらを広く集めて比較が可能なようなデータベースが作られてある。これらの2つのデータベースはまず配列データとの関連を示すものとして作られているが，今後はVariant および生物活性のデータベースとの間の関連を整備してVariant および生物活性，物理的性質データベースとも直接関連さすべく計画をしている。

また，最後に物理的性質の熱的性質以外のデータベースについては今年度数人の専門家グループの討論が予定されていることを付け加えておく。また，変異データベースについて発表された論文を5)にまとめておく。

文　　献

1) George, D.G., Mewes, H.W., and Kihara, ***Prot. Seq. Data Anal.***, **1**, 27 —39 (1987). A Standardized format for sequence data exchange

2) George, D.G., Mewes, H.W., and Tsugita, A., ***Prot. Seq. Data Anal.***, in press. A proposal for the development of a universal language for sequence data (LSD) and related information.

3) Ulrich, E.L., Maekley, J.L., and Kyogoku, V., ***Prot. Seq. Data Anal.***, **2**, 23-37 (1989). Creation of a nuclear magnetic resonance data repository and literature database

4) Namboodiri, K., Pattabiraman, N., Lowrey, A., Gaber, B., George, D.G., and Barker, W.C., *PIR NEWSLETTER*, 3, (1989), NRL-3D: a sequence-structure database

5) Tsugita, A., CODATA Bull., in press. Are sequence databases enough for protein engineering ?

Tsugita, A., Ubasawa, A., Jone, C.S., Ikehara, M., George, D., Yeh, L.S., and Chen, H.R., Protein Engineering '89 in press. An artificial variant database

付表　タンパク質・核酸改質データ一覧

東京大学　工学部　工業化学科　　小島修一
東京大学　工学部　工業化学科　　北村昌也

<タンパク質>

アクオリン
アスパラギン酸アミノトランスフェラーゼ
アスパラギン酸トランスカルバミラーゼ
アスパラギン酸レセプター
アデニレートキナーゼ
アルカリフォスファターゼ
アルコールデヒドロゲナーゼ
アンジオゲニン
アンチトロンビンⅢ
α_2－アンチプラスミン
アントラニレート合成酵素
遺伝子Ｖ産物
インターフェロン
インターロイキン１
インターロイキン１α
インターロイキン１β
インターロイキン２
エキソトキシンＡ
ＡＴＰアーゼ
　F_1－ＡＴＰアーゼ
　H^+－ＡＴＰアーゼ
*Eco*ＲⅠエンドヌクレアーゼ
オルニチントランスカルバモイラーゼ
外膜タンパク質（ＯｍｐＡ）
カナマイシンヌクレオチジルトランスフェラーゼ
カルビンディンＤ$_{SK}$
カルボキシペプチターゼＡ
カルモジュリン
グリセルアルデヒド－３－リン酸デヒドロゲナーゼ
抗体
コリシンＥ１
サブチリシンＢＰＮ′
サブチリシンＥ
シスタチンＡ
シトクロム
　　シトクロムＰ－４５０
　　シトクロムb_5
　　シトクロムc
　　イソ－１－シトクロムc
　　イソ－２－シトクロムc
シトクロムcペルオキシターゼ
ジヒドロ葉酸レダクターゼ
ジフテリアトキシン
腫瘍壊死因子α
主要組織適合抗原
上皮成長因子
成長ホルモン
繊維芽細胞成長因子
ＤＮＡポリメラーゼⅠのクレノー断片
ｔＲＮＡ合成酵素
　　Ｔｙｒ－ｔＲＮＡ合成酵素
銅・亜鉛スーパーオキサイドジスムターゼ
トリオースリン酸イソメラーゼ
トリプシン
トリプシンインヒビター
トリプトファン合成酵素
ニトロゲナーゼ
乳酸脱水素酵素
ヌクレアーゼ
バーナーゼ（リボヌクレアーゼ）
バクテリオロドプシン
百日咳トキシン
ヒルジン
プロテアーゼ
　　中性プロテアーゼ
　　ＨＩＶプロテアーゼ
　　α－リティクプロテアーゼ
α_1－プロテイナーゼインヒビター
ｃＡＭＰ依存性プロテインキナーゼ
β－ラクタマーゼ
λ *Cro*タンパク質
ヘモグロビン
３′－ホスホグリセリン酸キナーゼ
ホスホフルクトキナーゼ
ホスホリパーゼA_2
ミオグロビン
ユビキチン
ラクトースパーミアーゼ
リゾチーム
リブロース１，５－ビスリン酸カルボキシラーゼ／オキシゲナーゼ
リボヌクレアーゼT_1
リポタンパク質
レプレッサー
　　４３４レプレッサー
　　*Cro*レプレッサー
　　*Lex*Ａレプレッサー
　　*Mnt*レプレッサー
　　λレプレッサー
ロドプシン

<核酸>

ｔＲＮＡ

アクオリン

由来	発現系	改変部位	変換機能	発表者	雑誌	巻	頁	年
Aequoria victoria	*Escherichia coli*	Gly29, 122, 158 →Arg Cys145 →Ser, Arg Cys152, 180→ Ser, His58→ Phe	Arg158は野生型同様のルミネセンス活性あり，その他は低下，特にArg29, Phe58は完全に活性消失	F. I. Tsuji *et al.*	*Proc. Natl. Acad. Sci. USA*	83	8107	1986

アスパラギン酸アミノトランスフェラーゼ

No. 1

由来	発現系	改変部位	変換機能	発表者	雑誌	巻	頁	年
Escherichia coli	*Escherichia coli*	Arg292→Asp	アスパラギン酸，α-ケトグルタル酸に対するk_{cat}/K_m低下，Arg, Lysに対するk_{cat}/K_m上昇	C. N. Cronin *et al.*	*J. Am. Chem. Soc.*	109	2222	1987
Escherichia coli	*Escherichia coli*	Arg292→Asp	Asp, α-ケトグルタル酸に対するk_{cat}/K_mは10^{-6}低下　疎水性アミノ酸に対するk_{cat}/K_mは1/10程度　Arg, Lysに対するk_{cat}/K_mは10倍上昇	C. N. Cronin, J. F. Kirsch	*Biochemistry*	27	4572	1988
Escherichia coli	*Escherichia coli*	Arg292→Leu, Val	Asp, Gluに対するk_{cat}/K_mは$1/10^5$低下するがPhe, Tyr, Trpに対するk_{cat}/K_mは10^3上昇	H. Hayashi *et al.*	*Biochem. Biophys. Res. Commun.*	159	337	1989
Escherichia coli	*Escherichia coli*	Arg386→Lys	V_{max}が１％以下に低下　k_{max}の低下はGluの方が大　K_dの増加はAspの方が大	Y. Inoue *et al.*	*J. Biol. Chem.*	264	9673	1989
Escherichia coli	*Escherichia coli*	Lys258→Ala	ピリドキサミン5′リン酸からの立体特異的なC-4′プロ-S水素原子の遊離が消失	S. Kochhar *et al.*	*J. Biol. Chem.*	262	11446	1987
Escherichia coli	*Escherichia coli*	Lys258→Ala	酵素活性消失　ピリドキサルリン酸と結合できなくなったため	B. A. Malcolm, J. F. Kirsch	*Biochem. Biophys. Res. Commun.*	132	915	1985
Escherichia coli	*Escherichia coli*	Lys258→Ala	消失した活性は外からアミンを加えることにより回復，その速度定数はアミンのpKaと体積によりBronsted則に従う	M. D. Toney, J. F. Kirsch	*Science*	243	1485	1989
Escherichia coli	*Escherichia coli*	Lys258→Arg	酵素活性低下（３％）ピリドキサール5′リン酸と共有結合を形成できなくなる	S. Kuramitsu *et al.*	*Biochem. Biophys. Res. Commun.*	146	416	1987
Escherichia coli	*Escherichia coli*	Tyr70→Phe	k_{cat}は15％に低下　ピリドキサル5′リン酸に対する結合が弱まる	M. D. Toney, J. F. Kirsch	*J. Biol. Chem.*	262	12403	1987

アスパラギン酸トランスカルバミラーゼ

由来	発現系	改変部位	変換機能	発表者	雑誌	巻	頁	年
Escherichia coli	*Escherichia coli*	Arg113→Gly（触媒サブユニット）	調節サブユニットとの結合が弱まる．1mMAspで活性のpH依存性が出現．pHMBに対する感受性高まる．調節サブユニットと間のアロステリック効果は存在	M. M. Ladjimi, E. R. Kantruwitz	*J. Biol. Chem.*	262	312	1987
Escherichia coli	*Escherichia coli*	Arg229→Ala Glu233→Ser Glu272→Ser（触媒サブユニット）	活性はAla229で1/10000，Ser233で1/80，Ser272であまり変わらず，Aspの$[S]_{0.5}$は2-3倍上昇，協同性はSer233で消失，Ala229, Ser272で低下，Arg229はR状態ではGlu233とAsp, T状態ではGlu272と相互作用	S. A. Middleton *et al.*	*Biochemistry*	28	1617	1989
Escherichia coli	*Escherichia coli*	Arg234→Ser Asp271→Asn（触媒ユニット）	Ser234は協同性がなくなり，V_{max}は1/24に低下．カルバミルリン酸に対する結合は変わらないがAspに対しては低下，ATP, CTPによる活性変化を受けるようになる．Asn271は活性変わらず，Aspに対する親和性上昇，Arg234, Asp27はそれぞれR, T状態に必要	S. A. Middleton, E. R. Kantrowitz	*Biochemistry*	27	8653	1988
Escherichia coli	*Escherichia coli*	Arg54→Ala Arg105→Ala Gln137→Ala, Asn（触媒サブユニット）	Ala54, 105の活性は極方向に低下．Arg105, Ala137, Asn137の基質・阻害剤に対する親和性低下．Ala54, 137では協同性消失，Arg54は触媒，Gln137はカルバミルリン酸結合に必須	I. W. Stebbins *et al.*	*Biochemistry*	28	2592	1989
Escherichia coli	*Escherichia coli*	Cys114→Ser, His Asn111→Ala Asn113→Ala, Lys139→Met Glu142→Asp, Ala（調節サブユニット）	Ser, His114は正常な立体構造をもつものがとれず，Ala111は協同性が消失し，リガンドがなくてもR状態になる．Ala113は協同性上昇，サブユニット変換速度はAsp142で9倍，Ala142で20倍上昇	E. Eisenstein *et al.*	*Proc. Natl. Acad. Sci. USA*	86	3094	1989
Escherichia coli	*Escherichia coli*	Gln108→Tyr（触媒サブユニット） Asn113→Gly（調節サブユニット）	Aspの親和性低下，協同性はTyr108で下がるがGly113では上がる	W. Xu *et al.*	*Biochemistry*	27	5507	

（つづく）

由来	発現系	改変部位	変換機能	発表者	雑誌	巻	頁	年
Escherichia coli	*Escherichia coli*	Glu50, Lys84, Arg167→Gln Arg54, 105, 229, His134, Gln137→Ala（触媒サブユニット） Glu233, 272 Arg234→Ser Tyr240→Phe, Asp271→Asn	Ser272, Phe240, Asn271以外は活性低下，さらにGln50, Ser233, 234ではAspに対する親和性，協同性低下，Phe240, Asn271ではAspに対する親和性上昇	E. R. Kantrowitz, W. N. Lipscomb	*Science*	241	669	1988
Escherichia coli	*Escherichia coli*	Glu50→Gln（触媒サブユニット）	k_{cat}は1/10，Aspに対するK_mは10倍になり，カルバミルリン酸に対するK_dは変わらず，Aspの$[S]_{0.5}$も20倍増加，協同性消失，PALAによる活性化は起きる	M. M. Ladjimi *et al.*	*Biochemistry*	27	268	1988
Escherichia coli	*Escherichia coli*	Glu50→Gln＋Tyr240→Phe Glu239→Gln（触媒サブユニット）	Gln50, Phe240のdouble mutantはGln50に比べAspに対する親和性，協同性が上昇，Gln239は協同性がなくなりR状態に同定される	M. M. Ladjimi, E. R. Kantrowitz	*Biochemistry*	27	276	1988
Escherichia coli	*Escherichia coli*	Lys56→Ala,（調節サブユニット）	ATPは結合するが協同性が消失．CTPでは協同性が保たれる．基質アナログによる活性化おこらず pHMBに対する反応性が若干変化	T. S. Corder, J. R. Wild	*J. Biol. Chem.*	264	7425	1989
Escherichia coli	*Escherichia coli*	Lys60→Ala,（調節サブユニット）	活性や協同性は変わらず，Aspの$[S]_{0.5}$が少し増加．ATPによる活性化が起こりやすくなった．CTPによる阻害が消失，ATPの結合は5倍上昇，CTPは1/100低下	Y. Zhang, E. R. Kantrowitz	*Biochemistry*	28	7313	1989
Escherichia coli	*Escherichia coli*	Lys84→Gln, Arg Lys83→Gln His134→Ala, Gln133→Ala（触媒サブユニット）	Gln, Arg84は不活性化，Gln83, Ala133の活性はあまり変わらず，Ala133は協同性上昇するが，Gln83は協同性低下．Ala134は活性5%，基質に対する結合低下	E. A. Robey *et al.*	*Proc. Natl. Acad. Sci. USA*	83	5394	1986

（つづく）

由来	発現系	改変部位	変換機能	発表者	雑誌	巻	頁	年
Escherichia coli	*Escherichia coli*	Lys94→Gln（調節サブユニット）	ATPによる活性化が起こらなくなる．CTPによる阻害の度合いも弱まる．またATP, CTPの効果に対するAspの濃度依存性もなくなる	Y. Zhang *et al.*	*J. Biol. Chem.*	263	1320	1988
Escherichia coli	*Escherichia coli*	Ser52→His Lys84→Gln His134→Ala（触媒サブユニット）	活性はかなり低下，His52とGln84およびGln84とAla134のハイブリッドは33％の活性で，本来は3ヵ所ある活性部位のうち1ヵ所に基質アナログが結合，活性部位はサブユニット界面にある	S. R. Wente, H. K. Schachman	*Proc. Natl. Acad. Sci. USA*	84	31	1987
Escherichia coli	*Escherichia coli*	Tyr165→Phe（触媒サブユニット）	Aspの〔S〕$_{0.5}$は5.5mMから90mMに増加，協同性はある．V_{max}は変わらず，Aspに対するK_mは2倍上昇	M. E. Wales *et al.*	*J. Biol. Chem.*	263	6109	1988
Escherichia coli	*Escherichia coli*	Tyr165→Ser（触媒サブユニット）	化学修飾したものの活性は数％になるが，これらのハイブリッド・トリマーの活性は約30％，これらの活性部位はサブユニット境界面で形成される．	E. A. Robey, H. K. Schachman	*Proc. Natl. Acad. Sci. USA*	82	361	1985
Escherichia coli	*Escherichia coli*	Tyr165→Ser（触媒サブユニット）	Aspに対するK_mは12倍上昇，カルバモイルリン酸に対するK_dは3倍上昇，V_{max}は1/4に低下	E. A. Robey, H. K. Schachman	*J. Biol. Chem.*	259	11180	1984
Escherichia coli	*Escherichia coli*	Tyr209→Tyr, Glu	エフェクターATP, CTP存在下，あるいはない時の〔S〕$_{0.5}$は野生型に比べ増大，Hill係数も変化，Trp209はアロステリック効果に関与	K. A. Smith *et al.*	*J. Mol. Biol*	189	227	1986
Escherichia coli	*Escherichia coli*	Tyr240→Phe（触媒サブユニット）	CTP存在下におけるT状態の構造は全体的には野生型と同じ，ただしPhe240のコンホメーションがR状態におけるTyr240のそれと同じようになった	J. E. Gouaux *et al.*	*Biochemistry*	28	1798	1989
Escherichia coli	*Escherichia coli*	Tyr240→Phe（触媒サブユニット）	Aspに対する親和性増加，活性はあまり変わらず，〔S〕$_{0.5}$，Hill係数は低下，アロステリック相互作用は弱まる	S. A. Middleton, E. R. Kantrowitz	*Proc. Natl. Acad. Sci. USA*	83	5866	1986

アスパラギン酸レセプター

由来	発現系	改変部位	変換機能	発表者	雑誌	巻	頁	年
Escherichia coli	*Escherichia coli*	Ala19→Lys Val7～Met13欠失	アスパラギン酸に対する走化性消失，膜とは結合するものの，メチル化やC末端領域に対する修飾がなくなる	K. Oosawa, M. Simon	*Proc. Natl. Acad. Sci. USA*	83	6930	1986
Salmonella typhimurium	*Escherichia coli*	Ala312-Thr313→Thr312-Ala313	Glu309に対するメチル化が1/4に低下，Glu295, 302, 491に対しては若干上昇，全体としてはあまり変わらず	T. C. Terwilliger *et al.*	*Proc. Natl. Acad. Sci. USA*	83	6707	1986

アデニレートキナーゼ

由来	発現系	改変部位	変換機能	発表者	雑誌	巻	頁	年
ニワトリ筋肉	*Escherichia coli*	Gly15,20→Ala	AMP, ATPに対する親和性が低下し，酵素活性低下，Glyリッチ領域が重要	T. Yoneya *et al.*	*J. Biochem*	105	158	1989
ニワトリ筋肉	*Escherichia coli*	His36→Gln, Asn, Gly	His36はCys25と相互作用しているため速度定数は変わらず、変異体は不安定化する	G. Tian *et al.*	*Biochemistry*	27	5544	1988
ニワトリ筋肉	*Escherichia coli*	Pro17→Gly, Val	V_{max}は不変，AMPについてGly17はK_m 7倍，Val17は24倍，ATPではGlyが7倍，Valが42倍．Pro17は基質の結合に関与	M. Tagaya *et al.*	*J. Biol. Chem.*	264	990	1989
ヒト筋肉	*Escherichia coli*	Tyr95→Phe Arg97→Ala	Phe95はV_{max}/E_tはやや上昇，Arg97は重要だが必須ではない	H. J. Kim *et al.*	*Protein Engineering*	2	379	1989
Escherichia coli	*Escherichia coli*	6つのMet→ノルロイシン	CDでの構造やKineticsは野生型と同じ．過酸化水素に対する耐性増	A. M. Gilles *et al.*	*J. Biol. Chem.*	263	8204	1988
Escherichia coli	*Escherichia coli*	Arg88→Gly	K_mはATP 5倍，AMP85倍．構造はあまり変わっていない	J. Reinstein *et al.*	*J. Biol. Chem.*	264	8107	1989
Escherichia coli	*Escherichia coli*	Lys13→Gln Pro9→Leu Gly10→Val	Gln13不活化，Leu9, Val10はK_m上昇V_{max}は変わらず	J. Reinstein *et al.*	*Biochemistry*	27	4712	1988

アルカリフォスファターゼ

由来	発現系	改変部位	変換機能	発表者	雑誌	巻	頁	年
Escherichia coli	*Escherichia coli*	Arg166（活性部位）→Ser, Ala	Ser, Alaとも他のリン酸受容体のない状態ではk_{cat}は1/30，K_mは2倍1MTrisがあるとk_{cat}は1/3，K_mは50倍，Argは重要だが不可欠でない	A. Chaidaroglou *et al.*	*Biochemistry*	27	8338	1988
Escherichia coli	*Escherichia coli*	Ser102→Cys	多様なリン酸モノエステルの加水分解活性は保有k_{cat}/K_mは1/10脱離基によりk_{cat}が変化するようになる	S. S. Ghosh *et al.*	*Science*	231	145	1986
Escherichia coli	*Escherichia coli*	Arg166→Lys, Gln	k_{cat}はやや下がったものの，GlnはLysの1/3．リン酸モノエステルの分解にArg166の電荷は必要ではない．K_mはGlnは上がる	J. E. Butler-Ransohoff *et al.*	*Proc. Natl. Acad. Sci. USA*	85	4276	1988

アルコールデヒドロゲナーゼ

由来	発現系	改変部位	変換機能	発表者	雑誌	巻	頁	年
Yeast	Yeast	Met270(294)→Leu	エタノールに対する活性は変わらず．より長鎖のアルコールに対するV_{max}/K_mが上昇	A. J. Granborn *et al.*	*J. Biol. Chem.*	262	3754	1987
Yeast	Yeast	Trp93→Phe＋Thr48→Ser	エタノールより長鎖のアルコールに対するV_{max}が数倍上昇	C. Murali, E. H. Creaser	*Protein Engineering*	1	55	1986

アンジオゲニン

由来	発現系	改変部位	変換機能	発表者	雑誌	巻	頁	年
ヒト	*Escherichia coli*	58～70残基の所にRNaseAの59～73残基を挿入	リボヌクレアーゼ活性は数百倍上昇，生物活性は低下，リボヌクレアーゼA部分のCys65-Cys72が重要	J. W. Harper, B. L. Vallee	*Biochemistry*	28	1875	1989
ヒト	*Escherichia coli*	Asp116→Asn, Ala, His	tRNAに対する加水分解活性が10～20倍上昇．His116は生物活性も上昇	J. W. Harper, B. L. Vallee	*Proc. Natl. Acad. Sci. USA*	85	7139	1988
ヒト	*Escherichia coli*	His13→Ala, Gln His114→Ala, Asn	Ala13, Ala114のリボヌクレアーゼ活性は10^{-4}に低下，生物活性も消失，インヒビターとの結合は変わらず．Gln13, Asn114のリボヌクレアーゼ活性は1/100～1/1000に低下	R. Shapiro, B. L. Vallee	*Biochemistry*	28	7401	1989
ヒト	*Escherichia coli*	Lys40→Gln, Arg	tRNAに対する加水分解活性はGln40で0.05％以下．Arg40で2.2％，Gln40の生物活性も低下．Arg40とインヒビターの結合は野生型よりも弱い	R. Shapiro *et al.*	*Biochemistry*	28	1726	1989
ヒト	*Escherichia coli*	Lys40→Gln	インヒビターとの結合速度は，1/3に．解離速度は440倍になり，結合が1,300倍弱くなる．	F. S. Lee, B. L. Vallee	*Biochemistry*	28	3556	1989

アンチトロンビンIII

由来	発現系	改変部位	変換機能	発表者	雑誌	巻	頁	年
ヒト	COS細胞	Ser394→Gly, Ala, Thr, Val, Leu, Cys, Met, Pro	Ala, Gly, Thrはほぼ野生型と同じぐらいのトロンビン阻害活性あり，Cys, Val, Leuは低下，Met, Proはほとんど活性なし	A. W. Stephens *et al.*	*J. Biol. Chem.*	263	15849	1988

α_2-アンチプラスミン

由来	発現系	改変部位	変換機能	発表者	雑誌	巻	頁	年
ヒト	CHO細胞	Arg364→欠失 Met365→欠失	Met365（P'_1部位）欠失はプラスミン，トリプシンに対する阻害活性保持，Arg364（P_1部位）欠失は阻害活性消失．しかしエラスターゼを阻害するようになる	W. E. Holmes *et al.*	*Biochemistry*	26	5113	1987

アントラニレート合成酵素

由来	発現系	改変部位	変換機能	発表者	雑誌	巻	頁	年
Serratia marcescens	*Escherichia coli*	Cys84→Gly	アントラニル酸合成のグルタミン依存性はなくなったがNH_3依存性はさらに残る．活性サイドのCysがグルタミンのアミドをtransferさせる役割．構造はかわらず（CDで）	J. L. Paluh *et al.*	*J. Biol. Chem.*	260	1889	1985
Serratia marcescens	*Escherichia coli*	His170→Tyr	グルタミン依存活性は検出できず．NH_3依存活性は不変．Cys84をグルタミン化するのにHis170不可欠	N. Amuro *et al.*	*J. Biol. Chem.*	260	14844	1985

遺伝子V産物

由来	発現系	改変部位	変換機能	発表者	雑誌	巻	頁	年
bacteriophage f1	*Escherichia coli*	Val35→Ile Ile47→Val	変性の自由エネルギー変化はIle35で0.4kcal/mol，Val47で2.4kcal/mol低下，double mutantでは相加的	W. S. Sandberg, T. C. Termilliger	*Science*	245	54	1989

インターフェロン

由来	発現系	改変部位	変換機能	発表者	雑誌	巻	頁	年
マウス	ウサギ網状赤白球ライセート	〔インターフェロン α1〕 Arg33→Glu Cys86→Ser Tyr123→Phe, Ser	抗ウイルス作用でみた生物活性は，Ser86で23％，Phe123で8％，Glu33, Ser123ではとんどなし	J. A. Kerry *et al.*	*Biochem. Biophys. Res. Commun.*	155	714	1988
ウシ	*Escherichia coli*	〔インターフェロン αc〕N末端領域10〜44残基の所を逐次ヒトの配列と同じになるように置換	ヒトの配列に似るに従い抗ウイルス作用，2-5A合成酵素活性などの生物活性やヒトの細胞への結合が強くなっていく	A. Shafferman *et al.*	*J. Biol. Chem.*	262	6227	1987
ヒト繊維芽細胞	*Escherichia coli*	〔インターフェロン β〕Cys17→Ser	抗ウィルス，ナチュラルキラー細胞の活性化などの活性は保持，−70℃で長期間安定になった	D. F. Mark *et al.*	*Proc. Natl. Acad. Sci. USA*	81	5662	1984

インターロイキン1

由来	発現系	改変部位	変換機能	発表者	雑誌	巻	頁	年
マウス	*Escherichia coli*	115〜130，115〜143，(115〜130＋258〜269)欠失 cf.野生型：115〜270	115〜143欠失は活性なし，115〜130欠失は野生型(115〜270)と同じ活性．(115〜130＋258〜269)欠失は野生型の100分の1程度の活性	T. M. DeChira *et al.*	*Proc. Natl. Acad. Sci. USA*	83	8303	1986

インターロイキン１α

由来	発現系	改変部位	変換機能	発表者	雑誌	巻	頁	年
ヒト	*Escherichia coli*	Asn36→Ser	NMRやCDよりコンホメーションには変化なし，熱によるAsn36の脱アミド化反応が消失，より安定になった	P. T. Wingfield *et al.*	*Protein Engineering*	1	413	1987
ヒト	*Escherichia coli*	His46→Ala, Arg, His116→Ala, His127→Ala, Arg, Trp139→Phe	レセプター結合活性は野生型とほとんど同じ．NMRで芳香族領域のHis, Trpが帰属できた．	A. M. Gronenborn *et al.*	*FEBS Lett.*	231	135	1988

インターロイキン１β

由来	発現系	改変部位	変換機能	発表者	雑誌	巻	頁	年
ヒト	*Escherichia coli*	Ala1→Thr, Pro2→Met, Arg4→Glu	Thr1, Thr1＋Met2は生物活性がそれぞれ４，７倍上昇．レセプターとの結合も強くなった．Thr1＋Met2＋Glu4は生物活性，レセプター結合共に低下．	J. I. Huang *et al.*	*FEBS Lett.*	223	294	1987
ヒト	*Escherichia coli*	Cys8→Ala, Ser, 欠失　Cys71→Ala, Ser, 欠失	Ser8, Cys8欠失，Cys71欠失は細胞内における安定性が低下，生物活性はほとんど変化なし	T. Kamogashira *et al.*	*Biochem. Biophys. Res. Commun.*	150	1106	1988
ヒト	*Escherichia coli*	N末端，C末端領域欠失 Arg4→Lys, GLy, Gln, Asp, 欠失　Arg11→Glu, Gln	欠失変異体では１～３，151-153を欠失させると活性消失，最小単位は４～150，Lys4, Gln11は活性保持するが他のものは活性低下	T. Kamogashira *et al.*	*J. Biochem.*	104	837	1988
ヒト	*Escherichia coli*	Thr24, 68, 90, 121→Phe, His30→Asn, Trp120→Phe	NMRの芳香族領域におけるピークが帰属できた．構造変化はほとんど起きていない．	A. M. Gronenborn *et al.*	*Eur. J. Biochem.*	161	37	1986
ヒト	*Escherichia coli*	Tyr24, 68, 90→Phe, His30→Gln, Asn, Arg, Cys71→Ser, Trp120＋Tyr121→Phe	Gln, Asn, Arg30となるにつれてレセプターとの結合が弱くなる．構造変化はほとんどない．その他のものは野生型とほとんど変わらない．	H. R. MacDonald *et al.*	*FEBS Lett.*	209	295	1986

インターロイキン2

由来	発現系	改変部位	変換機能	発表者	雑誌	巻	頁	年
ヒト	*Escherichia coli*	種々の変異体（20個以上）	Ala42は活性は1/10に低下するものの構造変化はほとんどなし，Ala44, Ala105, Tyr121は構造変化により活性低下	M. P. Weir *et al.*	*Biochemistry*	27	6883	1988
ヒト	*Escherichia coli*	多くの部位における変異および欠失－50個以上の変異体	生物活性発現やレセプター結合には少なくともN末端20残基，C末端13残基，Cys58, 105が必要	G. Ju *et al.*	*J. Biol. Chem.*	262	5723	1987
ヒト	*Escherichia coli*	Cys58→Ala, 欠失 Cys105→Ala, 欠失 Cys125→Ser, 欠失 Phe124, Gln126, 欠失	Ser125は野生型同様の活性，その他の変異体は活性がかなり低下	S.-M. Liang *et al.*	*J. Biol. Chem.*	261	334	1986
ヒト	*Escherichia coli*	Gys58, 105, 125→Ser	Ser58, 105は活性低下，おそらくS-S結合形成しているSer125は活性保持	A. Wang *et al.*	*Science*	224	1431	1984

エキソトキシンA

由来	発現系	改変部位	変換機能	発表者	雑誌	巻	頁	年
Pseudomonas aeruginosa	*Escherichia coli*	Lys13, 20, 57, 83, 109, 114, 144, 185, 194, 223, 234, 240→Glu	Lys57は，3T3細胞とマウスに対する細胞毒性が低下，他のものはほとんど変化なし	Y. Jinno *et al.*	*J. Biol. Chem.*	263	13203	1988
Pseudomonas aeruginosa	*Escherichia coli*	Tyr470→Phe, Tyr481→Phe	NAD：EF-2ADP-リボシルトランスフェラーゼ活性と細胞毒性はPhe470で変わらず．Phe481で1/10に低下．Phe481はNADとの親和性変わらず	M. Lukac, R. J. Collier	*Biochemistry*	27	7629	1988

F_1-ATPアーゼ

由来	発現系	改変部位	変換機能	発表者	雑誌	巻	頁	年
Escherichia coli	*Escherichia coli*	Asp242→Asn, Ala（βサブユニット）	変異体の活性の低下はMgATPの結合と分解反応の低下によるもの，生成物の遊離やMgADPによるものではない．ATPの結合状態の遷移状態が不安定化している．	M. K. Al-Shawi, A. E. Senior	*J. Biol. Chem.*	263	19640	1988
Escherichia coli	*Escherichia coli*	Asp242→Asn, Val（βサブユニット）	ATPアーゼ活性はAsn242で7%，Val242で17%，プロトン輸送活性は消失，MsATPに対する結合は変わらず，CaATPに対する結合上昇，Asp242は遷移状態とヌクレオチド結合ドメインの相互信用に必要	M. K. Al-Shawi *et al.*	*J. Biol. Chem.*	263	19633	1988
Escherichia coli	*Escherichia coli*	Glu181→Gln, Glu192→Gln Gly149→Ile, Gly154→Ile（βサブユニット）	Gln181はリン酸生成速度1/7に低下．ATPの総合も弱まり，協同性も低下．Gln192, Ile149, Ile154もATP加水分解活性低下	D. Parsonage *et al.*	*FEBS Lett.*	232	111	1988
Escherichia coli	*Escherichia coli*	Lys155→Glu, Gln（βサブユニット）	ATP分解の定常状態速度は60～80%に低下，MsADPに対する親和性はあまりみられないが，MsATPに対する親和性が低下，Lys155はATPのγ-リン酸と相互作用	D. Parsonage *et al.*	*J. Biol. Chem.*	263	4740	1988
Escherichia coli	*Escherichia coli*	Lys155→Glu, Gln　Gly149, 154→Ile Tyr297, 354→Phe（βサブユニット）	Glu, Gln155, Ile154は10%程度に活性低下．Ile149, Phe297, 354はあまり活性変わらず	D. Parsonage *et al.*	*J. Biol. Chem.*	262	8022	1987
Escherichia coli	*Escherichia coli*	Lys175→Ile, Glu（αサブユニット）	活性は30～40%に低下，ATPの親和性もかなり低下，ATPによるコンホメーション変化消失．Lys175はATPの結合や触媒で必要	R. Rao *et al.*	*J. Biol. Chem.*	263	15957	1988
Escherichia coli	*Escherichia coli*	Thr285→Asp（βサブユニット）	ATP加水分解活性は20～30%に低下．ATP結合速度も1/10に低下	T. Noumi *et al.*	*J. Biol. Chem.*	263	8765	1988
Yeast	Yeast	Arg328→Ala, Lys（βサブユニット）	変異体は不安定．glycerol存在下での半減期はAla328で1.1分，Lys328で4分，ATPアーゼ活性やGTPアーゼ活性はあまり変わらない	D. M. Mueller	*J. Biol. Chem.*	263	5634	1988

（つづく）

由来	発現系	改変部位	変換機能	発表者	雑誌	巻	頁	年
Yeast	Yeast	Tyr344→Phe, Ala Gly191→Val, Gly193→Val, Lys196→Ala, Arg Thr197→Ser（βサブユニット）	Phe344, Ser197は活性あり，それ以外は細胞内での存在量も少なく活性消失	D. M. Mueller	*Biochem. Biophys. Res. Commun.*	164	381	1989
thermophilic bacterium PS3	*Escherichia coli*	Glu190, 201→Gln（βサブユニット）	ATPアーゼ活性は消失	M. Ohtsubo *et al.*	*Biochem. Biophys. Res. Commun.*	146	705	1987

H^+-ATPアーゼ

由来	発現系	改変部位	変換機能	発表者	雑誌	巻	頁	年
Escherichia coli	*Escherichia coli*	Gln142, Val153, Glu155, Leu156→term. Gln155→Gln, Asp, Ala, Lys（βサブユニット）	Glu155→termまでは活性なし，Glu155まであるもの，およびGlu155の変異体は活性あり，C末端領域はプロトン輸送や，F_1との結合に必要	M. Takeyama *et al.*	*J. Biol. Chem.*	263	16106	1988
Escherichia coli	*Escherichia coli*	Glu196→Asp, His, Gln, Asn, Lys, Ser, Ala, Pro Pro190→Asn, Arg, Gln Ser199→Ala, Thr（αサブユニット）	Glu196の変異体は程度の差はあるものの活性低下，Gln, Arg190は活性がかなり低下するが，Asn190はあまり変わらず，Ala, Thr199は活性変わらず	S. B. Vik *et al.*	*J. Biol. Chem.*	263	6599	1988
Escherichia coli	*Escherichia coli*	Glu219→Asp, His, Gln, Leu His245→Gln（αサブユニット）	Glu219の変異体はF_1の加水分解反応，F_1とF_2の会合には変化なし，F_0依存プロトン輸送活性は低下（Lueは0%，Glnで5%，Hisで20%，Aspで90%）Glu245の活性は45%，His219 + Glu245はsingle mutantより活性あり	B. D. Cain, R. D. Simoni	*J. Biol. Chem.*	263	6606	1988

（つづく）

由来	発現系	改変部位	変換機能	発表者	雑誌	巻	頁	年
Escherichia coli	*Escherichia coli*	Leu207→Cys, Tyr Leu211→Tyr, Phe Arg210→Lys, Ile, Val, Glu Asn214→Val, Leu, Gln, His, Glu Ala217→His, Arg, Leu Gly218→Ala, Val, Asp（αサブユニット）	Lys, Ile, Val, Glu210, His214, Arg217は活性消失, Cys, Tyr207, Tyr, Phe211, His, Leu217, Ala, Val, Asp218, Val, Leu, Gln, Glu214は活性若干低下, DCCDによる阻害は野生型同様	B. D. Cain, R. D. Simoni	*J. Biol. Chem.*	264	3292	1989
Escherichia coli	*Escherichia coli*	Pro43→Ser, Ala（cサブユニット）	プロトン輸送活性が若干低下．ATPアーゼ活性は保持．すなわちプロトン輸送とATPアーゼ活性が共役しなくなった．F_1とF_0が結合しにくくなり　DCCPに阻害されにくくなった	M. J. Miller *et al.*	*J. Biol. Chem.*	264	305	1989
thermophilic bacterium PS3	Escherichia coli	Lys164→Ile, Asp252→Asn（βサブユニット），Lys175→Ile, Asp261→Asn（αサブユニット）	Iel164, Asn252（βサブユニット）はADPを結合するものの活性消失．Ile175（αサブユニット）は他のサブユニットの会合弱くなり活性消失．Asn261（αサブユニット）はADPの親和性低下	M. Yohda *et al.*	*Biochim. Biophys. Acta*	933	156	1988

EcoRI エンドヌクレアーゼ

由来	発現系	改変部位	変換機能	発表者	雑誌	巻	頁	年
Escherichia coli	*Escherichia coli*	Arg200→天然存在の残り19個のアミノ酸	Lysは最も活性高い（*in vivo*）．しかし*in vitro*では1/100に低下．Cys, Pro, Val, Ser, Trpは非常に活性が下がった．*in vivo*ではCysのみ低レベルの活性あり	M. C. Needels *et al.*	*Proc. Natl. Acad. Sci. USA P. J. Greene*	86	3579	1989
Escherichia coli	*Escherichia coli*	Arg200→Lys Glu144→Gln Arg145→Lys	Gln144, Lys145, Gln144＋Lys145, Gln144＋Lys145＋Lys200はk_{cat}の低下により，Lys200はK_mの上昇により活性低下　Arg200, Glu144, Arg145は効率的な基質への結合，触媒に不可欠　特異性に変化なし	J. Alves *et al.*	*Biochemistry*	28	2678	1989
Escherichia coli	*Escherichia coli*	Arg200→Lys, Glu144→Gln, Arg145→Lys	Lys200はダイマー形成能に関連ない．Gln144＋Lys145は濃度に依存したダイマーおよびテトラマー形成能が大きく下がった．熱変性ににおいてLys200は不可逆，Gln144＋Lys145は可逆	R. Geiger *et al.*	*Biochemistry*	28	2667	1989
Escherichia coli	*Escherichia coli*	Glu111, 144→Gln, Arg145→Lys	V_{max}が1/100になることにより活性低下．特異性は変わらず．構造変化もほとんどなし．	H. Wolfes *et al.*	*Nucleic Acid Res.*	14	9063	1986

オルニチントランスカルバモイラーゼ

由来	発現系	改変部位	変換機能	発表者	雑誌	巻	頁	年
Escherichia coli	*Escherichia coli*	OTCaseのポーラー・ドメインにアスパラテート・トランスカルバモイラーゼ（ATCase）のエクアトリアル・ドメインを連結	OTCase活性がなくなりATCase活性が現われた	J. E. Houghton *et al.*	*Nature*	337	172	1989
Escherichia coli	*Escherichia coli*	Arg106→Gly	本来はなかった，カルバモイルリン酸，オルニチンによる基質の協同現象が現われる．	L. C. Kuo *et al.*	*Science*	245	522	1989
Escherichia coli	*Escherichia coli*	Arg57→Gly	k_{cat}は1/21,000低下．基質であるカルバモイルリン酸，オルニチンに対するK_mは数百倍上昇．反応機構もorderedからrandomへ．この変化はエントロピーロスによる．	L. C. Kuo *et al.*	*Biochemistry*	27	8823	1988

外膜タンパク質（OmpA）

由来	発現系	改変部位	変換機能	発表者	雑誌	巻	頁	年
Escherichia coli	*Escherichia coli*	シグナルペプチドの①Ile6とAla7の間にAla-Arg　②IleとIle8の間にVal-Ala-Ile-Ala-Thr	発現速度は同じで，正しくプロセッシングされるが①翻訳後，②は翻訳と共役している	R. Freundl *et al.*	*J. Biol. Chem.*	263	344	1988
Escherichia coli	*Escherichia coli*	シグナルペプチドのThr4→Ser, Lys3→Glu Lys2, 3→欠失	Lys2＋3欠失＋Ser4, Lys2欠失＋Glu3＋Ser4はプロセッシングされず．Ser4ではヌクレアーゼとの融合タンパク質のプロセッシング速度が半分になる	S. Lehnhardt *et al.*	*J. Biol. Chem.*	263	10300	1988
Escherichia coli	*Escherichia coli*	シグナルペプチド直後のGly22→Lys Pro24→欠失 Ser25→欠失	プロセッシング速度がPro24欠失，Pro24＋Ser25欠失，Lys22＋（Pro24＋Ser25）欠失になるに従い遅くなる．切断部位付近のターン構造が必要．	G. Duttaud, M. Inouye	*J. Biol. Chem.*	263	10224	1988
Escherichia coli	*Escherichia coli*	Pro86→Leu Ala11→Pro, Asp, Leu13→Pro　Gly160→Val, Leu162→Arg　Leu164→Pro, Val166→Asp	Leu86, 113（ターン部位），Pro11＋Pro13, Asp11＋Pro13, Val160＋Arg162（β-シート）は外膜にきちんと組み込まれるがPro164＋Asp166は組み込まれず	M. Klose *et al.*	*J. Biol. Chem.*	263	13297	1988

カナマイシンヌクレオチジルトランスフェラーゼ

由来	発現系	改変部位	変換機能	発表者	雑誌	巻	頁	年
Staphylococcus aureus	*Escherichia coli*	Asp80→Tyr, Ser, Thr, Ala, Val, Leu, Phe, Trp	疎水性の高いもの（Tyr, Phe, Trp）ほど熱による不活性化の速度が遅くなり，尿素変性に対し抵抗性が増す	M. Matsumura *et al.*	*Eur. J. Biochem.*	171	715	1988
Staphylococcus aureus	*Escherichia coli*	Asp80→Tyr Thr130→Lys Pro252→Leu	Tyr80, Lys130は熱安定性上昇．これらdouble mutantはさらに安定．これにPro252→Leuを導入すると不安定	M. Matsumura *et al.*	*Nature*	323	356	1986

カルビンディンDsk

由来	発現系	改変部位	変換機能	発表者	雑誌	巻	頁	年
ウシ	*Escherichia coli*	Glu17, 26→Gln Asp19→Asn (Ca^{2+} binding sites)	これらのCa^{2+}に対するΔGはほぼ7 kJ/mol	S. Linse *et al.*	*Nature*	335	651	1988
ウシ	*Escherichia coli*	Pro20→Gly, ΔAsn21, ΔPro20, Tyr13→Phe, Glu17→Gln	apo型でGlu17→Glnのみ安定性大，その他は不安定になった	B. Wendt *et al.*	*Eur. J. Biochem.*	175	439	1988
ウシ	*Escherichia coli*	Pro20→Gly, ΔAsn21, ΔPro20, Tyr13→Phe (Ca^{2+} binding sites)	Tyr13→Phe以外ではCa^{2+}に対する親和性が低下	S. Linse *et al.*	*Biochemistry*	26	6723	1987
ウシ	*Escherichia coli*	Pro43→Gly	Pro43のcis-trans異性による2D-NMR上のピークが消失	W. J. Chazin *et al.*	*Proc. Natl. Acad. Sci. USA*	86	2195	1989

カルボキシペプチダーゼA

由来	発現系	改変部位	変換機能	発表者	雑誌	巻	頁	年
ラット	Yeast	Tyr198→Phe Tyr248→Phe	Phe198のk_{cat}, K_mは野生型とあまり変わらない．double mutantはPhe248とあまり変わらない．Tyr28のアセチル化で活性おちる	S. J. Gardell *et al.*	*J. Biol. Chem.*	262	576	1987
ラット	Yeast	Tyr248→Phe	合成基質に対するk_{cat}は変わらず，K_mが増大，阻害剤との結合も弱まる	S. J. Gardell *et al.*	*Nature*	317	551	1985
ラット	Yeast	Tyr248→Phe	合成基質に対するk_{cat}は変わらず，K_mが増大，Bp-Gly-OPheの基質阻害の様子は野生型同様	D. H. Ivert *et al.*	*J. Am. Chem. Soc.*	108	5298	1986

カルモジュリン

由来	発現系	改変部位	変換機能	発表者	雑誌	巻	頁	年
—	*Escherichia coli*	Glu82-Glu83-Glu84→Lys82-Lys83-Lys84	ホスホジエステラーゼに対する活性化は野生型同様起こる．必要な酵素量は増える．ミオシン軽鎖キナーゼに対しては野生型の30％活性化NAD．キナーゼは活性化せず．	T. A. Craig *et al.*	*J. Biol. Chem.*	262	3278	1987
—	*Escherichia coli*	Lys115→Arg	NAD kinaseの活性化はLys115がトリメチル化されていない野生型同様おこる	D. M. Roberts *et al.*	*J. Biol. Chem.*	261	1491	1986
—	*Escherichia coli*	Phe99→Trp	Ca^{2+}の結合の強さは野生型とあまり変わらず．Ca^{2+}やTb^{3+}の結合に伴いTrpに基づく蛍光などが変化	M.-C. Kilhoffer *et al.*	*J. Biol. Chem.*	263	17023	1988

グリセルアルデヒド-3-リン酸デヒドロゲナーゼ

由来	発現系	改変部位	変換機能	発表者	雑誌	巻	頁	年
Bacillus stearothermophilus	*Escherichia coli*	Ser148→Als	リン酸や基質に対する親和性低下	C. Corbier *et al.*	*Protein Engineering*	2	559	1989
Escherichia coli, Bacillus stearothermophilus	*Escherichia coli*	Cys149→Gly, Ser His176→Asn（*E. coli*のみ）	NAD^+結合による差スペクトルは，Asn176は野生型同様，Gly, Ser149では差スペクトルなし．NAD^+と直接相互作用しているのはCys149	A. Mougin *et al.*	*Protein Engineering*	2	45	1988
Escherichia coli	*Escherichia coli*	His176→Asn	k_{cat}が1/60に低下，Cys149に対する化学修飾速度も低下．His176はCys149の求核性を上げ四面体中間体の生成促進に関与	A. Soukri *et al.*	*Biochemistry*	28	2586	1989

抗体

由来	発現系	改変部位	変換機能	発表者	雑誌	巻	頁	年
(*p*-アゾベンゼンアルリネートに対する)マウス	マウスハイブリドーマ細胞	Ser95→Ala, Thr（V-D領域）	（*p*-アゾベンゼンアルリネートに対する）Thrは抗原に対する結合は野生型と同じ，Alaは結合しなくなる.	J. Sharon *et al.*	*Proc. Natl. Acad. Sci. USA*	83	2628	1986
—	*Escherichia coli*	Tyr34→His（軽鎖）	（ジニトロベンゼンに対するモノクローナル抗体IgA）ジニトロフェニル誘導体の7-ヒドロキシクマリンエステル基質に対するcatalytic antibodyとしての活性が45倍（k_{cat}）上昇	E. Baldwin, P. G. Schultz	*Science*	245	1104	1989
ヒト	ミエローマ細胞	ハプテンNP-capに対するマウスの抗体の相補性決定領域をヒトの抗体と交換	NP-capに対する親和性が出現	P. T. Jones *et al.*	*Nature*	321	522	1986
ヒト	igm cell line	Ser406→Asn（第3不変部）	（IgM）補体依存性の細胞溶解が起こらなくなる	M. J. Shulman *et al.*	*Proc. Natl. Acad. Sci. USA*	83	7678	1986
マウス	*Xenopus*卵母細胞	Glu28→Ser（軽鎖） Glu50→Ser（重鎖） Lys56→Gln（重鎖）	（ニワトリリゾチームに対する）Ser28, Ser28＋Gln56は抗原に対する親和性が上昇，交差していた抗原に対する親和性は低下	S. Roberts *et al.*	*Nature*	328	731	1987

コリシンE1

由来	発現系	改変部位	変換機能	発表者	雑誌	巻	頁	年
Escherichia coli	*Escherichia coli*	Asp509→Ser, Leu, Gln, stop, Lys510→Met Lys512→Tyr, stop	C末端領域が欠失すると．channel activity 1/10. Asn511以下が脂質２重膜に入るには必要．Ser, Leu, Gln509となるにつれて細胞毒性はおちるが，channel activity変わらず．Met510, Tyr512は野性型とあまりかわらないが，アニオンの選択性下がる	J. W. Shiver *et al.*	*Biochemistry*	27	8421	1988
Escherichia coli	*Escherichia coli*	Glu 468→Leu, Ser, Gln, Lys	すべて細胞毒性あり（*in vivo*）　Leuは酸性pH依存性あり　Ser, GlnはpH依存性小さい　LysはpH依存性なし　Glu468はチャネル形成，機能に重要	J. W. Shiver *et al.*	*J. Biol. Chem.*	262	14273	1987
Escherichia coli	*Escherichia coli*	Thr501→Glu Gly502→Glu Asp509→Leu, Ser, Glu Gly439→Arg Pro462→Ser	Glu501, 502はアニオンの選択性落ち，細胞毒性も落ちる．Leu, Ser, Glu509, Arg439のイオン選択性かわらず．Ser462は野生型と変わらず	K. Shirabe *et al.*	*J. Biol. Chem.*	264	1951	1989

サブチリシンBPN′

由来	発現系	改変部位	変換機能	発表者	雑誌	巻	頁	年
Bacillus amyloliquefaciens	*Bacillus subtilis*	Asn155→Leu	k_{cat}/K_mの低下　oxidation holeの重要性	P. Bryan *et al.*	*Proc. Natl. Acad. Sci. USA*	83	3743	1986
Bacillus amyloliquefaciens	*Bacillus subtilis*	Asn155→Thr, Gln, His, Asp	k_{cat}/K_mの低下，遷移状態の水素結合が重要	J. A. Wells *et al.*	*Phil. Trans. R. Soc. Lond. A*	317	415	1986
Bacillus amyloliquefaciens	*Bacillus subtilis*	Asn218→Ser, Gly169→Ala, Tyr217→Lys, Met50→Phe, Gln206→Cys, Asn76→Asp	これらすべての変異があるとT_mが14.3度上昇	M. W. Pantoliano *et al.*	*Biochemistry*	28	7205	1989
Bacillus amyloliquefaciens	*Bacillus subtilis*	Asp32→Asn	maturationせず．autolytic maturationに対する証明	S. D. Power *et al.*	*Proc. Natl. Acad. Sci. USA*	83	3096	1986

（つづく）

由来	発現系	改変部位	変換機能	発表者	雑誌	巻	頁	年
Bacillus amyloliquefaciens	*Bacillus subtilis*	Asp99→Ser, Lys Asp36→Gln Glu156→Ser, Lys Lys213→Thr	p*K*aのシフト変化が理論計算と一致	M. J. E. Sternberg *et al.*	*Nature*	330	86	1987
Bacillus amyloliquefaciens	*Bacillus subtilis*	Asp99→Ser, Lys Glu156→Ser, Lys	正電荷が増えるほどp*K*aが酸性にシフト　基質特異性も変化	A. J. Russell, A. R. Fersht	*Nature*	328	496	1987
Bacillus amyloliquefaciens	*Bacillus subtilis*	Asp99→Ser	p*K*aが酸性に0.3シフト	P. G. Thomas *et al.*	*Nature*	318	375	1985
Bacillus amyloliquefaciens	*Bacillus subtilis*	Asp99→Ser Glu156→Ser	p*K*aが酸性に最大0.4シフト	A. J. Russell *et al.*	*J. Mol. Biol.*	193	803	1987
Bacillus amyloliquefaciens	*Bacillus subtilis*	Glu156→Ser, Gln Gly166→Asp, Glu, Asn, Met, Ala, Lys	基質と電荷が相補的になるとk_{cat}/K_mが最大1900倍上昇	J. A. Wells *et al.*	*Proc. Natl. Acad. Sci. USA*	84	1219	1987
Bacillus amyloliquefaciens	*Bacillus subtilis*	Glu156→Ser, Gly169→Ala, Tyr217→Leu	triple mutationにより*B. licheniformis*のk_{cat}/K_mに近づく	J. A. Wells *et al.*	*Proc. Natl. Acad. Sci. USA*	84	5167	1987
Bacillus amyloliquefaciens	*Bacillus subtilis*	Gly131→Asp Pro172→Asp	Ca^{2+}に対する結合がAsp131で２倍，Asp172で3.4倍．double mutantで６倍強くなった．	M. W. Pantoliano *et al.*	*Biochemistry*	27	8311	1988
Bacillus amyloliquefaciens	*Bacillus subtilis*	Gly166→Ala, Met, Phe, Trp, Ser, Thr, Val, Leu, Ile	166位と基質の側鎖の合計体積が160Å^{3}に近づくとk_{cat}/K_m上昇	D. A. Estell *et al.*	*Science*	233	659	1986
Bacillus amyloliquefaciens	*Bacillus subtilis*	His17, 39, 67, 226, 238→Gln	^{1}H-NMRにおけるHisのassign	M. Bycroft, A. R. Fersht	*Biochemistry*	27	7390	1988
Bacillus amyloliquefaciens	*Bacillus subtilis*	His64→Ala, Asp32→Ala Ser221→Ala, Ser24→Cys（活性部位）	k_{cat}が段階的に低化（活性部位の進化）	P. Carter, J. A. Wells	*Nature*	332	564	1988

（つづく）

由来	発現系	改変部位	変換機能	発表者	雑誌	巻	頁	年
Bacillus amyloliquefaciens	*Bacillus subtilis*	His64→Ala, Ser24→Cys	P2部位にHisを持つ基質なら切断する—Substrate-assisted catalysis	P. Carter, J. A. Wells	*Science*	237	394	1987
Bacillus amyloliquefaciens	*Bacillus subtilis*	Met222→other19 a.a.	Ser, Ala, Leu mutant 1MH_2O_2に耐性	D. A. Estell *et al.*	*J. Biol. Chem.*	260	6518	1985
Bacillus amyloliquefaciens	*Bacillus subtilis*	Ser24, Ser87→Cys Thr22, Ser87→Cys	X線構造解析　異常なS-S結合	B. A. Katz, A. Kossiakoff	*J. Biol. Chem.*	261	15480	1986
Bacillus amyloliquefaciens	*Bacillus subtilis*	Thr22, Ser24, Ser87→Cys	自己消化の半減期double mutantでさほど変化せず	J. A. Wells, D. B. Powers	*J. Biol. Chem.*	261	6564	1986
Bacillus amyloliquefaciens	*Bacillus subtilis*	Thr22, Ser87→Cys	酸化型ではT_mが3.1度上昇　熱変性時間ものびる	M. W. Pantoliano *et al.*	*Biochemistry*	26	2077	1987
Bacillus amyloliquefaciens	*Bacillus subtilis*	Val26, Ala232→Cys Ala29, Met119→Cys Asp36, Pro210→Cys Val148, Asn243→Cys Asp41, Gly80→Cys	$_{Met}$119→Cysのsingle mutantのみ60.8℃における熱変性の半減期がのびた	C. Mitchinson, J. A. Wells	*Biochemistry*	28	4807	1989

サブチリシンE

由来	発現系	改変部位	変換機能	発表者	雑誌	巻	頁	年
Bacillus subtilis	*Escherichia coli*	プロ配列（77アミノ酸）	サブチリシンが活性型になるにはプロ配列が必要	H. Ikemura *et al.*	*J. Biol. Chem.*	262	7859	1987
Bacillus subtilis	*Escherichia coli*	Ile31→Cys, Ser, Thr, Gly, Ala, Val, Leu, Phe	Leuのみが合成基質に対する活性が5倍上昇，これはk_{cat}の上昇による．他のものは活性低下	H. Takagi *et al.*	*J. Biol. CHem.*	263	19592	1988
Bacillus subtilis	*Escherichia coli*	Pro239→Gly, Lys, Arg	合成基質に対する活性は低下，これはk_{cat}の低下による．60℃における熱安定性はArgで上昇，それ以外は低下	H. Takagi *et al.*	*J. Biochem.*	105	953	1989

シスタチンA

由来	発現系	改変部位	変換機能	発表者	雑誌	巻	頁	年
ヒト	*Escherichia coli*	Gln46→Lys Val48→Thr	種々のシステインプロテアーゼに対する阻害活性は変わらず，QVVAG領域の配列自体は重要ではない	T. Nikawa *et al.*	*FEBS Lett.*	255	309	1989

シトクロム P-450

由来	発現系	改変部位	変換機能	発表者	雑誌	巻	頁	年
ウサギ肝臓	Yeast	〔シトクロム P-450（ω-1，16α）〕 Thr301→His	酸化型および還元型の吸収スペクトルは野生型同様，基質によるスペクトル変化なく，ヒドロキシル化活性もなし，Thr301は基質結合に必要	Y. Imai, M. Nakamura	*FEBS. Lett.*	234	313	1988
ウサギ肝臓	Yeast	〔シトクロム P-450（ω-1，16α）〕 P-450（ω-1） Thr301→Ser, Val, Ile, Asn P-450(16α) Thr301→Ser, Val	P-450（ω-1）のIle301は活性なし．Ser, Val, Asn301はラウリル酸に対する活性低下．Ser301はラウリル酸に対しては上昇．Val, Asn310は低下．P-450（16α）のSer, Val301のテストステロン，プロゲステロンに対する活性変化．	Y. Imai, M. Nakamura	*Biochem. Biophys. Res. Commun*	158	717	1989
マウス	COS細胞	〔シトクロム $P\text{-}450_{coh}$〕 Ile43→Val, Pro75→Ser, Val116→Ile, Val117→Ala, Arg129→Ser, Phe209→Leu Leu219→Val, His320→Tyr, Met365→Leu Asn426→Ser, Ala481→Val	Ala117, Leu209, Leu365はクマリンのヒドロキシル化反応低下，さらにLeu209はステロイド15α－ヒドロキシル化反応が顕著に上昇し，特異性変化，これらの三重変異体は完全に特異性変わる	R. L. P. Lindberg, M. Negishi	*Nature*	339	632	1989

（つづく）

由来	発現系	改変部位	変換機能	発表者	雑誌	巻	頁	年
ラット肝臓	Yeast	〔シトクロム $P\text{-}450_d$〕 Phe449→Tyr, Gly450→Ser, Leu451→Ser, Gly452→Glu, Lys453→Glu, Arg454→Leu, Arg455→Gly, Cys456→Tyr, His, Ile457→Ser, Gly458→Glu, Glu459→Ala, Ile460→Ser	CO結合型でTyr, His456, Glu458は448nmのピーク消失，Ser451, Glu452, Ser457はピークの吸収弱まる．Tyr449はピークが445nmにシフト．Leu454は不安定．それ以外は野生型同様，ヘムにはCys456や疎水性アミノ酸，Arg454が必要	T. Shimizu *et al.*	*Biochemistry*	27	4138	1988
ラット肝臓	Yeast	〔シトクロム $P\text{-}450_d$〕 Asn310～Phe325→distal mutant Gly450～Ile460→proximal mutant Phe425～Phe430→aromatic mutant	アセトアニリドのヒドロキシル化反応の選択性は野生型でp：o：m=7：0.1：0.3からdistal mutant（Ala322）でp：o：m=11：4：3へ，proximal mutant（Gly54）で同13：13：1へ変化	H. Furuya *et al.*	*Biochem. Biophys. Res. Commun*	160	669	1989
ラット肝臓	Yeast	〔シトクロム $P\text{-}450_d$〕 Asn310～Phe325→distal mutant Gly450～Ile460→proximal mutant Phe425～Phe430→aromatic mutant	distal mutantは7－エトキシクマリン（E）に対する活性が上昇するものが多く，ベンツフェタミン(B)に対する活性は低下するものが多い．proximal mutantはE, Bに対し活性低下するものが多い．aromatic mutantはdistal mutant同様	H. Furuya *et al.*	*Biochemistry*	28	6848	1989
Pseudomonas putida	—	〔シトクロム $P\text{-}450_{cam}$〕 Tyr96→Phe, Val247→Ala, Val295→Ile	Phe96は3位のヒドロキシル体を多く生成，Tyr96の水酸基が重要，Ala247ではさらにその効果が大．Ile295は1-メチルカンファンの5位のヒドロキシル化に対する特異性が上昇	W. M. Atkins, S. G. Sligar	*J. Am. Chem. Soc.*	111	2115	1989

シトクロムb_5

由来	発現系	改変部位	変換機能	発表者	雑誌	巻	頁	年
ウシ肝	*Escherichia coli*	Thr65→Cys Thr8→Cys	蛍光プローブをつけたCys65はイオン強度に依存して，メトミオグロビン，シトクロム*c*，P-450と結合し，蛍光ブルーシフト．蛍光プローブをつけたCys8は蛍光変化せず	P. S. Stayton *et al.*	*J. Biol. Chem.*	263	13544	1988
ラット肝	*Escherichia coli*	His63→Met	ESRなどより，本来6配位のものが軸方向がぬけて5配位になった	S. B. von Bodman *et al.*	*Proc. Natl. Acad. Sci. USA*	83	9443	1986

シトクロム*c*

由来	発現系	改変部位	変換機能	発表者	雑誌	巻	頁	年
ヒト	Yeast	①Cys17→Ala ②Arg38→Trp ③Cys14→Ala ④Arg38→Gly, Lys ⑤Gly84→Ser ⑥Gly37, Arg38→Arg, Gly ⑦Thr28, Gly37→Ile, Arg	①× ②× ③△ ④△ ⑤△ ⑥△ ⑦○ のようにYeast中で働いた．進化上，保存されている残基は重要	Yoshikazu Tanaka *et al.*	*J. Biol. Chem*	104	477	1988
ラット	Yeast	Tyr67→Phe	スペクトル，還元電位，電子移動特性は変わらず，T_mは30度上昇	T. L. Luntz *et al.*	*Proc. Natl. Acad. Sci. USA*	86	3524	1989

イソ-1-シトクロムc

由来	発現系	改変部位	変換機能	発表者	雑誌	巻	頁	年
Yeast	Yeast	Arg43(38)→ Ala, His, Lys, Leu, Asn, Gln + Cys107(102)→ Thr	還元電位は20～50mV低下するがpH依存性は同じ，NMRによるHis33, 39のp*K*aも同じ	R. L. Cutler *et al.*	*Biochemistry*	28	3188	1989
Yeast	Yeast	Asn57→Ile	T_mが17度上昇，unfoldのΔGが2倍になる	G. Das *et al.*	*Proc. Natl. Acad. Sci. USA*	86	496	1989
Yeast	Yeast	Cys107(102)→ Thr	スペクトル，還元電位は野生型と同様，野生型でみられる自己還元や二量化の現象が消失	R. L. Cutler *et al.*	*Protein Engineering*	1	95	1987
Yeast	Yeast	Lys77(72)→ Arg	生合成速度は野生型同様シトクロムb_2，シトクロム*c*，ペルオキダーゼ，シトクロム*c*オキシダーゼとの反応速度などは野生型同様もしくは少し上昇	D. Holzschn *et al.*	*J. Biol. Chem.*	262	7125	1987
Yeast	Yeast	Lys77(72)→ Asp	シトクロム*c*ペルオキシターゼとの電子移動速度が速くなる	J. T. Hazzard *et al.*	*Biochemistry*	27	4445	1988
Yeast	Yeast	Phe87(82)→ Ser, Gly, Tyr	CDでSoret帯幅，415-418nmに見られる負のCotton効果が消失	G. J. Pielak *et al.*	*J. Am. Chem. Soc.*	108	2724	1986
Yeast	Yeast	Phe87(82)→ Ser, Tyr, Gly	可視スペクトルは野生型と同じシトクロム*c*オキシダーゼアッセイではSer87で70％，Tyr87で30％，Gly87で20％の活性．還元電位はTyr87は野生型と同じ，Gly, Ser87は50mV低下	G. J. Pielak *et al.*	*Nature*	313	152	1985
Yeast	Yeast	Phe87(82)→ Ser	Ser87の近くではArg18, Gly88, Gly89やヘムのメチル基，遠くではAsn57, Trp64やヘムのプロピオン酸基にコンホメーション変化，ヘムの溶媒露出度も増加	G. V. Louie *et al.*	*Biochemistry*	27	7870	1988
Yeast	Yeast	Phe87(82)→ Tyr, Gly, Ser, Leu, Ile + Cys107(102)→ Thr	Zn置換シトクロム*c*ペルオキシダーゼカオチンへの電子移動速度は，Tyrは野生型同様，他のものは10^{-4}に低下	N. Liang *et al.*	*Science*	240	311	1988
Yeast	Yeast	Phe87(82)→ Tyr, Gly, Ser	還元型シトクロムからZn置換-シトクロム*c*ペルオキシダーゼπカオチンラジカルへの電子移動速度はGly87, Ser87に比べ，野生型，Tyr87は10^4倍速い	N. Liang *et al.*	*Proc. Natl. Acad. Sci. USA*	84	1249	1987

イソ-2-シトクロムc

由来	発現系	改変部位	変換機能	発表者	雑誌	巻	頁	年
Yeast	Yeast	Pro30→Thr Pro76→Gly	Thr30はYeastの成長悪く，タンパク精製できず．Gly76は成長もよく，スペクトル，NMRは野生型同様，Tyrの露出度が若干上昇，ヘムの回りの状態も少し変化	L. C. Wood *et al.*	*Biochemistry*	27	8554	1988
Yeast	Yeast	Pro76→Gly	GuHCl変性では1.2kcal/mol安定性が低下．unfoldingの速度は速まり，Proの異性化に伴うphaseが消失し，新しいphaseが出現	L. C. Wood *et al.*	*Biochemistry*	27	8562	1988

シトクロムcペルオキシターゼ

由来	発現系	改変部位	変換機能	発表者	雑誌	巻	頁	年
Yeast	*Escherichia coli*	His181→Gly	吸収スペクトルには変化なし．H_2O_2依存のフェロシトクロムc酸化反応や電子移動速度は1/2に低下したのみ．His181はあまり重要ではない	M. A. Millier *et al.*	*Biochemistry*	27	9081	1988
Yeast	*Escherichia coli*	Trp191→Phe	フェロシトクロムcの酸化に対するV_o/eが3000分の1に低下．シトクロムcと複合材は形成するがFe中心がフェロシトクロムcに早く還元されなくなる．	J. M. Mauro *et al.*	*Biochemistry*	27	6243	1988
Yeast	*Escherichia coli*	Trp51→Phe	EPRや吸収スペクトルは野生型と変わらず，23℃における半減期が野生型の1.4%，Trp51はフリーラジカルの生成には必要ではないが安定性に寄与	L. A. Fishel *et al.*	*Biochemistry*	26	351	1987
Yeast	Yeast	Met172→Cys, Ser	野生型と同様の活性あり．中間体の吸収スペクトルも変わらず．EPRで野生型にみられる狭いフリーラジカルのシグナルと超微細構造はSer172でみられるが，広幅のシグナルとSer172で消失	D. B. Goodin *et al.*	*Pro. Natl. Acad. Sci. USA*	83	1295	1986

ジヒドロ葉酸レダクターゼ

由来	発現系	改変部位	変換機能	発表者	雑誌	巻	頁	年
ヒト	*Escherichia coli*	Cys6→Ser	k_{cat}, K_mは変化なし温度安定性が低下	N. J. Prendergast *et al.*	*Biochemistry*	27	3664	1988
ヒト	*Escherichia coli*	Phe31→Leu	インヒビター，NADPHに対する結合，V_{max}はあまり変化せずジヒドロ葉酸に対する結合が弱まる	N. J. Prendergast *et al.*	*Biochemistry*	28	4645	1989
ヒト	*Escherichia coli*	Trp24→Phe	k_{cat}増加，K_m増加，k_{cat}/K_m低下．よりflexibleになる	S. Huang *et al.*	*Biochemistry*	28	471	1989
Escherichia coli	*Escherichia coli*	Arg44→Leu His45→Gln	NADPHに対する結合が１～1.5kcal/mol弱くなる	J. Adams *et al.*	*Biochemistry*	28	6611	1989
Escherichia coli	*Escherichia coli*	Asp27→Asn, Ser	若干の活性あり，基質のプロトン化に必要	E. E. Howell *et al.*	*Science*	231	1123	1986
Escherichia coli	*Escherichia coli*	Asp27→Asn	インヒビターであるMTXへの結合速度はほとんど同じ　解離速度が大きく低下	J. R. Appleman *et al.*	*J. Biol. Chem.*	263	9187	1988
Escherichia coli	*Escherichia coli*	Asp27→Asn Pro39→Cys Gly95→Ala	Asn27, Ala95では活性なし　Cys39は還元型で活性あり　Cys85とS-S作ると活性なし	J. E. Villafranca *et al.*	*Science*	222	782	1983
Escherichia coli	*Escherichia coli*	Asp27→Asn Thr113→Val Leu28→Arg Glu139→Lys Phe31→Val Arg44→Leu	α-ヘリックス内（Asn27, Arg28, Val31, Leu44）ではfoldingの緩和時間は変化しない．β-シート内（Val113, Lys139）では緩和時間は変化する．	K. M. Perry *et al.*	*Biochemistry*	26	2674	1987
Escherichia coli	*Escherichia coli*	Asp27→Ser Thr113→Glu	Double mutantはAsp27→Serに比べK_m（DHF）変化なし．k_{cat}低下，基質へのプロトン供与はGluが代行	E. E. Howell *et al.*	*Biochemistry*	26	8591	1987
Escherichia coli	*Escherichia coli*	Leu54→Gly, Ile, Asn	NADPH, $NADP^+$に対する結合はあまりかわらずジヒドロ葉酸に対する結合はIle, Asn, Glyの順で弱まる　k_{cat}はそれほど変化せず	D. J. Murphy, S. J. Benkovic	*Biochemistry*	28	3025	1989
Escherichia coli	*Escherichia coli*	Leu54→Gly	K_m（DHF）増大　k_{cat}減少→疎水基の重要性	R. J. Meyer *et al.*	*Proc. Natl. Acad. Sci. USA*	83	7718	1986
Escherichia coli	*Escherichia coli*	Phe31→Tyr, Val	速度が２倍増加　―酸素生成物からのH_4Fの解離速度の上昇　―プロトンの移動度が低下	J. -T. Chen *et al.*	*Biochemistry*	26	4093	1987

（つづく）

由来	発現系	改変部位	変換機能	発表者	雑誌	巻	頁	年
Escherichia coli	*Escherichia coli*	Phe31→Tyr, Val	K_m（DHF）は5～25倍増大　k_{cat}は2～3倍増大	K. Taira *et al.*	*Bull. Chem. Soc. Jpn.*	60	3017	1987
Escherichia coli	*Escherichia coli*	Phe31→Tyr, Val	pH依存性の解析より基質のプロトン化が重要と結論	K. Taira *et al.*	*Bull. Chem. Soc. Jpn.*	60	3025	1987
Escherichia coli	*Escherichia coli*	Phe31→Tyr, Val　Leu54→Gly　Thr113→Val	リガンドに対する結合が2～5 kcal/mol弱くなった	S. J. Benkovic *et al.*	*Science*	239	1105	1988
Escherichia coli	*Escherichia coli*	Pro39→Cys	酸化剤によりCys85とS-S形成　GuHCl変性では酸化型は1.8kcal/mol安定	J. E. Villafranca *et al.*	*Biochemistry*	26	2182	1987
Escherichia coli	*Escherichia coli*	Thr113→Val	基質に対する結合が2.3kcal/mol低下　Asp27のp*K*aの上昇	C. A. Fierke, S. J. Benkovic	*Biochemistry*	28	478	1989
Escherichia coli	*Escherichia coli*	Val75→Ala, Arg, Cys, His, Ile, Ser, Tyr	Arg, His, Ile, Ser, Tyrは1.9～2.8kcal/mol不安定化. Ala, Cysはほとんど変わらずTyrは特に大きな構造変化をしている	E. P. Garvey, C. R. Matthews	*Biochemistry*	28	2083	1989
Lactobacillus casei	*Escherichia coli*	Trp21→Leu, Asp26→Glu	Leu21：NADPHに対する結合が1/400低下　Glu26：基質やインヒビターに対する結合が変化	B. Birdsall *et al.*	*Biochemistry*	28	1353	1989
Lactobacillus casei	*Escherichia coli*	Trp21→Leu	NADPH, $NADP^+$に対する結合が3.5, 0.5kcal/mol弱まる. プロトン転移速度が1/100になる.	J. Andrews *et al.*	*Biochemistry*	28	5743	1989

ジフテリアトキシン

由来	発現系	改変部位	変換機能	発表者	雑誌	巻	頁	年
ジフテリア	*Escherichia coli*	Glu148→Asp	EF-2に対するADP-リボシル化反応は0.6%以下に低下	R. K. Tweten *et al.*	*J. Biol. Chem.*	260	10392	1985

腫瘍壊死因子α

由来	発現系	改変部位	変換機能	発表者	雑誌	巻	頁	年
ヒト	*Escherichia coli*	Cys69＋Cys101→Ala, Leu	CDによる高次構造は変わらないが，蛍光によるTrpの回りの環境が変化．細胞溶解，マクロファージ活性化などの生物活性はAla, Leuとなるについて低下	M. A. Narachi *et al.*	*J. Biol. Chem.*	262	13107	1987
ヒト	*Escherichia coli*	His15→Asn, Gln, Lys, Gly His73＋78→Gln	Gln73＋78は野生型同様強い生物活性あり．Gln15は1/10に活性低下．Asn, Lys Gly15はほとんど活性なし	R. Yamamoto *et al.*	*Protein Engineering*	2	553	1989

主要組織適合抗原（クラスⅡ，Ⅰ-A^b抗原）

由来	発現系	改変部位	変換機能	発表者	雑誌	巻	頁	年
ヒト	B細胞	Tyr9→His Gly13→Pro Pro65-Glu66-Ile67→Tyr	モノクローナル抗体に対する結合やT細胞活性化が消失	L. E. Cohn *et al.*	*Proc. Natl. Acad. Sci. USA*	83	747	1986

上皮成長因子

由来	発現系	改変部位	変換機能	発表者	雑誌	巻	頁	年
ヒト	*Escherichia coli*	Met21→L-2-amino hexanoic acid（ノルロイシン）	３つの生化学的活性に変化はなかった（receptor-binding activityなど）	H. Koide *et al.*	*Proc. Natl. Acad. Sci. USA*	85	6237	1988
ヒト	*Escherichia coli*	Pro7→Thr Glu24→Gly Asp27→Gly Tyr29→Gly Leu47→His	レセプター結合，チロシンキナーゼ活性化でみた生物活性はGly24, Gly27, Thr7, Gly29, His47の順で低下，Tyr29とLeu47は重要	D. A. Engler *et al.*	*J. Biol. Chem.*	263	12384	1988
マウス	*Escherichia coli*	Leu47→Ser, Val	レセプター結合やリン酸化活性化でみた生物活性は数分の１に低下	P. Ray *et al.*	*Biochemistry*	27	7289	1988

成長ホルモン

由来	発現系	改変部位	変換機能	発表者	雑誌	巻	頁	年
ウシ	*Escherichia coli*	Lys112→Leu	野生型とは異なる変性曲線を示し，refolding速度は1/30に低下，これは中間体に存在するα-ヘリックスが疎水相互作用により分子間で結合してしまうため	D. N. Brems *et al.*	*Proc. Natl. Acad. Sci. USA*	85	3367	1988
ヒト	*Escherichia coli*	あらゆる部位に変異	54～74残基，helix 4 及び 1 のあたりがレセプター結合部位であり，8 個のモノクローナル抗体に対するエピトープも同定	B. C. Cunningham *et al.*	*Science*	243	1331	1989
ヒト	*Escherichia coli*	Cys165→Ala	免疫学的にも生物活性も野生型とほとんど同じ	T. Tokunaga *et al.*	*Eur. J. Biochem.*	153	445	1985
ヒト	*Escherichia coli*	Pro2→Alg19, Phe54～Glu74, Arg167～Phe191のすべての残基を 1 つずつ→Ala	レセプターとの結合に関与すると考えられる残基を同定，またAla174はレセプターとの結合が強くなった	B. C. Cunningham, J. A. Wells	*Science*	244	1081	1989

繊維芽細胞成長因子

由来	発現系	改変部位	変換機能	発表者	雑誌	巻	頁	年
ウシ	*Escherichia coli*	Cys70＋88→Ser Ser113→Thr Pro129→Ser	Thr113＋Ser129はヒトの配列と同じで活性も保持，さらにSer70＋88となっても活性保持，S-Sを形成していないCys70, Cys88は必須ではない	S. M. Fox *et al.*	*J. Biol. Chem.*	263	18452	1988
ヒト	*Escherichia coli*	Cys26, 70, 88, 93→Ser	Ser70, 88は活性保持，Ser93は活性はあるがdouble mutantでは低下．Ser26は活性低下	M. Seno *et al.*	*Biochem. Biophys. Res. Commun.*	151	701	1988

DNAポリメラーゼ I のクレノー断片

由来	発現系	改変部位	変換機能	発表者	雑誌	巻	頁	年
Escherichia coli	*Escherichia coli*	Asp424→Ala Asp355→Ala＋Glu357＋Ala	ポリメラーゼ活性は変わらず3', 5'-エキソヌクレアーゼ活性が消失	V. Derbyshire *et al.*	*Science*	240	199	1988

tRNA合成酵素

由来	発現系	改変部位	変換機能	発表者	雑誌	巻	頁	年
Bacillus stearothemophilus	*Escherichia coli*	〔バリル〕 Thr52→Ala His56→Asn	Val-AMPの形成速度が低下．これは遷移状態の不安定化による	T. J. Borgford *et al.*	*Biochemistry*	26	7246	1987
Escherichia coli	マキシ細胞	〔アラニン〕中央領域を欠失18個	活性部位の同定	M. Jasin *et al.*	*Cell*	36	1089	1984
Escherichia coli	マキシ細胞	〔アラニン〕C末端側領域欠失	385残基でAla-AMP形成，461残基でtRNAアミノアシル化できる．808残基でoligomerization可能	M. Jasin *et al.*	*Nature*	306	441	1983
Escherichia coli	マキシ細胞	〔グリシル〕α鎖 stop→Glu or Gln Spacer→Glu Ala Ala β鎖 Met1→Ala Ser2→Ala, Gluによりα鎖とβ鎖を連結	α鎖 C末端とβ鎖 N末端は活性に重要でない	M. J. Toth, P. Schimmel	*J. Biol. Chem.*	261	6643	1986
Escherichia coli	*Escherichia coli*	〔アラニン〕C末端からの欠失 Ala409→Val	C末端側欠失で活性減少がAla→Valで活性復活した効果が，野生型でもみられた	L. Regan *et al.*	*J. Biol. Chem.*	263	18598	1988
Escherichia coli	*Escherichia coli*	〔アラニン〕C末端から欠失20～500	Ala-AMPの形成はすべて良好　アミノアシル化は400残基以下，特に370残基以下になると極端に低下	L. Regan *et al.*	*Science*	235	1651	1987
Escherichia coli	*Escherichia coli*	〔イソロイシル〕Gly94→Arg Ile102→Asn	Arg94のアデニル酸合成におけるIleのK_mは6000倍，ATPに対するK_mの効果はほとんどない	N. D. Clarke *et al.*	*Science*	240	521	1988
Escherichia coli	*Escherichia coli*	〔グリシル〕Cys98→Ala, Ser Cys395→Ala, Gln Cys450→Ala (β-サブユニット)	Aminoacylationにシステインのチオール基は不要．Ala395はNEMによる不活性化せず．Gln395はアミノアルシ化反応低下	A. T. Profy, P. Schimmel	*J. Biol. Chem.*	261	15474	1986

（つづく）

由来	発現系	改変部位	変換機能	発表者	雑誌	巻	頁	年
Escherichia coli	*Escherichia coli*	〔アラニル〕 Lys73→Gln	アミノアシル化反応におけるtRNAに対するk_{cat}/K_mは1/50　ATPおよびAlaに対しては影響なし	K. Hill, P. Schimmel	*Biochemistry*	28	2577	1989
Escherichia coli	*Escherichia coli*	〔グルタミル〕 Asp235→① Asn ②Gly ③ Val ④Ala ⑤ Lys, Glu	①mischarge ②③④少ししかmischargeしない⑤ほとんどmischargeしない	H. Uemura *et al.*	*Protein Engineering*	2	293	1988

Tyr-tRNA合成酵素

由来	発現系	改変部位	変換機能	発表者	雑誌	巻	頁	年
Bacillus stearothermophilus	*Escherichia coli*	Arg（20ヶ所）→Gln　Lys（16ヶ所）→Asn　Lys225→Ala　His（3ヶ所）→Gln	tRNAのアミノアシル化反応などの解析より，Arg207-Lys208がtRNAのアクセプターステムとArg368, 371, 407, 408, Lys410, 411がアンチコドンステムと相互作用していることがわかる	H. Bedouelle, G. Winter	*Nature*	320	370	1986
Bacillus stearothermophilus	*Escherichia coli*	Asp38→Ala Asp78→Ala Glu173→Ala	Tyrだけでなく ATPに対する結合も弱くなり，さらにk_{cat}も低下し，活性低下	D. M. Lowe *et al.*	*Biochemistry*	26	6038	1987
Bacillus stearothermophilus	*Escherichia coli*	Cys35→Gly	k_{cat}の低下およびATPに対するK_mの上昇により酵素活性低下，Cys35は遷移状態の安定化に寄与	A. J. Wilkinson *et al.*	*Biochemistry*	22	3581	1983
Bacillus stearothermophilus	*Escherichia coli*	Cys35→Gly His48→Gly Thr51→Pro	Gly48は酵素活性低下，singleおよびdouble mutantの解析よりPro51の活性上昇は，構造変化によりATPの結合が強くなったためであると予想された	P. J. Carter *et al.*	*Cell*	38	835	1984
Bacillus stearothermophilus	*Escherichia coli*	Cys35→Ser	酵素活性低下．これはATPに対するK_mが上昇したため	G. Winter *et al.*	*Nature*	299	756	1982

（つづく）

由来	発現系	改変部位	変換機能	発表者	雑誌	巻	頁	年
Bacillus stearothermophilus	*Escherichia coli*	His45→Asn GLn195→Gly Gln173→Ala Ile318−Arg417欠失	Tyrに対する結合が弱くなったAla45, Ala73, Gly195とtRNAを結合しない欠失変異体のヘテロダイマーでもtRNAのアミノアシル化におけるTyrの効果変わらず，活性部位が非対称に挙動	W. H. J. Ward, A. R. Fersht	*Biochemistry*	27	5525	1988
Bacillus stearothermophilus	*Escherichia coli*	His45→Asn Ile318～Arg417欠失	Asn45および（Ile318～Arg417）欠失を含むヘテロダイマーでも野生型同様ダイマーあたり1個の活性部位がある．すなわちこの酵素は本質的に非対称	W. H. J. Ward, A. R. Fersht	*Biochemistry*	27	1041	1988
Bacillus stearothermophilus	*Escherichia coli*	His45→Asn Ile318→Arg417欠失	アミノアシル化反応しない野生型およびAsn45変異体（Tyrを活性化しない）のヘテロダイマーの解析より，tRNAが両方のサブユニットと相互作用していることがわかった	P. Carter *et al.*	*Proc. Natl. Acad. Sci. USA*	83	1189	1986
Bacillus stearothermophilus	*Escherichia coli*	His48→Asn, Gln, Gly Thr51→Pro	Asn48は野生型と同様の活性あるがGln48, Gly48では低下．すなわちHis48のπ-NがATPとの水素結合に関与，またPro51変異とは，その影響は独立ではない	D. M. Lowe *et al.*	*Biochemistry*	24	5106	1985
Bacillus stearothermophilus	*Escherichia coli*	Ile318→Arg417欠失（C末端領域）	Tyr-AMP形成反応のk_{cat}，K_mは変わらず，$tRNA^{Tyr}$を結合できなくなり，Tyr-tRNAを生成できなくなる	M. M. Y. Waye *et al.*	*EMBO J.*	2	1827	1983
Bacillus stearothermophilus	*Escherichia coli*	Lys82, 230, 233→Ala, Asn Arg86→Ala, Gln	いずれも遷移状態の不安定化により活性低下，またAla82はATPとの結合も低下，立体構造ではこれらの残基はリン酸と遠いためinduced fitが起きていることが考えられた	A. R. Fersht *et al.*	*Biochemistry*	27	1581	1988
Bacillus stearothermophilus	*Escherichia coli*	Phe164→Asp, Glu Phe164→Lys, Arg＋(321-419)欠失	Asp, Gly, Lysが電荷をもたないpHではホモダイマーはK_d～300 μM，pH7.8ではK_d≈120～4000 μMで活性なし，AspあるいはGlu164とLysあるいはArg164のヘテロダイマーはK_d≈10 μMで活性あり	W. H. J. Ward *et al.*	*Biochemistry*	26	4131	1987
Bacillus stearothermophilus	*Escherichia coli*	Phe164→Asp	Aspが解離していないpH6では野生型同様の活性，Aspが解離するpH7.78ではダイマーかモノマーになりやすくなり，活性低下，Tyrに対するK_mも大きくなる	D. H. Jones *et al.*	*Biochemistry*	24	5852	1985
Bacillus stearothermophilus	*Escherichia coli*	Phe164→Asp Phe164→Lys＋(321-419)欠失	Asp164はアルカリ性で，Lys164＋欠失は酸性で酵素活性がなくなるが，これから構成されたヘテロダイマーは野生型同様の活性あり	W. H. J. Ward *et al.*	*J. Biol. Chem.*	261	9576	1986

（つづく）

由来	発現系	改変部位	変換機能	発表者	雑誌	巻	頁	年
Bacillus stearothermophilus	*Escherichia coli*	Thr40→Ala His45→Gly	TyrやATPに対するK_mはあまり変わらずk_{cat}の低下により酵素活性低下．すなわちこれらは遷移状態の安定化に寄与	R. J. Leatherbarrow *et al.*	*Proc. Natl. Acad. Sci. USA*	82	7840	1985
Bacillus stearothermophilus	*Escherichia coli*	Thr40→Gly, Ala His45→Gly, Ala, Asn, Gln	いずれもTyr, ATPに対する結合はあまり変わらず遷移状態の不安定化により活性低下，Gln45の方がAsn45より活性が高いことより，Hisのε-N原子が関与	R. J. Leatherbarrow, A. R. Fersht	*Biochemistry*	26	8524	1987
Bacillus stearothermophilus	*Escherichia coli*	Thr51→Ala, Gly, (Ile318-Arg417)欠失	E-Tyr-AMPからの解離定数を求め他の速度定数よりK_{eq}=〔Tyr－AMP〕〔PPi〕/〔ATP〕〔Tyr〕がどの場合でも3.5×10^{-7}程度になることが明らかになる	T. N. C. Wells *et al.*	*Biochemistry*	25	6603	1986
Bacillus stearothermophilus	*Escherichia coli*	Thr51→Ala, Pro	ATPに対する結合が強くなることにより酵素活性上昇，特にPro51はk_{cat}/K_mが25倍上昇	A. J. Wilkinson *et al.*	*Nature*	307	187	1984
Bacillus stearothermophilus	*Escherichia coli*	Thr51→Cys, Ser, Gly Cys35→Gly	酵素活性はCysで上昇，Ser, Glyで若干低下．これはATPとの結合の差による．また，Gly35により活性が下がるが，Cys51により回復	A. R. Fersht *et al.*	*Biochemistry*	24	5858	1985
Bacillus stearothermophilus	*Escherichia coli*	Thr51→Pro, Ala, Cys	Pro51の活性上昇は遷移状態の安定化．Cys51の活性上昇は遷移状態およびATP結合の安定化による．しかしこれらのアミノアシル化反応の速度は低下	C. K. Ho, A. R. Fersht	*Biochemistry*	25	1891	1986
Bacillus stearothermophilus	*Escherichia coli*	Thr51→Pro	X線構造解析よりPro51の活性上昇は，親水性のThrから非極性なProに変化したことによりH_2O分子が排除されATPが結合しやすくなったため	K. A. Brown *et al.*	*Nature*	326	416	1987
Bacillus stearothermophilus	*Escherichia coli*	Tyr34, 169→Phe, Cys35→Gly, Ser Thr40→Ala, His48→GLy, Asn His45→Ala, Gly, Asn, Gln Thr51→Gly, Ala, Cys, Pro	速度定数と平衡定数のプロットよりAla40, Ala, Gly, Asn, Gln45は遷移状態の安定化のみに寄与，またその他のものの結合エネルギー変化の71％は遷移状態，90％は複合体形成に寄与	A. R. Fersht *et al.*	*Nature*	322	284	1986

（つづく）

由来	発現系	改変部位	変換機能	発表者	雑誌	巻	頁	年
Bacillus stearothermophilus	*Escherichia coli*	Tyr34, 169→Phe, Cys35→Gly, Ser Thr40→Ala, His48→Gly, Asn His45→Ala, Gly, Asn, Gln Thr51→Gly, Ala, Cys, Pro	速度定数および平衡定数の解析より，Ala40, Ala, Gly, Asn, Gln45は遷移状態の不安定化のみ，他のものは中間体，複合体などの不安定化が起っている	A. R. Fersht *et al.*	*Biochemistry*	26	6030	1987
Bacillus stearothermophilus	*Escherichia coli*	Tyr34→Phe, Tyr169→Phe Cys35→Ser, Gly His48→Gly, Thr512→Ala	K_mが大きくなり活性低下，Gly, Ser35, Gly48は遷移状態への活性化エネルギーが高くなりk_{cat}が小さくなり活性低下	T. N. C. Wells, A. R. Fersht	*Nature*	316	656	1985
Bacillus stearothermophilus	*Escherichia coli*	Tyr34→Phe Cys35→Gly, Ser His48→Asn, Gly Thr51→Ala Gln195→Gly, Tyr169→Phe	Phe34, Phe169, Gly195はTyrに対する，またGly, Ser35, Asn, Gly48はATPに対する結合が水素結合の消失により低下．Ala51はATPに対する結合上昇	A. R. Fersht *et al.*	*Nature*	314	235	1985
Bacillus stearothermophilus	*Escherichia coli*	Tyr34→Phe Tyr169→Phe Cys35→Gly, Ser His48→Gly	Gly35の活性低下は遷移状態の不安定化のみによる，その他のものはTyr, ATPに対する結合が弱くなったことにより活性低下	T. N. C. Wells, A. R. Fersht	*Biochemistry*	25	1881	1986

銅・亜鉛スーパーオキサイドジスムターゼ

由来	発現系	改変部位	変換機能	発表者	雑誌	巻	頁	年
ヒト	Yeast	Arg143→Lys, Ile	野生型 6570 units/mgに対し，Lys 2840, Ile708, Argは活性部位で重要だが必須でない	W. F. Beyer, Jr., *et al.*	*J. Biol. Chem.*	262	11182	1987
ヒト	Yeast	C末端とN末端を連結し，ダイマー化 Arg143→Asp	ダイマー化したものは100%活性あり，一方のみAsp143にすると50%程度の活性	R. A. Hallewell *et al.*	*J. Biol. Chem.*	264	5260	1989

トリオースリン酸イソメラーゼ

由来	発現系	改変部位	変換機能	発表者	雑誌	巻	頁	年
ニワトリ	*Escherichia coli*	Glu156→Asp	活性は1/1000に低下．D_2Oの溶媒同位体効果やブロモヒドロキシアセトンリン酸による不活性化は野生型と同じ，エノール化の遷移状態のエネルギーが高くなる	R. T. Raines *et al.*	*Biochemistry*	25	7142	1986
ニワトリ	*Escherichia coli*	Glu165→Asp	グリセルアルデヒド-3-リン酸が基質の時はk_{cat}は1/1500に低下，K_mは3.6倍，ジヒドロキシアセトンリン酸が基質の時は1/240に低下，K_mは2倍になる	D. Straus *et al.*	*Proc. Natl. Acad. Sci. USA*	82	2272	1985
Yeast	*Escherichia coli*	Asn14→Thr Asn78→Ile, Asp	Thr14, Ile78では脱アミド化を行なう熱による不活化の半減期が2倍に伸びる．Asp78は不活性化の速度が速くなり，T_mも低下	T. J. Ahern *et al.*	*Proc. Natl. Acad. Sci. USA*	84	675	1987
Yeast	*Escherichia coli*	Asn78→The, Ile, Asp Asn14→Thr	Thr78, Ile78の活性はほとんど変わらず，Asp78, Thr14＋Ile78はk_{cat}が低下．Asp78は熱，変性剤，プロテアーゼに対する耐性が低下	J. I. Casal *et al.*	*Biochemistry*	26	1258	1987
Yeast	*Escherichia coli*	His95→Gln	活性は野生型の1/400．阻害剤との結合は変わらないが基質アナログに対する結合は弱まる．同位体等を用いた実情より反応のメカニズムが変わっていると予想された	E. B. Nickbarg *et al.*	*Biochemistry*	27	5948	1988

トリプシン

由来	発現系	改変部位	変換機能	発表者	雑誌	巻	頁	年
ラット膵臓	*Escherichia coli*	Asp189→Lys	Lys, ArgのみならずAsp, Gluに対する活性がかなり弱い．Tyr, Pheに対する活性は変化なかったがLeuに対しては6,000倍上昇．	L. Gráf *et al.*	*Biochemistry*	26	2616	1987
ラット膵臓	*Escherichia coli*	Asp189→Ser	Lys, Argに対する活性は$1/10^5$に低下，Tyr, Phe, Trp, Leuに対しては10～50倍上昇．Lysに対するpH10.5での活性はpH7.0のそれの100倍に上昇	L. Gráf *et al.*	*Proc. Natl. Acad. Sci. USA*	85	4961	1988
ラット膵臓	COS細胞	Asp102→Asn	中性条件下での活性や，DFPとの反応性は$1/10^4$に低下，pHの上昇とともに活性も上昇．TLCKとの反応性はあまり変わらず，活性の低下はSer195の求核性の低下	C. S. Craik *et al.*	*Science*	237	909	1987
ラット膵臓	COS細胞	Asp102→Asn	立体構造は野生型のそれとほとんど変化なし	S. Sprang *et al.*	*Science*	237	905	1987
ラット膵臓	COS細胞	Gly216→Ala Gly226→Ala	基質選択性はGly226→AlaのみがLys＞Arg, 野生型および他の変異体はArg＞Lysただしk_{cat}/K_mは大幅に低下	C. S. Craik *et al.*	*Science*	228	291	1985

トリプシンインヒビター

由来	発現系	改変部位	変換機能	発表者	雑誌	巻	頁	年
ウシ膵臓	*Escherichia coli*	Cys14→Ala＋Cys38→Ala Cys14→Thr＋Cys38→Thr	25℃ではrefoldingしにくいが，37℃，52℃では比較的速くrefoldingする.	C. B. Mark *et al.*	*Science*	235	1370	1987
ウシ膵臓	*Escherichia coli*	Cys14→Ser＋Cys38→Ser	folding速度は遅いものの正しくfoldingする．ただし野生型の場合には見られない中間体も経由している.	D. P. Goldenberg	*Biochemistry*	27	2481	1988
ウシ膵臓	*Escherichia coli*	Lys15→Ile	プロテアーゼに対する特異性がトリプシンから白血球エラスターゼに変化	B. von Wilcken-Bergmann *et al.*	*EMBO. J.*	5	3219	1986
ウシ膵臓	*Escherichia coli*	Tyr23→Leu Tyr35→Gly Asn43→Gly, Ala	それぞれのmutantで不安定化させる中間体，あるいは遷移状態が少しずつ異なる	D. P. Goldenberg *et al.*	*Nature*	338	127	1988

トリプトファン合成酵素

由来	発現系	改変部位	変換機能	発表者	雑誌	巻	頁	年
Escherichia coli	*Escherichia coli*	Glu49→Ala, Gly, Ile, Lys, Phe, Thr（αサブユニット）	安定性のよいものほど表面張力は高くなる（表面の性質と安定性は相関する）	A. Kato, K. Yutani	*Protein Engineering*	2	153	1988
Escherichia coli	*Escherichia coli*	Glu49→Asp, Lys, Ala, Phe, Gly（αサブユニット）	野生型同様，基質アナログを結合する．αサブユニットからβサブユニットへのリガンドによる効果も野生型同様みられる	E. W. Miles *et al.*	*J. Biol. Chem.*	263	8611	1988
Escherichia coli	*Escherichia coli*	Glu49→other 19 a.a.（αサブユニット）	H_2O中のunfoldingのΔGは49位のアミノ酸の疎水性度に比例して大きくなる（芳香族アミノ酸を除く）すなわち疎水性が高いと安定になる	K. Yutani *et al.*	*Proc. Natl. Acad. Sci. USA*	84	4441	1987
Escherichia coli	*Escherichia coli*	Glu49→other 19 a.a.（αサブユニット）	βサブユニットとの結合や，β反応の速度はあまり変わらず，α反応は野生型のみ起こり，変異体はすべて不活性	K. Yatani *et al.*	*J. Biol. Chem.*	262	13429	1987

（つづく）

由来	発現系	改変部位	変換機能	発表者	雑誌	巻	頁	年
Salmonella typhimurium	*Escherichia coli*	Asp60→Ala, Tyr, Glu, Asn Tyr175→Phe, Cys Gly211→Glu（αサブユニット）	Ala, Tyr, Asn60, Glu211は活性消失Glu60, Phe, Cys175は若干活性残る．Glu211で消失した活性はCys175により少し回復	S. Nagata *et al.*	*J. Biol. Chem.*	264	6288	1989
Salmonella typhimurium	*Escherichia coli*	Cys81, 118, 154→Ser（αサブユニット）	Ser154はできず，Ser81, 118は野生型同様の活性あり，T_mは下がり，不活性化の半減期も短くなり，不安定化	S. A. Ahmod *et al.*	*Biochem. Biophys. Res. Commun.*	151	672	1988
Salmonella typhimurium	*Escherichia coli*	His86→Leu Cys170→Ser Lys87→Thr Cys230→Ser, Ala Arg148→Gly（βサブユニット） Cys81, 118→Ser（αサブユニット）	Thr87（βサブユニット）のHが不活性化，他のものは20％～100％の活性あり	E. W. Miles *et al.*	*J. Biol. Chem.*	264	6280	1989
Salmonella typhimurium	*Salmonella typhimurium*	Arg179→Leu（αサブユニット）	β反応の速度は変わらず．α反応の速度は60％に低下．野生型ではβ反応を阻害するグリセロリン酸が活性化剤として働くようになる	H. Kawasaki *et al.*	*J. Biol. Chem.*	262	10678	1987

ニトロゲナーゼ

由来	発現系	改変部位	変換機能	発表者	雑誌	巻	頁	年
Azotobacter vinelandii	*Azotobacter vinelandii*	Cys154, 183, 275→Ser, Gln151, 191→Glu, Asp161→Glu	アセチレン還元性において野生型に対し，Ser154, 183, 275は０～４％，Glu151, 191は64～70％，Glu161は12％の活性	K. E. Brigle *et al.*	*Proc. Natl. Acad. Sci. USA*	84	7066	1987

乳酸脱水素酵素

由来	発現系	改変部位	変換機能	発表者	雑誌	巻	頁	年
Bacillus stearothermophilus	*Escherichia coli*	Arg109→Gln	k_{cat}は大きく低下，基質に対する親和性も低下，NADHに対する親和性変わらず，Arg109は遷移状態における負電荷を安定化	A. R. Clarke *et al.*	*Nature*	324	699	1986
Bacillus stearothermophilus	*Escherichia coli*	Arg171→Lys	ピルビン酸に対するK_mが大きく上昇し，その値はより長鎖のケト酸のK_mよりも大きく，特異性消失．Arg171はピルビン酸に対する結合のみならず方向性も規定	K. W. Hart *et al.*	*Biochim. Biophys. Acta*	914	294	1987
Bacillus stearothermophilus	*Escherichia coli*	Arg171→Lys	ピルビン酸に対するK_mは2000倍上昇，NAD-SO_3^-に対する親和性は14分の１になったのみ，イオン結合が２本から１本に減ったため	K. W. Hart *et al.*	*Biochem. Biophys. Res. Commun.*	146	346	1987
Bacillus stearothermophilus	*Escherichia coli*	Arg171→Tyr, Trp	ピルビン酸を含めα－ケト酸に対するk_{cat}/K_mは$1/10^3$～10^4低下，Trp171によりピルビン酸から生成したのはL-乳酸のみで立体特異性は保持	M. A. Luyten *et al.*	*Biochemistry*	28	6605	1989
Bacillus stearothermophilus	*Escherichia coli*	Arg173→Gln	酵素活性は変わらず，アロステリックエフェクターであるFBPの結合が弱くなり，活性化が起こらなくなった．四量体は安定化するがFBP存在下では不安定化，Arg173はアロステリック効果に重要	A. R. Clarke *et al.*	*Biochim. Biophys. Acta*	913	72	1987
Bacillus stearothermophilus	*Escherichia coli*	Asp168→Asn, Ala	ピルビン酸に対するK_mは200倍上昇したが乳酸に対しては２～３倍のみ．NADHに対する親和性やHis195のpKaは変わらず．Asp168はHis195の正電荷を打ち消している	A. R. Clarke *et al.*	*Biochemistry*	27	1617	1988
Bacillus stearothermophilus	*Escherichia coli*	Asp197→Asn Thr246→Gly Gln102→Arg	k_{cat}/K_mを指標とするオキザロ酢酸／ピルビン酸が野生型で$1/10^3$，Asn179で1/400，Gly246で3.6，Arg102で8000となり，リンゴ酸脱水素酵素となる	H. M. Wilks *et al.*	*Science*	242	1541	1988
Bacillus stearothermophilus	*Escherichia coli*	Gln102→Arg＋Asp197→Asn＋Thr246→Gly	k_{cat}/K_mが野生型ではピルビン酸／オキザロ酢酸＝1000からこのtriple mutantで500に変化	A. R. Clarke *et al.*	*Biochem. Biophys. Res. Commun.*	148	15	1987
Bacillus stearothermophilus	*Escherichia coli*	Gln102→Asn	ピルビン酸よりも測鎖の大きくなった基質に対する活性が少し高くなった	M. A. Luyten *et al.*	*J. Am Chem Soc.*	111	6800	1989
Bacillus stearothermophilus	*Escherichia coli*	Ile250→Asn	熱に対し，より安定になった．またNADHに対する親和性も低下．これらはAsnにより環境の極性が高くなったため	D. B. Wigley *et al.*	*Biochim. Biophys. Acta*	916	145	1987

（つづく）

由来	発現系	改変部位	変換機能	発表者	雑誌	巻	頁	年
Bacillus stearothermophilus	*Escherichia coli*	Trp150→Tyr Trp80, 150→Tyr	活性，基質や補酵素との結合，熱安定性は野生型と同等．蛍光の半減期に寄与する３つのTrpがassignできた	A. D. B. Waldman *et al.*	*Biochim. Biophys. Acta*	913	66	1987
Bacillus stearothermophilus	*Escherichia coli*	Trp80＋150＋203→Tyr＋GLy106→Tyr	１つしかなくなったTrp106をプローブとして酵素-NADH-基質アナログの複合体形成に伴う98-110残基のloop closure速度が125sec^{-1}と求まる	A. D. B. Waldman *et al.*	*Biochem. Biophys. Res. Commun.*	150	725	1988
Thermus caldophilus	*Escherichia coli*	Arg173→Gln	FBPによる活性変化もなくアロステリック効果も消失	H. Matsuzawa *et al.*	*FEBS Lett.*	233	375	1988
Thermus caldophilus	*Escherichia coli*	His188→Phe	野生型にみられたFBPによる強い活性化（アロステリック効果）が減少，FBP非存在下ではPhe188の方が活性高い	G. Schroeder *et al.*	*Biochem. Biophys. Res. Commun.*	152	1236	1988

ヌクレアーゼ

由来	発現系	改変部位	変換機能	発表者	雑誌	巻	頁	年
Staphylococcus aureus	*Escherichia coli*	Asp21→Glu, Tyr Asp40→Glu, Gly Thr41→Pro Arg87→Gly Arg35→Gly	Gly35以外はCa^{2+}に対する結合が1/10に低下．Asp40, Thr41変異体はk_{cat}が1/10，Asp21, Arg35, 87変異体はk_{cat}が$1/10^4$以下に低下	E. H. Serpersu *et al.*	*Biochemistry*	26	1289	1987
Staphylococcus aureus	*Escherichia coli*	Asp40→Glu, Gly Asp21→Tyr, Glu	Glu40, Gly40, Tyr21の活性中心のMn^{2+}に対する水の配位数は野生型同様1個　Glu21では水の配位なし	E. H. Serpersu *et al.*	*Biochemistry*	27	8034	1988
Staphylococcus aureus	*Escherichia coli*	Asp40→Gly	Ca^{2+}及びMn^{2+}に対する結合が約1/10に低下	E. H. Serpersu *et al.*	*Biochemistry*	25	68	1986
Staphylococcus aureus	*Escherichia coli*	Glu43→Asp, Gln, Asn, Ala, Ser	V_{max}/K_mはAspで1/1400，他のもので1/5000に低下，T_mは，どれも上昇，Asp, Serでは芳香族領域の化学シフトが移動	D. W. Hibler *et al.*	*Biochemistry*	26	6278	1987

（つづく）

由来	発現系	改変部位	変換機能	発表者	雑誌	巻	頁	年
Staphylococcus aureus	*Escherichia coli*	Glu43→Asp, Ser Phe34→Tyr, Phe76→Val His124→Leu, Arg Tyr27, 54, 85, 113, 115→Phe	Glu43の変換に基づくコンホメーション変化はLeu75（15Åはなれている）やPhe76（30Åはなれている）まで及ぶ	J. A. Wilde *et al.*	*Biochemistry*	27	4127	1988
Staphylococcus aureus	*Escherichia coli*	Glu43→Ser	基質がDNAの場合，pH7.4ではV_{max}は2700分の1であるが，pHとともに上昇．Ca^{2+}・Mg^{2+}の結合も1ケタ落ちる	E. H. Serpersu *et al.*	*Biochemistry*	28	1539	1989
Staphylococcus aureus	*Escherichia coli*	His8→Arg	他の2つのHisのp*K*aは本質的に野生型と同じ	A. T. Alexandreson *et al.*	*Biochemistry*	27	2158	1988
Staphylococcus aureus	*Escherichia coli*	Pro117→Gly	cis-transの異性化により引き起こされる2つのコンホーメーションに基づくHis8, 121, 124のminor peakが消失	P. A. Evans *et al.*	*Nature*	329	266	1987

バーナーゼ（リボヌクレアーゼ）

由来	発現系	改変部位	変換機能	発表者	雑誌	巻	頁	年
Bacillus amyloliquefaciens	*Escherichia coli*	His18→Gln	pH6.3での安定性は1.6kcal/mol低下．pHの上昇に伴う不安定化はみられず．α-ヘリックスのC末端に存在する正電荷が重要．	D. Sāli *et al.*	*Nature*	335	740	1988
Bacillus amyloliquefaciens	*Escherichia coli*	Ile96→Val, Ala Phe7→Leu	α-ヘリックス，β-シートの界面での変異体の尿素変性に対する安定性はIle→Valで約1 kcal/mol, Ile→Ala, Phe→Leuで約4 kcal/mol低下	J. T. Kellis, Jr. *et al.*	*Nature*	333	784	1988
Bacillus amyloliquefaciens	*Escherichia coli*	Leu14→Ala Ile88→Val, Ala Ile96→Val, Ala	尿素GuHCl, 熱変性に対する安定性はmethylene 1個あたり1～1.6kcal/mol不安定になる	J. T. Kellis, Jr. *et al.*	*Biochemistry*	28	4914	1989
Bacillus amyloliquefaciens	*Escherichia coli*	Lys27, Asp54, Glu73, His102→Ala	RNAの加水分解活性はAla102で0％，Ala73で0.2％，Ala27で1.3％，Ala54で9％ヌクレアーゼT_1と多少異なる	D. E. Mossakowska *et al.*	*Biochemistry*	28	3843	1989

（つづく）

由来	発現系	改変部位	変換機能	発表者	雑誌	巻	頁	年
Bacillus amyloliquefaciens	*Escherichia coli*	Thr6→Gly, Ala, His18→Gln Thr26→Gly, Ala, Thr16→Ser Tyr78→Phe, Ile88→Val, Ala Ile96→Val, Ala	unfoldingの自由エネルギーΔG_uや活性化エネルギーΔG_u^{+}の測定より遷移状態ではα-ヘリックスのC末端や疎水コアはintactに近いがα-ヘリックスのN末端ループは露出している.	A. Matouschek *et al.*	*Nature*	340	122	1989

バクテリオロドプシン

由来	発現系	改変部位	変換機能	発表者	雑誌	巻	頁	年
Halobacterium halobium	*Escherichia coli*	Asp36, 38, 102, 104→Asn Asp85, 96, 115→Asn, Glu Asp212→Asn, Glu, Ala	Asn36, 38, 102, 104は野生型と変わらず. Asp85, 96, 115, 212の変異体はレチナールとの再構成速度，プロトンポンプ活性低下.	T. Mogi *et al.*	*Proc. Natl. Acad. Sci. USA*	85	4148	1988
Halobacterium halobium	*Escherichia coli*	Asp85, 96, 115, 212→Glu, Asn	量子収率はAsn85, 115, 212, Glu165, 212で低下，H^+流入速度はAsn96, Glu212で遅くなりH^+解離速度はAsn115で遅くなる	T. Marinetti *et al.*	*Proc. Natl. Acad. Sci. USA*	86	529	1989
Halobacterium halobium	*Escherichia coli*	Asp85→Glu Asp96, 115, 212→Glu, Asn	FTIRで1720-1760cm^{-1}に存在するCOOHに由来する吸収が，各中間体で変化. これをもとに各中間体におけるAspのイオン状態が判明	M. S. Braiman *et al.*	*Biochemistry*	27	8516	1988
Halobacterium halobium	*Escherichia coli*	Asp96→Asn, Glu	Asn96では中性以上のpHでM中間体の崩壊速度，プロトン流入速度が低下. Glu96ではこのような現象は起こらずAsp96はレチナールのシッフ塩基のプロトンドナーとして重要	M. Holz *et al.*	*Proc. Natl. Acad. Sci. USA*	86	2167	1989
Halobacterium halobium	*Escherichia coli*	Trp10, 12, 80, 86, 182, 189→Phe Trp137→Cys Trp138→Phe, Cys	Phe10, 12, 80, 138, Cys137, 138ではFTIRでのスペクトル変化なし，K中間体へのTrpのゆらぎにもとづく742cm^{-1}のバンドがPhe86で消失，Phe189でシフト	K. J. Rothschild *et al.*	*Biochemistry*	28	7052	1989

（つづく）

由来	発現系	改変部位	変換機能	発表者	雑誌	巻	頁	年
Halobacterium halobium	*Escherichia coli*	Trp182→Phe, Ser183→Ala Tyr185→Phe, Pro186→Leu, Gly Trp189→Phe, Ser193→Ala Glu194→Gln	Ala183, Gly186, Gln194の吸収スペクトは野生型同様，Leu186はブルーシフトし，光反応も変化，Phe182, 189, Ala193は光反応が少し変化，Phe185はレッドシフトし，Tyrの脱プロトン吸収消失	P. L. Ahl	*J. Biol. Chem.*	263	13594	1988
Halobacterium halobium	*Escherichia coli*	Trp182→Phe Trp189→Phe Ser183→Ala Ser193→Ala Tyr185→Phe Glu194→Gln Pro186→Leu	最大吸収波長はAla183, Phe185, Ala193, Gln194で野性型同様，Phe182, 189, Leu186でブルーシフト．プロトンポンプとしての機能はあまり変わらず．	N. R. Hackett *et al.*	*J. Biol. Chem.*	262	9277	1962
Halobacterium halobium	*Escherichia coli*	Tyr26, 43, 57, 64, 79, 83, 131, 133, 147, 150, 185→Phe	FTIRでPhe185のみTyrのプロトン化，脱プロトン化に伴うバンドが消失，Tyr185はレチナールのシッフ塩基と相互作用	M. S. Braiman *et al.*	*Proteins*	3	219	1988
Halobacterium halobium	*Escherichia coli*	Tyr26, 43, 57, 64, 79, 83, 131, 133, 147, 150, 185→Phe	Phe57, 83, 185はレチナールとの再構成が遅くなる．Phe57, 83の吸収スペクトルは若干ブルーシフト．プロトンポンプ活性はあまり変わらず	T. Mogi *et al.*	*Proc. Natl. Acad. Sci. USA*	84	5595	1987

百日咳トキシン

由来	発現系	改変部位	変換機能	発表者	雑誌	巻	頁	年
Bordetella pertussis	*Escherichia coli*	Trp26→欠失 Glu106, 129→欠失，Asp	Trp26, Glu129欠失，Asp129はADP-リボシルトランスフェラーゼ活性消失，Asp106は活性あまり変化なし	C. Locht *et al.*	*Proc. Natl. Acad. Sci. USA*	86	3075	1989

ヒルジン

由来	発現系	改変部位	変換機能	発表者	雑誌	巻	頁	年
ヒル	*Escherichia coli*	Lys27, Lys36, Lys47, His51→Gln, Glu57, 58, 61, 62→Gln	Gln47は解離定数９倍大，その他の塩基性残基の変換体は不変．Glu→Glnはすべて解離定数大（最大61倍）他のプロテアーゼインヒビターとちがって塩基性残基はあまり関係ない．C末端領域のGluは重要	P. J. Braun *et al.*	*Biochemistry*	27	6517	1988
ヒル	*Escherichia coli*	Lys47→Glu	NMRにより小さいが明らかに認識できる構造変化あり	P. J. M. Folkers *et al.*	*Biochemistry*	28	2601	1989
ヒル	Yeast	Asn47→Lys, Arg, Lys35→Thr	Lys47, Arg47はトロンビンとの結合がそれぞれ５，14倍強くなる．Thr35はあまり変わらず．*in vivo*においてはLys47はアンチトロビン活性が100倍程度上昇	E. Degryse *et al.*	*Protein Engineering*	2	459	1989

中性プロテアーゼ

由来	発現系	改変部位	変換機能	発表者	雑誌	巻	頁	年
Bacillus stearothermophilus	*Bacillus subtilis*	Gly61→Ala Thr66→Ser Gly144→Ala	Ala144は熱安定性上昇，Ser66は熱安定性低下するもののAla144＋Ala61とのtriple mutantは上昇する	T. Imanaka *et al.*	*Nature*	324	695	1986

HIVプロテアーゼ

由来	発現系	改変部位	変換機能	発表者	雑誌	巻	頁	年
HIV	*Escherichia coli*	Asp25→Ala	前駆体からの自己触媒によるプロセッシングが起こらず，トランスに野生型遺伝子を導入することによりプロセッシング回復	S. F. J. Le Grice *et al.*	*EMBO. J.*	7	2547	1988
HIV	*Escherichia coli*	Asp25→Asn	特異的な基質である*gag*p55は切断できず，変異遺伝子と含むウイルスはMT-4細胞に感染できなくなる．	N. E. Kohl *et al.*	*Proc. Natl. Acad. Sci. USA*	85	4686	1988
HIV	*Escherichia coli*	Asp25→Thr	前駆体からプロセッシングが起こらず，また特異的な基質であるp55*gag*を切断できず．酸性プロテアーゼであることの実証	S. Seelmeier *et al.*	*Proc. Natl. Acad. Sci. USA*	85	6612	1988
HIV	*Escherichia coli*	Asp87→Lys, Glu	９アミノ酸の合成基質や*gag*タンパク質に対する加水分解活性が消失	J. M. Louis *et al.*	*Biochem. Biophys. Res. Commun.*	164	30	1989

α－リティクプロテアーゼ

由来	発現系	改変部位	変換機能	発表者	雑誌	巻	頁	年
—	*Escherichia coli*	Met213→Ala Met192→Ala	Ala, Valに対する活性が低下し，Met, Leu, Pheに対する活性が上昇	R. Bone *et al.*	*Nature*	339	191	1989

$α_1$-プロテイナーゼインヒビター（$α_1$-アンチトリプシン）

由来	発現系	改変部位	変換機能	発表者	雑誌	巻	頁	年
ヒト	*Escherichia coli*	Met358→Ala, Ile, Val. Phe, Leu, Arg	エラスターゼに対してはLeuのみが野性型と同程度，他のものは低下．カテプシンGに対してはPheのみが阻害活性上昇，トロンビンに対してはArgのみが阻害活性上昇	S. Jallat *et al.*	*Protein Engineering*	1	29	1986
ヒト	*Escherichia coli*	Met385→Val, Arg	Val mutantはエラスターゼに対する阻害活性を保持したまま酸化剤に耐性，Arg mutantはトロンビンを阻害するがエラスターゼは阻害せず	M. Courtney *et al.*	*Nature*	313	149	1985
ヒト	Yeast	Met358→Ala, Cys	Ala, Cys変異体のエラスターゼ，キモトリプシンに対する阻害活性はあまり変わらず，アミノエチル化したCys変異体はトリプシン，プラスミンを強く阻害する	N. R. Matheson *et al.*	*J. Biol. Chem.*	261	10404	1986
ヒト	Yeast	Met358→Val	酸化剤（N-クロロスクシンイミド）に対し，耐性．エラスターゼに対する阻害活性は保持されている	S. Rosenberg *et al.*	*Nature*	312	77	1984
ヒト	Yeast	Met358→Val	酸化剤に対し，耐性．エラスターゼに対する阻害活性はあまり変わらず，カテプシンGに対する阻害活性は低下	J. Travis *et al.*	*J. Biol. Chem.*	260	4384	1985
ヒト	Yeast	Ser359→Ala	種々のプロテアーゼに対する阻害活性はさほど変わらず	N. Matheson *et al.*	*Biochem. Biophys. Res. Commun.*	159	271	1989

cAMP依存性プロテインキナーゼ

由来	発現系	改変部位	変換機能	発表者	雑誌	巻	頁	年
ウシ	*Escherichia coli*	Arg209→Lys（調節サブユニット）	野生型同様，触媒サブユニットと結合しcAMPにより活性化される．しかし，cAMPの結合モル数が2から1に減少，Arg209はsite Aに対するcAMPの結合に関与	J. Bubis *et al.*	*J. Biol. Chem.*	263	9668	1988
ラット脳	*Escherichia coli*	Gly200→Glu Gly324→Asp（調節サブユニット）	Glu200, Asp324はサブユニットあたりのcAMPの結合量が2から1に減少，double mutantでは結合しなくなる	T. Kuno *et al.*	*Biochem. Biophys. Res. Commun.*	153	1244	1988
Yeast	*Escherichia coli*	Ser145→Ala, Gly, Glu, Lys, Asp, Thr（調節サブユニット）	cAMPがない時，触媒サブユニットに対する阻害は，Ala, Glyで強くその他で弱くなる．cAMPがある時は触媒サブユニットに対する親和性が強くなる	J. Kuret *et al.*	*J. Biol. Chem.*	263	9149	1988

β-ラクタマーゼ

由来	発現系	改変部位	変換機能	発表者	雑誌	巻	頁	年
Escherichia coli	*Escherichia coli*	シグナルペプチドのSer2→Arg	膜輸送及びプロセッシングに影響なし	A. D. Charles *et al.*	*J. Biol. Chem.*	257	7930	1982
Escherichia coli	*Escherichia coli*	Cys77→Ser Thr71→other 19a.a.	Ser77の30℃での活性は同じ40℃では不安定化，Ser77とAla, Val, Leu, Ile, Met, Pro, His, Cys, Ser71とのdouble mutantは30℃でもアンピシリンに感受性	S. C. Schultz *et al.*	*Proteins*	2	260	1987
Escherichia coli	*Escherichia coli*	Ser70-Thr71→Thr70-Ser71	アンピシリンに感受性になる	G. Dalbadie-McFarland *et al.*	*Proc. Natl. Acad. Sci. USA*	79	6409	1982
Escherichia coli	*Escherichia coli*	Ser70→Cys	アンピシリン耐性が低下(50mg/ml→5mg/ml)．*p*-クロロマーキュリー安息香酸に感受性になる．	I. S. Sigal *et al.*	*Proc. Natl. Acad. Sci. USA*	79	7157	1982
Escherichia coli	*Escherichia coli*	Ser70→Cys	ベンジルペニシリン，アンピシリンに対してはK_m変わらず，k_{cat}1～2％に低下．セファロスポリン，トロセフィンに対してはK_m増大，k_{cat}変わらず，40℃でトリプシンに抵抗性上昇	I. S. Sigal	*J. Biol. Chem.*	259	5327	1984

由来	発現系	改変部位	変換機能	発表者	雑誌	巻	頁	年
Escherichia coli	*Escherichia coli*	Thr71→Ser Ser70→Thr	Thr71は活性なし．Ser71は野生型の15％の活性．どの変異体もプロテオリシス耐性が低下．Ser71は熱安定性も低下	G. Dalbadie-McFarland *et al.*	*Biochemistry*	25	332	1986
Escherichia coli	*Escherichia coli*	Thr71→other 19 a.a	Tyr, Trp, Asp, Lys, Arg71はアンピシリン感受性になる．それ以外は耐性，ベンジルペニシリン，6-アミノペニシリン耐性も変化．すべての変異体は細胞内プロテアーゼに対し不安定化	S. C. Schultz, J. H. Richards	*Proc. Natl. Acad. Sci. USA*	83	1588	1986

λ*Cro* タンパク質

由来	発現系	改変部位	変換機能	発表者	雑誌	巻	頁	年
*E. coli*の bacteriophage	*Escherichia coli*	Tyr26→Phe, Asp, Lys Gln27→Leu, Cys, Arg Ser28→Ala, Ala33→Lys His35→Arg, Ala36→Thr, Lys	α-3ヘリックスに導入するとオペレーターに対する親和性が低下	S. J. Eisenbeis *et al.*	*Proc. Natl. Acad. Sci. USA*	82	1084	1985

ヘモグロビン

由来	発現系	改変部位	変換機能	発表者	雑誌	巻	頁	年
ヒト	*Escherichia coli*	Cys93β→Ser Cys93β→Ser ＋His143β→Arg	この変異体のO_2に対する結合の強さは，His146と塩結合していたAsp94がSer93と水素結合を形成するため	B. F. Luisi, K. Nagai	*Nature*	320	555	1986
ヒト	*Escherichia coli*	Cys93β→Ser Cys93β→Ser ＋His143β→Arg	共にO_2親和性上昇，協同性低下，Bohr効果低下，Ser93β＋Arg143βはDPG効果が上昇	K. Nagai *et al.*	*Proc. Natl. Acad. Sci. USA*	82	7525	1985
ヒト	*Escherichia coli*	His58β→Gln, Val, Gly Val67β→Ala, Met, Leu, Ile	Gln58は野生型同様，Val, Glyではダメ．極性が重要．Ile67ではO_2親和性低下，Ala67では上昇．立体障害が重要	K. Nagai *et al.*	*Nature*	329	858	1987

3′-ホスホグリセリン酸キナーゼ

由来	発現系	改変部位	変換機能	発表者	雑誌	巻	頁	年
Yeast	Yeast	C末端から15残基欠失	V_{max}は1%に低下．ATPに対するK_mはあまり変わらず3′-ホスホグリセリン酸に対するK_mは8倍大きくなる．sulfateによる活性化なし	M. T. Mas, Z. E. Resplandor	*Proteins*	4	56	1988
Yeast	Yeast	Glu190→Gln, Asp	K_mはあまり変わらず，k_{cat}は1/10に低下．sulfateによる活性化は起こらなくなる．His388との相互作用が重要	M. T. Mas *et al.*	*Biochemistry*	26	5369	1987
Yeast	Yeast	His388→Lys, Ala	K_mは変わらず，k_{cat}が大きく低下，sulfateによる活性化は野生型同様起こる	M. T. Mas *et al.*	*Biochemistry*	27	1168	1958

ホスホフルクトキナーゼ

由来	発現系	改変部位	変換機能	発表者	雑誌	巻	頁	年
Escherichia coli	*Escherichia coli*	Arg21, 25, 54, 154, Lys213→Ala　Glu187→Ala, Gln	Ala21, 25, 54, 154, 213ではGDP, PEPに対する結合が2～3kcal/mol低下．Ala187では本来はインヒビターであるPEPがアクチベーターとなる．	F. T. -K. Lau, A. R. Fersht	*Biochemistry*	28	6841	1989
Escherichia coli	*Escherichia coli*	Arg21, Arg25, Glu187, Lys213→Ala	Ala21, 25, 213はGDP, PEPに対する結合が低下．Ala187は本来はinhibitorであるPEPがアクチベーターとして働く	F. T. -K. Lau, A. R. Fersht	*Nature*	326	811	1987
Escherichia coli	*Escherichia coli*	Asp127→Ser Arg171→Ser	Ser127では正反応のk_{cat}が1/1800，逆反応1/3100に低下．Ser171ではk_{cat}1/3.4低下．	H. W. Hellinga, P. R. Evans	*Nature*	327	437	1987
Escherichia coli	*Escherichia coli*	Tyr55→Phe, Gly	T状態におけるPEPの結合は変化なし，R状態でのGDPに対する結合はPhe55で若干大，Gly55で5.5倍上昇	F. T. -K. Lau *et al.*	*Biochemistry*	26	4143	1987

ホスホリパーゼA_2

由来	発現系	改変部位	変換機能	発表者	雑誌	巻	頁	年
ブタ膵臓	*Escherichia coli*	Lys62～Asp66欠失	両イオン性の基質に対する活性は最大16倍まで上昇，負電荷の基質に対しての活性は1/4に低下	O. P. Kuipers *et al.*	*Science*	244	82	1989
ブタ膵臓	*Escherichia coli*	Trp69→Phe	モノマーやミセル状の基質に対するk_{cat}, K_mは変わらず．野生型が活性を示さないSn-1リン脂質（Sn-3の異性体）も1～2%分解するようになる	O. P. Kuipers *et al.*	*Protein Engineering*	2	467	1989

ミオグロビン

由来	発現系	改変部位	変換機能	発表者	雑誌	巻	頁	年
ヒト	*Escherichia coli*	Cys110→Ala, Ser, Asp, Leu	酸変性、尿素変性における挙動はAla, Serは野生型と似ている．Leu, Aspは酸変性，尿素変性しやすくなった．特にLeuは尿素変性で安定な中間体が存在	F. M. Hughon, R. Baldwn	*Biochemistry*	28	4415	1989
ヒト	*Escherichia coli*	Val68→Asn, Asp, Glu Cys110→Ala	polarなAsnでも電荷のあるAsp, Gluでも埋もれた位置のValの替わりはできるがシアニドとの結合，ヘム鉄の還元ポテンシャルに変化．Asp, Gluの安定化にはHis93との相互作用が必要	R. Varadarajan *et al.*	*Biochemistry*	28	3771	1989
ヒト	*Escherichia coli*	Val68→Glu, Asp, Asn Cys110→Ala	還元電位はGlu, Asp68で200mV, Asn68で80mV低下．Ala110は変わらず．埋もれている疎水性基がpotentialにきく	R. Varadarajan *et al.*	*Science*	243	69	1989
マッコウクジラ	*Escherichia coli*	His64→Gly, Val, Phe, Cys, Met, Lys, Arg, Asp, Thr, Tyr	TyrはO_2結合できず．　Gly, Val, Phe, Met, Argは50～1500倍の酸素解離，5～15倍の酸素結合．COに対する結合が10倍強くなる．His64はO_2とCOの区別に必要	B. A. Springer *et al.*	*J. Biol. Chem.*	264	3057	1989

ユビキチン

由来	発現系	改変部位	変換機能	発表者	雑誌	巻	頁	年
ヒト	*Escherichia coli*	Phe4→Cys, Thr4→Cys, Thr66→Cys	Sinegle mutantおよびCys4＋14は活性あり，Cys4＋66は10％に活性低下コンホメーションのゆらぎが活性に必要	D. J. Ecker *et al.*	*J. Biol. Chem.*	264	1887	1989
ヒト	*Escherichia coli*	Pro19→Ser, Ala28→Ser, Glu24→Asp, Leu67→Asn, Leu69→Asn, Gly76→Ala Leu73→Δ Leu73→Δ, Arg72→Ser Tyr59→Phe His68→Lys	Ser19＋Ser28＋Asp24, Ser19, Phe59はほぼ100％の活性．Lys68, Phe59＋Lys68は30％の活性．Asn67, Asn69, Ala76, Leu73欠失は活性なし．表面での変化は活性なし	D. J. Ecker *et al.*	*J. Biol. Chem.*	262	14213	1987

ラクトースパーミアーゼ

由来	発現系	改変部位	変換機能	発表者	雑誌	巻	頁	年
Escherichia coli	*Escherichia coli*	Arg302→Leu Ser300→Ala Lys319→Leu	Leu302はラクトース，プロトン輸送や交換反応，逆輸送活性も消失，Ala300, Leu319は野生型同様の活性あり，Arg302はHis322-Gln325のイオン対と相互作用	D. R. Menick *et al.*	*Biochemistry*	26	6638	1987
Escherichia coli	*Escherichia coli*	Cys117, 333, 353, 355→Ser	Ser117, 333のラクトース輸送活性はほとんど変わらずSer353 + 355でも活性50％	D. R. Menick *et al.*	*Biochemistry*	26	1132	1987
Escherichia coli	*Escherichia coli*	Cys148→Gly	ラクトース輸送の初速度は1/4に低下．NEMによる不活性化が起こりにくくなった．不活性化に対するチオジカラクトシドの保護作用消失	W. R. Trumble *et al.*	*Biochem. Biophsy. Res. Commun*	119	860	1984
Escherichia coli	*Escherichia coli*	Cys148→Ser	ラクトース輸送活性は野生型同様ある．NEMに対し若干耐性になる．不活性化に対するチオジガラクトシドの効果なし	H. K. Sarkar *et al.*	*J. Biol. Chem.*	261	8914	1986
Escherichia coli	*Escherichia coli*	Cys176, 234→Ser	ラクトース輸送活性は若干下がるが，十分ある．NEMやpHMBに対し，いくらか耐性になる	R. J. Brooker, T. H. Wilson	*J. Biol. Chem.*	261	11765	1986
Escherichia coli	*Escherichia coli*	Gln60→Glu	ラクトース輸送活性はある．熱に対し不安定になる．45℃における不活性化の半減期は50分から20分へ	H. K. Sarkar *et al.*	*Biochemistry*	25	2778	1986
Escherichia coli	*Escherichia coli*	Glu325→Ala, Gln, His, Val, Cys, Trp, Asp	Asp325以外はラクトース輸送，プロトン輸送はできなくなるが，交換反応や濃度勾配に従う輸送なら可能．Asp325は野生型の20％の活性	N. Carrasio *et al.*	*Biochemistry*	28	2533	1989
Escherichia coli	*Escherichia coli*	Glu325→Ala	ラクトース，プロトンの輸送反応は消失，ただし交換反応や逆輸送は野生型同様，Glu325はHis322とcharge-relay系を構築	N. Carrasco *et al.*	*Biochemistry*	25	4486	1986
Escherichia coli	*Escherichia coli*	His205→Asn, Gln His322→Asn, Gln, Arg	Asn, Gln205は野生型同様活性あり，Asn, Gln, Arg322は活性なし，His205は水素結合，His322はイミダゾールの正電荷が重要	I. B. Püttner *et al.*	*Biochemistry*	25	4483	1986
Escherichia coli	*Escherichia coli*	His322→Glu, Met Met323→His, Glu325→His, Val, Ala Val326→Glu	Glu322 + His325, Val325 + GLu326, Ala325 + Glu326, His323 + Val325 + GLu326, Met322 + His323 + Val325 + Gln326, すべて活性なし，His322, Glu325およびArg302のコンホメーションが重要	J. A. Lee *et al.*	*Biochemistry*	28	2540	1989
Escherichia coli	*Escherichia coli*	His322→Tyr, Phe	ラクトースなどの輸送活性は消失，ガラクトシド依存性，プロトン輸送は保持されている	S. C. King, T. H. Wilson	*J. Biol. Chem.*	264	7390	1989

（つづく）

由来	発現系	改変部位	変換機能	発表者	雑誌	巻	頁	年
Escherichia coli	*Escherichia coli*	His35, 39, 205, 322→Arg	Arg35, 39は野生型同様活性あり．Arg205, 322はラクトース輸送活性消失．ただしArg332は濃度勾配に従う輸送は可能	E. Padan *et al.*	*Proc. Natl. Acad. Sci. USA*	82	6765	1985
Escherichia coli	*Escherichia coli*	His35, 39, 205 →Arg　His322 →Arg, Asn, Gln, Lys	Arg35, 39, 205は野生同様の活性あり，Arg322は濃度勾配に従う輸送以外はすべて消失．Asn, Gln, Lys322でも同様，これら322位のmutantはラクトースに対する親和性低下	I. B. Pirttner	*Biochemistry*	28	2525	1989
Escherichia coli	*Escherichia coli*	Pro327→Ala, Gly, Leu	Ala327は野生型同様の活性，Gly327は野生型の1/10の活性だが十分ある．Leu327は不活性，Proの側鎖の化学構造が重要	I. S. Lolkema *et al.*	*Biochemistry*	27	8307	1988
Escherichia coli	*Escherichia coli*	Ser346, Met372, Ala389, Ser396, Ser401, Ser407 →terminal, codon	401，407位までのものは活性あり，安定性も野生型同様396 a.a.より短くなると活性消失またプロテアーゼにおる分解を受けやすくなる	P. D. Roepe *et al.*	*Proc. Natl. Acad. Sci. USA*	86	3992	1989
Escherichia coli	*Escherichia coli*	Tyr2, 3, 19, 26, 75, 101, 113, 228, 263, 336, 350, 373, 382→Phe	Phe26, 336は基質に対する親和性が弱まりすべての輸送活性が消失，Phe236は能動輸送消失する．交換反応は40％．Phe382は能動輸送が遅くなる．その他はすべて活性あり	P. D. Roepe, H. R. Kaback	*Biochemistry*	28	6127	1989
Escherichia coli	*Esherichia coli*	Cys148→Gly	ラクトースの定常蓄積量やラクトースに対する親和性は野生型と変わらないが，V_{max}は低下．Cys148はラクトース・プロトンのSymportには必ずしも必要ではない	P. V. Viitanen *et al.*	*Biochemistry*	24	7628	1985
Escherichia coli	*Esherichia coli*	Cys154→Gly, Ser	Gly154はラクトース輸送活性消失．Ser154は若干輸送活性が残っている．Cys154がラクトース輸送に必要	D. R. Menick *et al.*	*Bioche. Biophys. Res. Commun*	132	162	1985

リゾチーム

由来	発現系	改変部位	変換機能	発表者	雑誌	巻	頁	年
ニワトリ	*Escherichia coli*	Ala31→Val Asn106→Ser	Ser106の活性は58％folding速度は変わらずVal31はfoldingせず	T. Imoto *et al.*	*Protein Engineering*	1	333	1987
ニワトリ	Yeast	Asp52→Asn Glu35→Gln	菌基質に対する活性はAsn52で５％，Gln35で0.1％キトトリオースに対する結合はAsn52で上昇，Gln35で低下	B. A. Malcolm *et al.*	*Proc. Natl. Acad. Sci. USA*	86	133	1989
ニワトリ	Yeast	Trp62→Tyr, Phe, His	菌基質*Micrococcus lysodeikticus*に対する溶菌活性は２倍以上に上昇するが，合成基質グリコールキチンに対する活性は低下	I. Kumagai, K. Miura	*J. Biochem.*	105	946	1989
ニワトリ	Yeast	Trp62→Tyr	菌基質*Micrococcus lysodeikticus*に対する溶菌活性が２倍に上昇	I. Kumagai *et al.*	*J. Biochem.*	102	733	1987
ヒト	Yeast	シグナルペプチド　Pro(-6)→Leu, Gly Pro(-6)→-2，-4，-5，-7，-8，-10	Proは-4，-5，-6になければ分泌されない	Y. Yamamoto *et al.*	*Biochemistry*	28	2728	1989
ヒト	Yeast	Asp53→Glu Tyr63→Trp, Phe	Try63, Phe63は野性型の80％程度の活性，Glu53は活性がかなり低下	M. Muraki *et al.*	*Biochem. Biophys. Acta*	911	376	1987
ヒト	Yeast	Cys6＋Cys128→Ser　Cys30＋Cys116→Ala Cys65＋Cys81→Ala　Cys77＋Cys95→Ala	Ser6＋128は分泌されず．Ser30＋116，Ser65＋81は分泌量減少，活性は20％程度Ser77＋95は分泌量が８倍上昇，活性はあまり変わらず	Y. Taniyama *et al.*	*Biochem. Biophys. Res. Commun*	152	962	1988
ヒト	Yeast	Tyr45→Arg Gln117→Lys Val74→Arg Gln126→Arg Asp87→Asn Gly129→Arg Asp91→Lys Arg41→Gln Arg101→Ser	Arg74＋Arg126は高イオン強度，高pHでGln41＋Ser101低イオン強度，低pHで活性が強くなる．	M. Muraki *et al.*	*Protein Engineering*	2	49	1988

（つづく）

由来	発現系	改変部位	変換機能	発表者	雑誌	巻	頁	年
ヒト	Yeast	Tyr63→Leu, Glu35→Asp Trp64→Phe, Tyr Trp109→Phe, Tyr	Leu63, Phe, Tyr64のグリコールキチンに対する活性はかなり低下，菌基質に対する活性はあまり低下せずAsp35は活性なし，Phe, Tyr109の基質に対する結合は変化せず	M. Muraki *et al.*	*Biochem. Biophys. Acta*	916	66	1987
ヒト	Yeast	Val110→Pro	活性の低下の度合いの異なる４つの分子種が得られた．$(GlcNAc)_3$に対する結合はあまり変化せず	M. Kikuchi *et al.*	*Proc. Natl. Acad. Sci. USA*	85	9411	1988
T4ファージ	*Escherichia coli*	①Cys54→Val＋Cys97→Ser ②Ile3→Cys＋Cys54→Val	①はT_m下がるがGuHClによる巻き戻しで活性回復，②はT_m上がるがGuHCl巻き戻しで活性回復せず	R. Wetzel *et al.*	*Proc. Natl. Acad. Sci. USA*	85	401	1988
T4ファージ	*Escherichia coli*	Ala73-Ala74-Val75→Gly73-Gly74-Gly75 or Asn73-Asp74-Gly75	酵素活性なし	S. A. Narang *et al.*	*Protein Engineering*	1	481	1987
T4ファージ	*Escherichia coli*	Cys54→Val Cys97→Ser	double mutantは，70℃における不活性化に対し耐性	L. J. Perry, R. Wetzel	*Protein Engineering*	1	101	1987
T4ファージ	*Escherichia coli*	Gly11→Asp, Gln　Asp20→Glu, Asn	どちらか一方でもGln, Asnになると活性消失	N. N. Anand *et al.*	*Biochem. Biophys. Res. Commun.*	153	862	1988
T4ファージ	*Escherichia coli*	Gly77→Ala Ala82→Pro	Tmが1～2度上昇―自由エネルギーで1kcal/mol　X線構造解析では立体構造に大きな変化なし	B. W. Matthews *et al.*	*Proc. Natl. Acad. Sci. USA*	84	6663	1987
T4ファージ	*Escherichia coli*	Ile3→Cys	Cys97とS-S形成　活性は野生型と同じ　熱による不活性化に対し耐性になった	L. J. Perry, R. Wetzel	*Science*	226	555	1984
T4ファージ	*Escherichia coli*	Ile3→Cys Cys54→Thr, Val	Cys3とCys97のS-S形成により，熱による不活性に対し耐性，さらにCys54をThr，Valにするとさらに耐性	L. J. Perry *et al.*	*Biochemistry*	25	733	1986
T4ファージ	*Escherichia coli*	Ile3→Cys＋Cys54→Thr	Cys95とS-S形成．3MGuHCl中における低温変性は遷移状態理論で説明される	B. Chen *et al.*	*Biochemistry*	28	691	1989
T4ファージ	*Escherichia coli*	Ile3→Cys＋Cys54→Thr	Cys97とS-S形成　3MGuHCl中では12℃で最も安定でT_mは28℃と-3℃	B. Chen, J. A. Schellman	*Biochemistry*	28	685	1989

（つづく）

由来	発現系	改変部位	変換機能	発表者	雑誌	巻	頁	年
T4ファージ	*Escherichia coli*	Ile3→Trp, Tyr, Phe, Leu, Val, Met, Cys, Ala, Thr, Ser, Gly, Glu, Asp	Leu以外はT_m低下． 低下の度合いは側鎖の疎水性が小さくなるほど大きくなる（芳香族は除く）	M. Matsumura *et al.*	*Nature*	334	406	1988
T4ファージ	*Escherichia coli*	Pro86→Ala, Arg, Asp, Cys, Gly, His, Ile, Leu, Ser, Thr	すべてT_m低下 α-ヘリックスがのびたものの，81-83にコンホメーション変化をしている	T. Alber *et al.*	*Science*	239	631	1988
T4ファージ	*Escherichia coli*	Pro86→Cys Cys97→Val Ala146→Cys Phe153→Cys Thr157→Cys	Cys146，Cys157はHgとよく反応し，よい結晶を得る．Cys86はHgとあまり反応しない．Cys153はHgとよく反応したが回析像は得られなかった．	S. Dao-Pin *et al.*	*Protein Engineering*	1	115	1987
T4ファージ	*Escherichia coli*	Ser38→Asp Asn144→Asp	T_m上昇double mutantではさらに上昇 α-ヘリックスのN末端には負電荷があった方がよい	H. Nicholson *et al.*	*Nature*	336	651	1988
T4ファージ	*Escherichia coli*	Thr157→Asn, Ser, Asp, Gly, Cys, Ala, Arg, Val, Leu, Glu, His, Phe, Ile	どれもT_m低下．しかしAsp159水素結合を作りうるAsn, Ser, Aspなどはその中でも比較的安定	T. Alber *et al.*	*Nature*	330	41	1987
T4ファージ	*Escherichia coli*	Thr21→Cys＋ Thr142→Cys	酸化型で活性なし 還元型で活性あり S-S形成による活性調節	M. Matsumura, B. W. Matthews	*Science*	243	792	1988

リブロース1,5-ビスリン酸カルボキシラーゼ／オキシゲナーゼ

由来	発現系	改変部位	変換機能	発表者	雑誌	巻	頁	年
Anacystis nidulans	*Escherichia coli*	Trp54, 57→Phe（小サブユニット）	$K_m^{CO_2}$は変化なし，$V_{max}^{CO_2}$は40％に低下．カルボキシラーゼ／オキシゲナーゼ比率は変わらず	G. Voordouw *et al.*	*Enr. J. Biochem.*	163	591	1987
Rhodospirillum rubrum	*Escherichia coli*	Asp198→Glu	カルボキシラーゼ，オキシゲナーゼの比率は変わらず，酵素・活性化剤・Mn^{2+}・基質アナログ複合体におけるMn^{2+}のEPRスペクトルは野生型と異なる	S. Gutteridge *et al.*	*EMBO. J.*	3	2737	1984
Rhodospirillum rubrum	*Escherichia coli*	Glu48→Gln	k_{cat}は0.05％に低下．サブユニット会合，リガンド結合には影響なし．触媒基として必要	F. C. Hartman *et al.*	*Biochem. Biophys. Res. Commun.*	145	1158	1987
Rhodospirillum rubrum	*Escherichia coli*	His291→Ala	カルボキシル化反応のk_{cat}は40％に低下，K_mは15倍上昇k_{cat}/K_mは6％，His291は必須ではない	S. K. Niyogi *et al.*	*J. Biol. Chem.*	261	10087	1986
Rhodospirillum rubrum	*Escherichia coli*	Lys166→Ala, Arg, Cys, Gln, Gly, His, Ser	カルボキシル化反応はSerで0.2％，Alaで0.1％，それ以外は活性なし．遷移状態アナログcABPは強く結合し，活性化する．Lys166は触媒基として必要	F. C. Hartman *et al.*	*J. Biol. Chem.*	262	3496	1987
Rhodospirillum rubrum	*Escherichia coli*	Lys166→Asp	ダイマーへの会合をしなくなる．活性なし	E. H. Lee *et al.*	*Biochemistry*	26	4599	1987
Rhodospirillum rubrum	*Escherichia coli*	Lys166→Gly	Lys191をカルバミル化すると野生型同様2-カルボキシ-3-ケト-D-テラビニトール1,5ビスリン酸を加水分解するが，野生型とは異なり，リブロース-1,5-ビスリン酸をエノール化できない	G. H. Lorimer, F. C. Hartman	*J. Biol. Chem.*	263	6468	1988
Rhodospirillum rubrum	*Escherichia coli*	Lys166→Gly Glu48→Gln	Gly166, Gln48は共に活性はないが，Gly166とGln48のヘテロダイマーは20％の活性．すなわち活性部位はダイマーの境界面	F. W. Larimer *et al.*	*J. Biol. Chem.*	262	15327	1987
Rhodospirillum rubrum	*Escherichia coli*	Lys191→Cys	活性は消失するが，遷移状態アナログは結合する．Cysをアミノエチル化すると野生型の4～7％の活性が回復する	H. B. Smith *et al.*	*Biochem. Biophys. Res. Commun.*	152	579	1988
Rhodospirillum rubrum	*Escherichia coli*	Lys191→Glu	遷移状態アナログであるとcABPを結合はするが，活性は消失．cABPの結合は2価イオンやCO_2で安定化されない	M. Estelle *et al.*	*J. Biol. Chem.*	260	9523	1985
Rhodospirillum rubrum	*Escherichia coli*	Lys329→Gly, Ser, Ala, Cys, Arg, Glu, Gln	サブユニット会合は野生型同様起こる．カルボキシル化反応の活性は消失．遷移状態アナログとは安定な複合体を形成しなくなる	T. S. Soper *et al.*	*Protein Engineering*	2	39	1988

リボヌクレアーゼT_1

由来	発現系	改変部位	変換機能	発表者	雑誌	巻	頁	年
Aspergillus oryzae	*Escherichia coli*	Asn44→Ala, Asn43→Ala Glu46→Ala Asn43→His＋Asn44→Asp	どれも活性低下，Ala44はfolding不完全，Ala43, 46は塩基との水素結合が弱まる．His43＋Asp44はAに対する特異性が上昇	T. Hakoshima *et al.*	*Protein Engineering*	2	55	1988
Aspergillus oryzae	*Escherichia coli*	Glu58→Ala His40→Ala His92→Ala	Ala40, 92では活性はほとんどなし，Ala58で５％，His40, 92では活性発現に必須．Glu58は重要だが必須ではない	S. Nishikawa *et al.*	*Biochemistry*	26	8620	1987
Aspergillus oryzae	*Escherichia coli*	Glu58→Gln, Asp	Asp58で活性10％．Gln58で活性１％，Glu58は重要であるが必須ではない	S. Nishikawa *et al.*	*Biochem. Biophys. Res. Commun.*	138	789	1986
Aspergillus oryzae	*Escherichia coli*	Tyr42→Phe Tyr45→Phe Asn43→Arg, Ala Asn44→Asp, Ala	Tyr42, 45→Phe, Asn43→Arg, Alaの変異体の活性はあまり変化せず．Asn44→Asp, Alaでは数％の活性	M. Ikehara *et al.*	*Proc. Natl. Acad. Sci. USA*	83	4695	1986
Aspergillus oryzae	*Escherichia coli*	Tyr45→Trp	pGpCに対するk_{cat}/K_mは野生型の120％	S. Nishikawa *et al.*	*Eur. J. Biochem.*	173	389	1988
Aspergillus oryzae	*Escherichia coli*	Glu46→Ala	pGpCに対する活性は0.4％に低下，一方pApCに対する活性は上昇	S. Nishikawa *et al.*	*Biochem. Biophys. Res. Commun.*	150	68	1988

リポタンパク質

由来	発現系	改変部位	変換機能	発表者	雑誌	巻	頁	年
Escherichia coli	*Escherichia coli*	シグナルペプチドのGly20→Ala，欠失	シグナルペプチドのGly20→Ala，欠失．Ala20はプロセッシングに影響なし．Gly20欠失は切断されず．	S. Inouye *et al.*	*Science*	221	51	1982
Escherichia coli	*Escherichia coli*	シグナルペプチドで，Ala3→Asp，Lys2→Glu，欠失	N末端領域における正電荷が減少するに従い，膜への組み込み量が減少	S. Inouye *et al.*	*Proc. Natl. Acad. Sci. USA*	79	3438	1982
Escherichia coli	*Escherichia coli*	シグナルペプチドのGly20→Ala，成熟タンパク質のSer23→Ile Asn24→Ile, Lys	Ala20,Ile23＋Lys24は野生型同様プロセッシング・修飾されるが，Ala20＋Ile23＋Ile24, Ile23＋Ile24, Ala20＋Ile23＋Lys24はされない．切断部位付近のβ-ターンが必要	S. Inouye *et al.*	*J. Biol. Chem.*	261	10970	1986
Escherichia coli	*Escherichia coli*	シグナルペプチドのGly9→Val，欠失 Gly14→Val, 欠失	Val9, 14, Gly9欠失は分泌に影響なし，Gly14欠失はプロセッシングなどが遅くなる．Gly14欠失の影響はGly9欠失で消失する	S. Inouye *et al.*	*J. Biol. Chem.*	259	3729	1984
Escherichia coli	*Escherichia coli*	シグナルペプチドのSer15→Ala Thr16→Ala	Ala15, およびAla15＋Ala16は膜に蓄積する前駆体の量が多くなり，成熟タンパク質になる速度も遅くなる．	G. P. Vlasuk *et al.*	*J. Biol. Chem.*	259	6195	1984
Escherichia coli	*Escherichia coli*	シグナルペプチドのVal7, Leu13→欠失＋(Gly9＋Gly14)欠失	(Val7＋Leu13＋Gly14)欠失は内膜に蓄積し成長も抑制される．(Val7＋Gly9＋Gly14)欠失は，この効果を抑制，ただし合成量は低下	S. Pollitt *et al.*	*J. Biol. Chem.*	260	7965	1985
Escherichia coli	*Escherichia coli*	シグナルペプチド末端のGly20→Ser, Val, Thr, Leu	Serは影響なし，Val, Leuは未修飾前駆体が蓄積 Thrは修飾が遅く，プロセッシングされる．側鎖の大きさが重要	S. Pollitt *et al.*	*J. Biol. Chem.*	261	1835	1986
Escherichia coli	*Escherichia coli*	Lys2→Glu，欠失．Ala3→Asp, Lys5→Asn	Asn5, Lys2欠失＋Asn5は局在化する．Glu2＋Asp3＋Asn5と負電荷があると翻訳と共役せず修飾，局在化が起こる．	G. P. Vlask *et al.*	*J. Biol. Chem.*	258	7141	1983

434レプレッサー

由来	発現系	改変部位	変換機能	発表者	雑誌	巻	頁	年
*E. coli*の bacteriophage	*Escherichia coli*	Arg43→Ala	operatorに対する結合は野生型とほぼ同じ	G. B. Koudelka *et al.*	*Nature*	326	886	1987
*E. coli*の bacteriophage	*Escherichia coli*	Cro蛋白質のα-ヘリックスと交換	認識配列がCro蛋白質のものに変化	R. P. Wharton *et al.*	*Cell*	38	361	1984
*E. coli*の bacteriophage	*Escherichia coli*	Gln28→Ala	operatorの特異性がACAATATATATTGTからTCAATATATATTGAに変化	R. P. Wharton, M. Ptashne	*Nature*	326	888	1987
*E. coli*の bacteriophage	*Escherichia coli*	P22レプレッサーのα-ヘリックスと交換	P22レプレッサーの認識配列に変化	R. P. Wharton *et al.*	*Nature*	316	601	1985

***Cro*レプレッサー**

由来	発現系	改変部位	変換機能	発表者	雑誌	巻	頁	年
*E. coli*の bacteriophage	*Escherichia coli*	Ser28→Ala, Gly	operatorの-3, -4における特異性がゆるむ	Y. Takeda *et al.*	*Proc. Natl. Acad. Sci. USA*	86	439	1989

***Lex* Aレプレッサー**

由来	発現系	改変部位	変換機能	発表者	雑誌	巻	頁	年
Escherichia coli	*Escherichia coli*	Ser119→Ala, Cys Lys156→Ala	共にAlaにするとLex Aが自己消化しなくなる.	S. N. Slilaty, J. W. Little	*Proc. Natl. Acad. Sci. USA*	84		

***Mnt*レプレッサー**

由来	発現系	改変部位	変換機能	発表者	雑誌	巻	頁	年
*E. coli*の bacteriophage	*Escherichia coli*	MntのN末端9残基→Arcのそれと交換	オペレーターの特異性がArcのものに変わる	K. L. Knight, R. T. Sauer	*Proc. Natl. Acad. Sci. USA*	86	797	1989

λレプレッサー

由来	発現系	改変部位	変換機能	発表者	雑誌	巻	頁	年
*E. coli*の bacteriophage	*Escherichia coli*	Gly46→Ala, Gly48→Ala	N末端側ドメインのT_mが3～6度上昇	M. H. Hecht *et al.*	*Proteins*	1	43	1986
*E. coli*の bacteriophage	*Escherichia coli*	Gly46→Ala Gly48→Ala Tyr88→Cys	triple mutantでT_m16度上昇	R. S. Stearman *et al.*	*Biochemistry*	27	7571	1988
*E. coli*の bacteriophage	*Escherichia coli*	Leu57→Pro, Cys, Ala, Gly	T_m及びcell内での安定性が低下	D. A. Parsell, R. T. Sauer	*J. Biol. Chem.*	264	7590	1989
*E. coli*の bacteriophage	*Escherichia coli*	Tyr85, 88→Cys	Tyr88→Cys変異体では分子間S-S結合の形成により安定性大	R. T. Sauer *et al.*	*Biochemistry*	25	5992	1986

ロドプシン

由来	発現系	改変部位	変換機能	発表者	雑誌	巻	頁	年
ウシ	COS細胞	Cys140+167+222+264→Ser Cys316+322+323→Ser Cys110+185+187→Ser Cys110, 185, 187→Ser	Ser316+322+323, Ser185, Ser140+167+222+264は野生型同様, Ser110, Ser187, Ser110+185+187は発現量低下. 糖鎖, レチナール結合異常	S. S. Karnik *et al.*	*Proc. Natl. Acad. Sci. USA*	85	8459	1988
ウシ	COS細胞	Glu239→Gln Lys248→Leu (Glu247→Gln)+(Lys248→Leu)+(Gln249→Gln)	吸収スペクトルは野生型同様トランスデューシンのGTPase活性に対する促進活性がLeu248のみ消失	R. R. Franke *et al.*	*J. Biol. Chem.*	263	2119	1988

tRNA

由来	発現系	改変部位	変換機能	発表者	雑誌	巻	頁	年
カイコガおよびヒト	*Escherichia coli*	〔$tRNA^{Ala}$〕 G3U70→A3U70 or G3C70	*in vitro*でアミノアシル化されず．G3U70は進化的にも保存	Y.-M. Hou, P. Schimmel	*Biochemistry*	28	6800	1989
Escherichia coli	T7 RNA polymerase *in vitro*	〔$tRNA^{Ala}$〕 acceptor stem およびTψC $loop^{Ala}$, G・U mini helix, microhelix	ヘリックス中の7塩基対があればアミノアシル化される（microhelix）	C. Francklyn, P. Schimmel	*Nature*	337	478	1989
Escherichia coli	T7 polymerase による*in vitro*	$tRNA^{Met}$アンチコドンCAU→UAC　$tRNA^{Val}$アンチコドンUAC→CAU	$tRNA^{Met}$(CAU)：Metへの特異性低下しValへの特異性上昇　$tRNA^{Val}$(CAU)：Valへの特異性低下しMetへの特異性上昇	L. H. Schulman, H. Pelka	*Science*	242	765	1988
Escherichia coli	*Escherichia coli*	〔$tRNA^{Ala}$, $tRNA^{Phe}$, $tRNA^{Cys}$〕 D-stem 8個 U8→C acceptor-stem 14個 discriminator base 3個 anticodon stem 1個　TψC stem 1個	アミノ酸のtRNA特異性は1塩基対で指示しうる．すなわちサプレッサー$tRNA^{Phe}$, $tRNA^{Cys}$にG3：U70を導入すると，Alaがchangeされる	Y.-M. Hou, P. Schimmel	*Nature*	330	140	1988
Escherichia coli	*Escherichia coli*	〔$tRNA^{Ala}$, $tRNA^{Phe}$〕 3-70 GU→AU, GC C16→U　U17→C　G20→U	3′-アクセプターエンド付近のG-U wobble pairがamino acid identityを決める．すなわちサプレッサー$tRNA^{Phe}$にG3U70を導入するとAlaもchargeされるようになる	W. H. McClain, K. Foss	*Science*	240	793	1988
Escherichia coli	*Escherichia coli*	〔$tRNA^{Ala}$〕 G3U70→A・U, G・C, U・G	k_{cat}低下しアミノアシル化されなくなる	S. J. Park *et al.*	*Biochemistry*	28	2740	1989

由来	発現系	改変部位	変換機能	発表者	雑誌	巻	頁	年
Escherichia coli	*Escherichia coli*	〔$tRNA^{Ala}$〕acceptorヘリックス中のG･U wobble（3-70）→すべての組み合わせ	G3U70がGA, CA, UUでもAlaがchargeされるが，$tRNA^{Lys}$にAlaをchargeさせるのはG3U70のみ	W. H. McClain *et al.*	*Science*	242	1681	1988
Escherichia coli	*Escherichia coli*	〔$tRNA^{Arg}$〕A20→U　A59→U	D loopのA20, T LoopのA59がArgに対するidentityを決める．これをサプレッサーtRNA^{Phe}に導入するとArgをchargeするようになる	W. H. McClain, K. Foss	*Science*	241	1804	1988
Escherichia coli	*Escherichia coli*	〔$tRNA^{Phe}$, $tRNA^{Lys}$〕U20→G　G27, C43 G28, C42　G44→C　U45→G U59→A　U60→C　A73→G	アンチコドンシステムのG27：C43, G28：C42が重要，これらをサプレッサーtRNA^{Lys}に導入するとPheもchargeされるようになる	W. H.McClain, K. Foss	*J. Mol. Biol*	202	697	1988
Escherichia coli	*Escherichia coli*	〔$tRNA^{Ser}$〕G1C72→U1A72かつA3U70→G3C70	Ser-tRNA 合成酵素は認識減少　Gln-tRNA合成酵素に認識され，Glnがchargeされる	M. J. Rogers, D. Söll	*Proc. Natl. Acad. Sci. USA*	85	6627	1988
Escherichia coli	*Escherichia coli*	〔$tRNA^{Tyr/CUA}$〕U3A70→G3U70	*in vitro*ではAla, Tyr共にchargeされるが，*in vivo*ではTyrのみ．Ala-ARSが大量に発現されているとAlaがchargeされる	Y.-M. Hou, P. Schimmel	*Biochemistry*	28	4942	1989
Escherichia coli	*in vitro*で切断，連結	〔$tRNA^{Ile}$〕L34→C	Ile-accepting activity減少　Met-accepting activity増加．すなわちアンチコドン1文字目の修飾がIleに対するidentityを決める	T. Muramatsu *et al.*	*Nature*	336	179	1988
Yeast	T7 RNA polymerase *in vitro*	〔$tRNA^{Phe}$〕G20→U, G34A35A36→others, A73→U	G20, G34A35A36（アンチコドン），A73がPheに対するidentityを決めている．これを他のtRNAに導入するとPheをchargeするようになる	J. R. Sampson *et al.*	*Science*	243	1363	1989

《CMC テクニカルライブラリー》発行にあたって

弊社は、1961 年創立以来、多くの技術レポートを発行してまいりました。これらの多くは、その時代の最先端情報を企業や研究機関などの法人に提供することを目的としたもので、価格も一般の理工書に比べて遙かに高価なものでした。

一方、ある時代に最先端であった技術も、実用化され、応用展開されるにあたって普及期、成熟期を迎えていきます。ところが、最先端の時代に一流の研究者によって書かれたレポートの内容は、時代を経ても当該技術を学ぶ技術書、理工書としていささかも遜色のないことを、多くの方々が指摘されています。

弊社では過去に発行した技術レポートを個人向けの廉価な普及版《CMC テクニカルライブラリー》として発行することとしました。このシリーズが、21 世紀の科学技術の発展にいささかでも貢献できれば幸いです。

2002 年 2 月

㈱シーエムシー出版

プロテインエンジニアリングの応用 (B646)

1990年 3月30日 初 版 第1刷 発行
2002年 2月27日 普及版 第1刷 発行

編 集 渡辺 公綱
熊谷 泉
発行者 島 健太郎
発行所 株式会社 シーエムシー出版
東京都千代田区内神田１－４－２（コジマビル）
電話03（3293）2061

〔印刷 （株）みづほ〕

ISBN4-88231-753-2 C3058

CMCテクニカルライブラリーのご案内

液晶ポリマーの開発 編集／小出直之 ISBN4-88231-731-1　　B624 A5 判・291 頁　本体 3,800 円＋税（〒380 円） 初版 1987 年 6 月　普及版 2001 年 6 月	**構成および内容**：〈基礎技術〉合成技術／キャラクタリゼーション／構造と物性／レオロジー〈成形加工技術〉射出成形技術／成形機械技術／ホットランナシステム技術　〈応用〉光ファイバ用被覆材／高強度繊維／ディスプレイ用材料／強誘電性液晶ポリマー　他 **◆執筆者：浅田忠裕／鳥海弥和／茶谷陽三　他 16 名**
イオンビーム技術の開発 編集／イオンビーム応用技術編集委員会 ISBN4-88231-730-3　　B623 A5 判・437 頁　本体 4,700 円＋税（〒380 円） 初版 1989 年 4 月　普及版 2001 年 6 月	**構成および内容**：イオンビームと個体との相互作用／発生と輸送／装置／イオン注入による表面改質技術／イオンミキシングによる表面改質技術／薄膜形成表面被覆技術／表面除去加工技術／分析評価技術／各国の研究状況／日本の公立研究機関での研究状況　他 **◆執筆者：藤本文範／石川順三／上條栄治　他 27 名**
ｴﾝｼﾞﾆｱﾘﾝｸﾞﾌﾟﾗｽﾁｯｸの成形・加工技術 監修／大柳　康 ISBN4-88231-729-X　　B622 A5 判・410 頁　本体 4,000 円＋税（〒380 円） 初版 1987 年 12 月　普及版 2001 年 6 月	**構成および内容**：射出成形／成形条件／装置／金型内流動解析／材料特性／熱硬化性樹脂の成形／樹脂の種類／成形加工の特徴／成形加工法の基礎／押出成形／コンパウンティング／フィルム・シート成形／性能データ集／スーパーエンプラの加工に関する最近の話題　他 **◆執筆者：高野菊雄／岩橋俊之／塚原　裕　他 6 名**
新薬開発と生薬利用Ⅱ 監修／糸川秀治 ISBN4-88231-728-1　　B621 A5 判・399 頁　本体 4,500 円＋税（〒380 円） 初版 1993 年 4 月　普及版 2001 年 9 月	**構成および内容**：新薬開発プロセス／新薬開発の実態と課題／生薬・漢方製剤の薬理・薬効（抗腫瘍薬・抗炎症・抗アレルギー・抗菌・抗ウイルス）／天然素材の新食品への応用／生薬の品質評価／民間療法・伝統薬の探索と評価／生薬の流通機構と需給　他 **◆執筆者：相山律夫／大島俊幸／岡田稔　他 14 名**
新薬開発と生薬利用Ⅰ 監修／糸川秀治 ISBN4-88231-727-3　　B620 A5 判・367 頁　本体 4,200 円＋税（〒380 円） 初版 1988 年 8 月　普及版 2001 年 7 月	**構成および内容**：生薬の薬理・薬効／抗アレルギー／抗菌・抗ウイルス作用／新薬開発のプロセス／スクリーニング／商品の規格と安定性／生薬の品質評価／甘草／生姜／桂皮素材の探索と流通／日本・世界での生薬素材の探索／流通機構と需要／各国の薬用植物の利用と活用　他 **◆執筆者：相山律夫／赤須通範／生田安喜良　他 19 名**
ヒット食品の開発手法 監修／太田静行・亀和田光男・中山正夫 ISBN4-88231-726-5　　B619 A5 判・278 頁　本体 3,800 円＋税（〒380 円） 初版 1991 年 12 月　普及版 2001 年 6 月	**構成および内容**：新製品の開発戦略／消費者の嗜好／アイデア開発／食品調味／食品包装／官能検査／開発のためのデータバンク〈ヒット食品の具体例〉果汁グミ／スーパードライ〈ロングヒット食品開発の秘密〉カップヌードル　エバラ焼き肉のたれ／減塩醤油　他 **◆執筆者：小杉直輝／大形　進／川合信行　他 21 名**
バイオマテリアルの開発 監修／筏　義人 ISBN4-88231-725-8　　B618 A5 判・539 頁　本体 4,900 円＋税（〒380 円） 初版 1989 年 9 月　普及版 2001 年 5 月	**構成および内容**：〈素材〉金属／セラミックス／合成高分子／生体高分子〈特性・機能〉力学特性／細胞接着能／血液適合性／骨組織結合性／光屈折・酸素透過能〈試験・認可〉滅菌法／表面分析法〈応用〉臨床検査系／歯科系／心臓外科系／代謝系　他 **◆執筆者：立石哲也／藤沢　章／澄田政哉　他 51 名**
半導体封止技術と材料 著者／英　一太 ISBN4-88231-724-9　　B617 A5 判・232 頁　本体 3,400 円＋税（〒380 円） 初版 1987 年 4 月　普及版 2001 年 7 月	**構成および内容**：〈封止技術の動向〉IC パッケージ／ポストモールドとプレモールド方式／表面実装〈材料〉エポキシ樹脂の変性／硬化／低応力化／高信頼性 VLSI セラミックパッケージ〈プラスチックチップキャリヤ〉構造／加工／リード／信頼性試験〈GaAs〉高速論理素子／GaAs ダイ／MCV〈接合技術と材料〉TAB 技術／ダイアタッチ　他

CMCテクニカルライブラリーのご案内

クリーンルームと機器・材料 ISBN4-88231-714-1 B607 A5判・284頁　本体3,800円＋税（〒380円） 初版1990年12月　普及版2001年2月	**構成および内容**：〈構造材料〉床材・壁材・天井材／ユニット式〈設備機器〉空気清浄／温湿度制御／空調機器／排気処理機器材料／微生物制御〈清浄度測定評価(応用別)〉医薬(GMP)／医療／半導体〈今後の動向〉自動化／防災システムの動向／省エネルギ／清掃(維持管理) 他 **◆執筆者：依田行夫／一和田眞次／鈴木正身 他21名**
水性コーティングの技術 ISBN4-88231-713-3 B606 A5判・359頁　本体4,700円＋税（〒380円） 初版1990年12月　普及版2001年2月	**構成および内容**：〈水性ポリマー各論〉ポリマー水性化のテクノロジー／水性ウレタン樹脂／水系UV・EB硬化樹脂〈水性コーティング材の製法と処法化〉常温乾燥コーティング／ 電着コーティング〈水性コーティング材の周辺技術〉廃水処理技術／泡処理技術 他 **◆執筆者：桐生春雄／鳥羽山満／池林信彦 他14名**
レーザ加工技術 **監修／川澄博通** ISBN4-88231-712-5 B605 A5判・249頁　本体3,800円＋税（〒380円） 初版1989年5月　普及版2001年2月	**構成および内容**：〈総論〉レーザ加工技術の基礎事項〈加工用レーザ発振器〉CO_2 レーザ〈高エネルギービーム加工〉レーザによる材料の表面改質技術〈レーザ化学加工・生物加工〉レーザ光化学反応による有機合成〈レーザ加工周辺技術〉〈レーザ加工の将来〉他 **◆執筆者：川澄博通／永井治彦／末永直行 他13名**
臨床検査マーカーの開発 **監修／茂手木皓喜** ISBN4-88231-711-7 B604 A5判・170頁　本体2,200円＋税（〒380円） 初版1993年8月　普及版2001年1月	**構成および内容**：〈腫瘍マーカー〉肝細胞癌の腫瘍／肺癌／婦人科系腫瘍／乳癌／甲状腺癌 ／泌尿器腫瘍／造血器腫瘍〈循環器系マーカー〉動脈硬化／虚血性心疾患 ／高血圧症〈糖尿病マーカー〉糖質／脂質／合併症〈骨代謝マーカー〉〈老化度マーカー〉 他 **◆執筆者：岡崎伸生／有吉 寛／江崎 治 他22名**
機能性顔料 ISBN4-88231-710-9 B603 A5判・322頁　本体4,000円＋税（〒380円） 初版1991年6月　普及版2001年1月	**構成および内容**：〈無機顔料の研究開発動向〉酸化チタン・チタンイエロー／酸化鉄系顔料〈有機顔料の研究開発動向〉溶性アゾ顔料(アゾレーキ)〈用途展開の現状と将来展望〉印刷インキ／塗料〈最近の顔料分散技術と顔料分散機の進歩〉顔料の処理と分散性 他 **◆執筆者：石村安雄／風間孝夫／服部俊雄 他31名**
バイオ検査薬と機器・装置 **監修／山本重夫** ISBN4-88231-709-5 B602 A5判・322頁　本体4,000円＋税（〒380円） 初版1996年10月　普及版2001年1月	**構成および内容**：〈DNAプローブ法-最近の進歩〉〈生化学検査試薬の液状化-技術的背景〉〈蛍光プローブと細胞内環境の測定〉〈臨床検査用遺伝子組み換え酵素〉〈イムノアッセイ装置の現状と今後〉〈染色体ソーティングとDNA診断〉〈アレルギー検査薬の最新動向〉〈食品の遺伝子検査〉 他 **◆執筆者：寺岡 宏／高橋豊三／小路武彦 他33名**
カラーＰＤＰ技術 ISBN4-88231-708-7 B601 A5判・208頁　本体3,200円＋税（〒380円） 初版1996年7月　普及版2001年1月	**構成および内容**：〈総論〉電子ディスプレイの現状〈パネル〉AC型カラーPDP／パルスメモリー方式DC型カラーPDP〈部品加工・装置〉パネル製造技術とスクリーン印刷／フォトプロセス／露光装置／PDP用ローラーハース式連続焼成炉〈材料〉ガラス基板／蛍光体／透明電極材料 他 **◆執筆者：小島健博／村上宏／大塚晃／山本敏裕 他14名**
防菌防黴剤の技術 **監修／井上嘉幸** ISBN4-88231-707-9 B600 A5判・234頁　本体3,100円＋税（〒380円） 初版1989年5月　普及版2000年12月	**構成および内容**：〈防菌防黴剤の開発動向〉〈防菌防黴剤の相乗効果と配合技術〉防菌防黴剤の併用効果／相乗効果を示す防菌防黴剤／相乗効果の作用機構〈防菌防黴剤の製剤化技術〉水和剤／可溶化剤／発泡製剤〈防菌防黴剤の応用展開〉繊維用／皮革用／塗料用／接着剤用／医薬品用 他 **◆執筆者：井上嘉幸／西村民男／高麗寛記 他23名**

※書籍をご購入の際は、最寄りの書店にご注文いただくか、
㈱シーエムシー出版のホームページ(http://www.cmcbooks.co.jp/)にてお申し込み下さい。